»Da es um die Zukunft geht, widme ich dieses Buch meinen Enkeln
Lovis, Milan, Carl, Romy, William und Louisa, die mich mit ihren Einsichten
über die Welt immer wieder überraschen.«
Karl-Martin Hentschel

Projektleiter und Autor
Karl-Martin Hentschel
karl.m.hentschel@mehr-demokratie.de

Auftraggeber
Mehr Demokratie e. V.
www.mehr-demokratie.de

Projektträger
BürgerBegehren Klimaschutz e. V.
www.buerger-begehren-klimaschutz.de

Das Projektteam
Steffen Krenzer, Psychologe (Koredaktion)
Claudia Bielfeldt, Biologin
Jessica Hentschel, Juristin
Anja Twest, biologische Ozeanographin
Hermann Hell, Physiker und Energieberater
Lea Johannsen, Psychologin und Mathematikerin

Selbstverpflichtung zum nachhaltigen Publizieren
Nicht nur publizistisch, sondern auch als Unternehmen setzt sich der oekom verlag konsequent für Nachhaltigkeit ein. Bei Ausstattung und Produktion der Publikationen orientieren wir uns an höchsten ökologischen Kriterien. Dieses Buch wurde auf 100 % Recyclingpapier, zertifiziert mit dem FSC®-Siegel und dem Blauen Engel (RAL-UZ 14), gedruckt. Auch für den Überzug des Umschlags wurde ein Papier aus 100 % Recyclingmaterial, das FSC®-ausgezeichnet ist, gewählt. Alle durch diese Publikation verursachten CO_2-Emissionen werden durch Investitionen in ein Gold-Standard-Projekt kompensiert. Die Mehrkosten hierfür trägt der Verlag. Mehr Informationen finden Sie unter:
https://www.oekom.de/der-verlag/unsere-philosophie/c-37
Nachhaltigkeitskodex des oekom verlags
http://datenbank2.deutscher-nachhaltigkeitskodex.de/Profile/CompanyProfile/9023/de/2015/dnk

Bibliografische Information der Deutschen Nationalbibliothek:
Die Deutsche Nationalbibliothek verzeichnet diese Publikation in der Deutschen Nationalbibliografie; detaillierte bibliografische Daten sind im Internet über www.dnb.de abrufbar.

2022, 4. Auflage
© 2020 oekom verlag, München
oekom – Gesellschaft für ökologische Kommunikation mbH, Waltherstraße 29, 80337 München

Projektkoordination: Anne Dänner
Lektorat: Lena Denu, oekom verlag
Korrektorat: Maike Specht
Umschlaggestaltung, Layout, Infografik, Satz:
Esther Gonstalla | erdgeschoss-grafik.de

Druck: AZ Druck und Datentechnik GmbH, Kempten

Alle Rechte vorbehalten
9783962382377

HANDBUCH KLIMASCHUTZ

Wie Deutschland das
1,5-Grad-Ziel einhalten kann

STIMMEN DER WISSENSCHAFT

»Das vorliegende Buch fasst die zentralen wissenschaftlichen Ergebnisse der bisherigen Klimaforschung in einer verständlichen und nachvollziehbaren Sprache zusammen. Es ist den Autoren und Autorinnen sehr gut gelungen, die wesentlichen Zusammenhänge in ihren grundlegenden, aber auch quantitativen Wechselwirkungen zu erfassen und den Stand der Wissenschaft adäquat wiederzugeben.«
Prof. Dr. Dr. Ortwin Renn, geschäftsführender wissenschaftlicher Direktor am Institut für Transformative Nachhaltigkeitsforschung (IASS) in Potsdam

»Die Klimakrise ist kein Umwelt-, sondern ein Gesellschaftsproblem. Wir brauchen mehr menschliches Miteinander, ein besseres Zuhören bei den Vorschlägen anderer, um dann gemeinsam Lösungen zu finden. Voraussetzung dafür ist, dass alle verstehen, worüber sie sprechen. Das Handbuch Klimaschutz erklärt allgemeinverständlich, was wir über die Klimakrise und mögliche Maßnahmen zum Klimaschutz wissen und was in Deutschland passieren muss, damit das 1,5-Grad-Ziel erreicht wird. Dieses Buch ist der perfekte Einstieg für alle, die beim Thema Klima mitreden und -entscheiden wollen.« **Prof. Dr. Maja Göpel, Generalsekretärin des Wissenschaftlichen Beirats der Bundesregierung Globale Umweltveränderungen (WBGU)**

»Das Handbuch Klimaschutz ist ein sehr gutes Kompendium des Wissens über die zentralen Bausteine für den Klimaschutz. Es ist damit eine hervorragende Informations- und Diskussionsgrundlage für den Bürgerrat und die Bürgerinnen und Bürger, die daran teilnehmen. Mit dem Handbuch ist eine systematische Auseinandersetzung darüber möglich, wie die Herausforderung Klimaschutz konkret angegangen werden kann. Es macht auch klar, welche Anstrengungen damit verbunden sind und wo möglicherweise Konflikte zu überwinden sind.« **Prof. Dr.-Ing. Manfred Fischedick, Wissenschaftlicher Geschäftsführer Wuppertal Institut für Klima, Umwelt, Energie gGmbH**

»Endlich eine Studie, die den Stand der Klimawissenschaft verständlich für Laien zusammenfasst. Sie sagt uns, was wir in Deutschland tun können und müssen, um die Erderwärmung unter 1,5 Grad zu halten. Das Ergebnis ist zugleich beruhigend (Wir können es gerade noch schaffen) und hochgradig beunruhigend (Es ist eine gigantische Aufgabe!). Aber die letzten Monate haben uns auch gezeigt, wozu wir als Gesellschaft fähig sind, wenn der politische Wille vorhanden ist.« **Prof. Dr. Claudia Kemfert, Abteilungsleiterin »Energie, Verkehr, Umwelt« am Deutschen Institut für Wirtschaftsforschung (DIW Berlin), Mitglied im Sachverständigenrat für Umweltfragen der Bundesregierung (SRU)**

»Die Klimakrise ist eine der größten Herausforderungen, denen sich die Menschheit gegenübersieht. Um das Problem zu lösen, braucht es einen radikalen Wandel, und dies praktisch in allen Bereichen. Die Begrenzung des Klimawandels ist eine gesamtgesellschaftliche Aufgabe. Alle Gruppen sind aufgerufen, beim Klimaschutz mitzumachen: die Politik, die Wirtschaft und natürlich auch die Bürgerinnen und Bürger. Wie der Weg in eine klimaneutrale Gesellschaft aussehen kann, das zeigt dieses Buch in eindrucksvoller Weise.« **Prof. Dr. Mojib Latif, Vorstandsvorsitzender des Deutschen Klima-Konsortiums, Präsident der Deutschen Gesellschaft CLUB OF ROME, Prof. am GEOMAR Helmholtz-Zentrum für Ozeanforschung Kiel**

»Das Handbuch Klimaschutz liefert entscheidendes Material für eine fundierte Auseinandersetzung mit der Jahrhundertherausforderung Klima. Die Frage, was wir tun sollen, erfordert in der Demokratie eine Diskussion aus vielen Blickwinkeln. Das Handbuch liefert die inhaltliche Grundlage: sachlich gut informiert und zutreffend dargelegt, sprachlich wirklich gelungen und dabei immer verständlich. Die starke Erwärmung der Erde ist eine Gefahr für alle. Verstehen, durchdenken, diskutieren: Ich bin sehr gespannt, zu welchen Schlussfolgerungen Bürgerinnen und Bürger gelangen werden.« **Prof. Dr. Wolfgang Lucht, Leiter der Abteilung Erdsystemanalyse, Potsdam-Institut für Klimafolgenforschung (PIK), Mitglied im Sachverständigenrat für Umweltfragen der Bundesregierung (SRU)**

»Niemand kann die Zukunft vorhersagen, und nichts wird genau so kommen wie erwartet. Aber angesichts einer zutiefst nichtnachhaltigen Zivilisation ist Zukunftsplanung nicht närrisch, sondern notwendig. Wenn wir eine Brücke über einen breiten Fluss bauen wollen, müssen wir uns sowohl die Brücke vorstellen als auch den Bau bestmöglich planen. Das hier vorgelegte Handbuch trägt sehr viele aktuelle Informationen zusammen und zeigt damit Möglichkeiten auf, wie so eine Brücke in eine nachhaltige Zukunft aussehen könnte.« **Dr. Gregor Hagedorn, Initiator der Bewegung »Scientists for Future«**

»Ambitionierter Klimaschutz und Energiewende sind komplexe Themen, hinsichtlich der normativen Zielbestimmungen, aber auch und vor allem mit Blick auf technische, wirtschaftliche und gesellschaftliche Rahmenbedingungen der Umsetzung. Es geht um qualitative Sachverhalte, aber sehr oft auch um wichtige quantitative Einordnungen. In der zunehmend unübersichtlich werdenden Studienlage bietet das Handbuch Klimaschutz hier einen großartigen Überblick. Es ist ein wirklich wichtiger Navigator für alle, die sich einen breiteren Überblick verschaffen und sich den Herausforderungen transformativer Umgestaltungsprozesse in der realen Welt stellen wollen.« **Dr. Felix Christian Matthes, Forschungskoordinator Energie- und Klimapolitik am Öko-Institut e. V.**

»In demokratischen Gemeinschaften sollten wissenschaftliche Erkenntnisse die Grundlage für die Diskussionen sein, in denen sich möglichst das bessere Argument durchsetzt. Die betroffenen Menschen sollten durch verständlich aufbereitetes Wissen mitreden können – besonders bei einer so existenziellen Frage wie der Klimakrise. Mit dem Handbuch Klimaschutz gelingt es, aktuelle wissenschaftliche Erkenntnisse und mögliche Maßnahmen für Klimaschutz gut verständlich und umfassend darzustellen.« **Christoph Bals, Theologe, politischer Geschäftsführer von Germanwatch, Mitglied im Sprecherrat der Klimaallianz Deutschland**

Bildnachweis: Ortwin Renn: IASS – Maja Göpel: Jan Michalko, re:publica 19/wikipedia – Manfred Fischedick: Wuppertal Institut – Claudia Kemfert: Reiner Zensen – Mojib Latif: © Superbass / CC-BY-SA-4.0 (via Wikimedia Commons) – Wolfgang Lucht: Frederic Batie – Gregor Hagedorn: Scientists for Future – Felix Matthes: Öko-Institut e. V. – Christoph Bals: Germanwatch.

INHALTSVERZEICHNIS

8 Vorwort von Prof. Ortwin Renn
9 Vorwort der Auftraggeber des Handbuchs Klimaschutz
10 Vorbemerkung des Projektleiters
Erläuterung der Arbeitsweise und ein Dankeschön
12 Infografik: Das Klima und der Mensch
14 Infografik: Dominoeffekt der Erwärmung
16 **Zusammenfassung**

20 Teil 1 ZIELE UND VORAUSSETZUNGEN DER KLIMAPOLITIK

21 Die Ausgangslage
23 Das 1,5-Grad-Ziel
24 Das Restbudget
27 Das Zeitproblem
28 **Exkurs:** Der Klima-Bürgerrat

30 Teil 2 WEGE DER TRANSFORMATION

31 Wo entstehen Emissionen heute?
32 Wie könnte eine klimaneutrale Gesellschaft aussehen?
34 Varianten des klimaneutralen Energiesystems

38 Teil 3 RAHMENBEDINGUNGEN SCHAFFEN

- 39 Änderungen des Lebensstils
- 41 Import von erneuerbarer Energie und grünen Rohstoffen
- 42 Rohstoffe und Kreislaufwirtschaft
- 45 Planungsrecht
- 46 Digitalisierung
- 47 Die Finanzierung der Umstellung
- 49 Treibhausgaspreise

54 Teil 4 KLIMANEUTRALITÄT UMSETZEN

- 55 Sektor 1: Energieversorgung, Speicher und Netze
- 66 Sektor 2: Hauswärme (Heizung und Warmwasser)
- 74 Sektor 3: Verkehr
- 85 Sektor 4: Industrie
- 92 Sektoren 5 bis 7: Landwirtschaft, Bodennutzung und Abfälle

---

- 100 Infografik: Energieflussdiagramm
  Erläuterungen zum Energieflussdiagramm
- 102 **Endnoten**
- 116 **Quellen**
- 125 Über die Herausgeber

Anlagen und Links zu den Quellenangaben:
www.handbuch-klimaschutz.de

VORWORT VON PROF. ORTWIN RENN

Direktor des IASS – Institut für Transformative
Nachhaltigkeitsforschung in Potsdam

Das hier vorliegende Handbuch beinhaltet die wesentlichen Bausteine, um das komplexe Gesamtwerk Klimaschutz besser einordnen und verstehen zu können.

Auf den ersten Blick ist das Thema Klimaschutz simpel: Es geht um die Reduktion von klimaschädlichen Treibhausgasemissionen. Diese Gase lassen die Temperatur auf der Erde ansteigen und lösen extreme Ereignisse in Bezug auf Wetter, Naturgefahren und Hitzeperioden aus. Diese wirken wiederum auf Gesundheit, Ökosysteme, Landwirtschaft und andere wirtschaftliche Aktivitäten ein.

Wenn man aber diese Zusammenhänge zwischen menschlichen Aktivitäten und deren Folgen für Klima, Natur und Gesellschaft in ihren Einzelheiten verstehen möchte, ist ein Blick auf Details nötig. Dies gilt für den Energiesektor, aber auch im Ernährungsbereich, bei Konsummustern und bei der Flächennutzung.

Das vorliegende Buch fasst die zentralen wissenschaftlichen Ergebnisse der bisherigen Klimaforschung in einer verständlichen und nachvollziehbaren Sprache zusammen. Dabei geht es vor allem um die naturwissenschaftlichen Zusammenhänge. Sie bieten eine wichtige Basis, um die durch den Klimawandel ausgelösten Bedrohungen und Risiken besser einschätzen und verstehen zu können. Es ist den Autoren und Autorinnen sehr gut gelungen, die wesentlichen Zusammenhänge in ihren grundlegenden, aber auch quantitativen Wechselwirkungen zu erfassen und den Stand der Wissenschaft adäquat wiederzugeben.

Welche Entscheidungen Politik und Gesellschaft aus diesen Erkenntnissen und Einsichten der Wissenschaft ableiten, ist keine Frage der wissenschaftlichen Beurteilung, sondern der politischen Willensbildung. Dass dazu nicht nur die gewählten Repräsentanten der demokratisch gewählten Gremien berufen sind, sollte in einer lebendigen Demokratie selbstverständlich sein. Hier sind alle Bürgerinnen und Bürger aufgerufen, aktiv an der Willensbildung mitzuwirken. Mit dem hier zusammengestellten Hintergrundwissen können Bürgerinnen und Bürger die notwendigen Fakten und Voraussetzungen kennenlernen, um für ihr eigenes Verhalten, aber auch für die kollektive politische Willensbildung Orientierungsmarken zu setzen. In einer aufgeklärten und aktiven Demokratie kommt es darauf an, dass alle Menschen bei einem so zentralen Zukunftsthema wie dem Klimaschutz an der gemeinsamen Klimapolitik mitwirken und Rückmeldungen an die politischen Entscheidungsträger*innen weiterleiten. Denn gerade wenn weitreichende institutionelle, aber auch individuelle Änderungen notwendig sind, ist es ratsam und sinnvoll, die Präferenzen der Bürgerinnen und Bürger eines Landes mit in die Gestaltung der Politik einzubeziehen.

Dieses Buch kann auch eine wichtige Informationsfunktion für die an einem Bürgerrat teilnehmenden Bürgerinnen und Bürger erfüllen. Denn Präferenzen sollten sich auf der Basis belastbaren Wissens und nicht auf der Basis von Fake News oder von Wunschdenken entwickeln. Hier kann das vorliegende Handbuch eine zentrale Rolle spielen. Denn nur mit belastbarem Wissen können die geeigneten Politikinstrumente entwickelt und bewertet werden, um auch für kommende Generationen eine lebenswerte Welt zu hinterlassen.

Potsdam, den 14. März 2020
Ortwin Renn

VORWORT DER AUFTRAGGEBER DES HANDBUCHS KLIMASCHUTZ

Im Verlauf des Jahres 2019 setzte die internationale Klimaschutzbewegung in nie da gewesener Weise die Politik unter Handlungsdruck. Ebenfalls in diesem Jahr initiierte Mehr Demokratie einen in Deutschland bisher einzigartigen Bürgerrat auf Bundesebene. Hundertsechzig ausgeloste und für Deutschland repräsentative Bürgerinnen und Bürger beratschlagten miteinander die Frage, welche Rolle Bürgerbeteiligung und direkte Demokratie auf Bundesebene spielen sollen. Das Experiment war ein voller Erfolg und erhielt viel Aufmerksamkeit von Medien, Politik und Zivilgesellschaft. Noch bevor die Ergebnisse dem Bundestagspräsidenten überreicht wurden, kamen Vorschläge von allen Seiten, welche weiteren Themen in einem solchen Bürgerrat beratschlagt werden sollten. Das Thema Klimaschutz wurde dabei eindeutig priorisiert.

Darüber hinaus kündigten die Regierung in Frankreich und das Parlament des Vereinigten Königreichs an, Bürgerräte zum Klimaschutz einzuberufen. In der Folge begann Mehr Demokratie im Bündnis mit anderen Organisationen, die Voraussetzungen für einen »Bürgerrat Klima« auszuloten.

Dieser Bürgerrat sollte sich an den Zielen des Pariser Klimaabkommens von 2015 orientieren. Es ist die geltende völkerrechtliche Grundlage, ratifiziert vom Deutschen Bundestag am 22. September 2016. Der Haken daran: Es gab keine Studie, die die notwendigen Klimaschutzmaßnahmen in Deutschland in allen relevanten Bereichen gemäß dem Pariser Abkommen abbildet und sich an dem Ziel der maximalen Erwärmung um 1,5 Grad orientiert.

Diesen Mangel wollten die Auftraggeber möglichst schnell beheben, nicht nur als Grundlage für einen Bürgerrat. Das vorliegende Handbuch soll aktualisierte Wissensgrundlage und Entscheidungshilfe für Zivilgesellschaft, Wirtschaft und Politik sein. Dies ließ sich nicht mit einer weiteren Studie neben vielen anderen einlösen. Auf Karl-Martin Hentschel geht der Vorschlag zurück, auf die Vielzahl vorhandener Studien zu setzen, die Ergebnisse zusammenzustellen und zu prüfen, ob und wie ihre Annahmen und Berechnungen an das 1,5-Grad-Ziel angepasst werden können. Dies ist hiermit gelungen: Das Handbuch stellt auf Basis bestehender Studien die möglichen (teils auch alternativen) Wege dar, wie in Deutschland das Notwendige getan werden kann, um das 1,5-Grad-Ziel zu erreichen.

Dank der unkomplizierten Unterstützung der GLS-Treuhand und weiterer Spender konnte das von Karl-Martin Hentschel zusammengestellte Team schnell an die Arbeit gehen.

Das Resultat fasziniert uns. Wir hoffen, dass das Handbuch dazu beitragen wird, die notwendige Transformation in Deutschland demokratisch und effektiv anzugehen. Der Klimaschutz in Deutschland steht immer noch am Anfang, die dafür notwendige Einbeziehung der Bürgerinnen und Bürger auch.

Claudine Nierth und Ralf-Uwe Beck, Mehr Demokratie e. V.
Percy Vogel, BürgerBegehren Klimaschutz e. V.

VORBEMERKUNG DES PROJEKTLEITERS

Erläuterung der Arbeitsweise und ein Dankeschön

Jahrelang galt die Begrenzung der Erderwärmung auf unter 2 Grad als das klimapolitisch anzustrebende Ziel. Dies änderte sich mit der Pariser Klimakonferenz von 2015 und endgültig mit dem Sonderbericht des Weltklimarats von 2018. Denn neuere Forschungen ermöglichen eine bessere Einschätzung nicht nur der direkten Effekte der Treibhausgasemissionen auf das Erdklima, sondern auch der bedrohlichen Rückkopplungen und Schwelleneffekte (»Tipping Points«) im Klimasystem. Diese könnten bereits bei den besagten 2 Grad Erderwärmung ausgelöst werden.

Seither lautet die dringende Empfehlung des Weltklimarats (siehe Infobox 1 auf Seite 21) an die Politik, alles dafür zu tun, dass die durchschnittliche Erderwärmung unter 1,5 Grad bleibt.[1] Der Weltklimarat kommt zum Ergebnis, dass dieses Ziel erreichbar ist und viele negative Folgen der globalen Erwärmung verringern könnte. Die bisher von allen Ländern der Welt geplanten Maßnahmen machen aber in der Summe eine Erwärmung um mindestens 3 Grad wahrscheinlich.

In den vergangenen zwanzig Jahren wurden in Deutschland Hunderte von Studien zu allen Bereichen der Klimapolitik erstellt. Fast alle orientierten sich an der Frage, wie bis 2050 eine Reduzierung der Treibhausgasemissionen um 80 oder 95 Prozent erreicht werden kann. Es gibt kein Gesamtszenario, das sich an dem Pariser Klimaziel orientiert.[2] Die hier vorliegende von Mehr Demokratie und BBK beauftragte Studie soll diese Lücke füllen.

Das Handbuch Klimaschutz ist keine politische Stellungnahme. Es ist der Versuch einer möglichst neutralen Zusammenfassung der vorliegenden wissenschaftlichen Studien. Eine solche Synthese des aktuell verfügbaren Wissens fehlte bisher. Wir hoffen daher, dass das Buch für alle, die sich mit der Klimakrise und möglichen Auswegen und politischen Maßnahmen beschäftigen, nützlich und hilfreich ist.

Dieses Handbuch basiert auf über 300 wissenschaftlichen Studien und Positionspapieren zahlreicher deutscher und internationaler Institute, die sich mit dem Thema Klimawandel beschäftigen. Auf Basis dieser Studien stellt es Handlungsmöglichkeiten dar, wie das 1,5-Grad-Ziel, das im Klimaabkommen von Paris 2015 vereinbart wurde, in Deutschland zumindest annähernd noch umgesetzt werden kann. In vielen Punkten sind sich die Wissenschaftlerinnen und Wissenschaftler einig. Wo das jedoch nicht der Fall ist, stellen wir die Spannbreite der Vorschläge aus den Studien vor. Oft skizzieren wir dazu einen Weg, der auf Basis der Mehrzahl der Studien zum schnellsten Erfolg zu führen scheint. Es werden aber auch jeweils mögliche Alternativen dargestellt. Wenn zu einzelnen Themen keine geeigneten Zahlen gefunden wurden, haben wir auf Basis der bekannten Informationen eigene Berechnungen angestellt, die wir selbst verantworten.

Zur Methodik unserer Arbeit finden sich weitere Erläuterungen im Abschnitt »Das Zeitproblem« ab Seite 25. Wir haben das Handbuch Wissenschaftlern und Wissenschaftlerinnen in vielen an der Klimaforschung beteiligten Einrichtungen in Deutschland zur Prüfung vorgelegt und bedanken uns für die zahlreichen Rückmeldungen, Korrekturen und Verbesserungsvorschläge.

Dieses Handbuch soll einer möglichst breiten Leser*innenschaft zugänglich gemacht werden und eine Basis bilden für politische Debatten in Zivilgesellschaft, im Kontext von Bürgerbeteiligung und Politik. Wir haben deshalb versucht, allgemeinverständlich zu schreiben, Zahlen fast immer gerundet und komplexe Zusammenhänge auf die wesentlichen Punkte reduziert.

Für alle, die sich intensiver mit dem Handbuch beschäftigen möchten, haben wir die Homepage **www.handbuch-klimaschutz.de** erstellt. Dort finden sich umfangreiche Anlagen mit Tabellen und Hintergrundinformationen sowie die Links zu den über 500 Quellen. Diese ergänzenden Informationen sollen nachvollziehbar machen, wie wir zu den Ergebnissen im Handbuch gekommen sind.

Ich bedanke mich bei allen, die uns geholfen haben. Natürlich ganz besonders bei meinen Mitarbeiter*innen, die sich mit unglaublicher Leidenschaft und Energie in das Projekt eingebracht haben und Hunderte von Studien mit Zehntausenden von Seiten durchgearbeitet und ausgewertet haben. Die Arbeit war für uns alle geprägt von dem notwendigen Spagat zwischen der strikten wissenschaftlichen Neutralität einerseits und dem persönlichen Anspruch, einen wichtigen Beitrag zum Klimaschutz zu leisten, andererseits.

Ich bedanke mich bei allen Wissenschaftler*innen und Expert*innen, die uns in vielen Gesprächen und mit Dutzenden schriftlichen Rückmeldungen, Kritiken, Kommentaren, Fehlerkorrekturen und ermutigendem Lob geholfen haben.

Ich bedanke mich bei den Vorstandskolleg*innen und Mitarbeiter*innen von Mehr Demokratie e. V. und von Bürgerbegehren Klimaschutz e. V., die das Projekt überhaupt erst möglich gemacht haben.

Ich bedanke mich bei den engagierten Mitarbeiter*innen des oekom verlags, die uns hervorragend betreut und mit viel Engagement und Expertise bei der Erstellung des Endprodukts beraten und geholfen haben.

Ich bedanke mich auch bei Esther Gonstalla, die dieses Buch mit so viel Kreativität und tollen Vorschlägen grafisch gestaltet hat.

Und schließlich bedanke ich mich bei den großzügigen Spender*innen, die das Projekt finanziert haben.

Wir hoffen, mit diesem Handbuch für die Beratungen im Klimabürgerrat, in den Verbänden, in der Politik sowie in der Zivilgesellschaft ein sachliches und verständliches Fundament gelegt zu haben.

Allen Leser*innen wünschen wir viel Spaß bei der Lektüre und bei den daraus entstehenden Diskussionen!

Kiel, den 11. Juni 2020
Karl-Martin Hentschel

Zur Person des Projektleiters

Karl-Martin Hentschel wurde 1950 in Bad Münder/Niedersachsen geboren. Nach dem Mathematikstudium in Kiel arbeitete er als Systemprogrammierer, Datenbankmanager und zuletzt als Abteilungsleiter für Neue Technologien in einem internationalen Konzern in Hamburg. Von 1996 bis 2009 war er Abgeordneter (davon neun Jahre als Fraktionsvorsitzender) für Bündnis 90/Die Grünen im Landtag Schleswig-Holstein, von 1996 bis 2005 in der Koalition mit der Ministerpräsidentin Simonis. Er stellte das erste Szenario »100 Prozent erneuerbarer Strom für Schleswig-Holstein« vor, das in den Folgejahren umgesetzt wurde. Nach seinem Ausscheiden aus der Politik arbeitete er als Autor und Referent. Unter anderem schrieb er »Es bleibe Licht«, ein Buch über die Techniken, Ökonomie und Politik der Umstellung Europas auf erneuerbare Energien. Seitdem beschäftigt er sich mit der Schnittstelle zwischen gesellschaftlicher Transformation und Demokratie. Er arbeitet ehrenamtlich im Bundesvorstand von Mehr Demokratie e. V. und in der AG Finanzmärkte und Steuern von Attac sowie im Vorstand des Netzwerk Steuergerechtigkeit e. V.

DAS KLIMA ...

macht das Leben auf der Erde erst möglich.

Natürlicher Treibhauseffekt
(bis 1880)

Der natürliche Treibhauseffekt macht das Leben auf der Erde erst möglich.

Ohne natürlichen Treibhauseffekt würden eisige −18 °C auf der Erde herrschen.

Durch unsere schützende Atmosphäre hat die Erde eine Durchschnittstemperatur von +15 °C.

Wärmestrahlung

Durch natürliche Klimagase wird ein Teil der Wärmestrahlung von der Atmosphäre absorbiert.

Früher war die Zusammensetzung der Klimagase in der Atmosphäre mit u. a. ca. 280 ppm CO_2 im Gleichgewicht ...

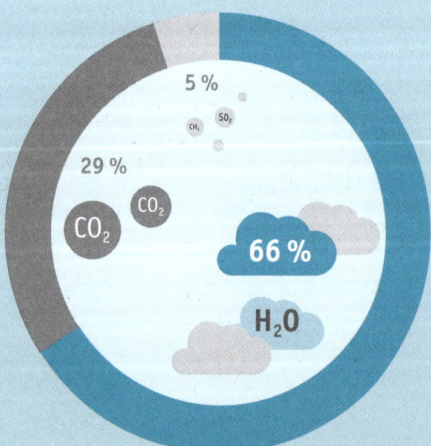

Zwei Drittel des natürlichen Treibhauseffekts wird von Wasserdampf verursacht, knapp ein Drittel von CO_2 und ein kleiner Prozentsatz von weiteren Spurengasen wie Methan (CH_4).

Infografik aus: »Das Klimabuch« von Esther Gonstalla, oekom verlag 2019
Quellen: DWD (2018/1), IPCC (2014), Rahmstorf (2013), Riedel & Janiak (2015)

... UND DER MENSCH

verändert das Klima mit hohen Treibhausgasemissionen, verursacht durch:

Menschengemachter Treibhauseffekt
(2020)

Ein Teil der **Sonnenenergie** strahlt zurück ins All ...

... der Rest trifft auf die Erdoberfläche.

Die erwärmte Erdoberfläche gibt **Wärmestrahlung** ab ...

... ein seit 1880 stetig ansteigender Teil wird jedoch von Klimagasen absorbiert und erwärmt die Erde weiter.

... **heute** gibt es sehr viel mehr Treibhausgase, u. a. ca. 410 ppm CO_2, in der Atmosphäre.

Verbrennung fossiler Brennstoffe wie Kohle, Öl und Gas für den weltweit steigenden Strombedarf

Herstellung von Waren, Transportmitteln, Textilien und Möbeln in energieintensiven Prozessen

Landwirtschaft, Futtermittelherstellung und Massentierhaltung, Düngemittel und Fleischverarbeitung

Waldbrände, Waldnutzung und Forstmanagement

Wohnungs- und Hausbau, Heizen und Energiebedarf

Personen- und Gütertransport auf Straßen, Flüssen, Meeren und in der Luft

DOMINOEFFEKT DER ERWÄRMUNG

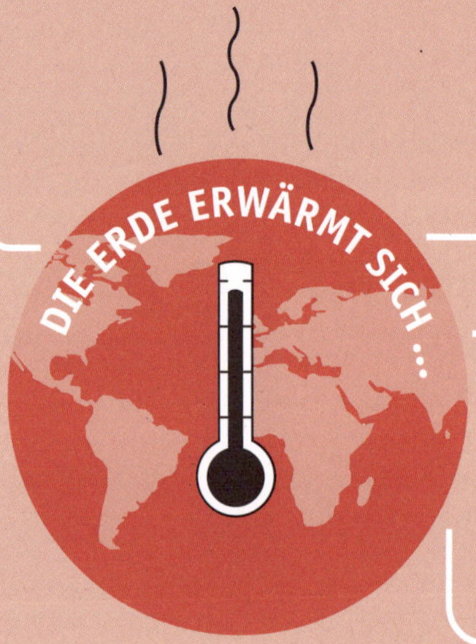

1 **Temperaturextreme** wie Hitzewellen werden häufiger, intensiver und länger.

2 **Starkregen und Hurrikans** intensivieren sich, Überflutungen nehmen zu.

3 **Dürren und Wasserknappheit** breiten sich aus, Flüsse vertrocknen, Waldbrände nehmen zu.

DIE ERDE ERWÄRMT SICH ...

4 **Meere erwärmen sich,** und Meeresspiegel steigen in der Folge.

verstärkt sich gegenseitig

5 **Beschleunigte Eisschmelze:** Gletscher, arktisches Meereis und Eisschilde schmelzen.

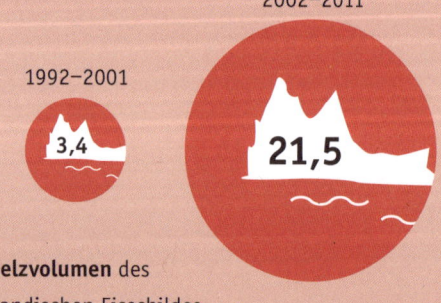

1992–2001: 3,4
2002–2011: 21,5

Schmelzvolumen des Grönlandischen Eisschildes in Gigatonnen pro Jahr

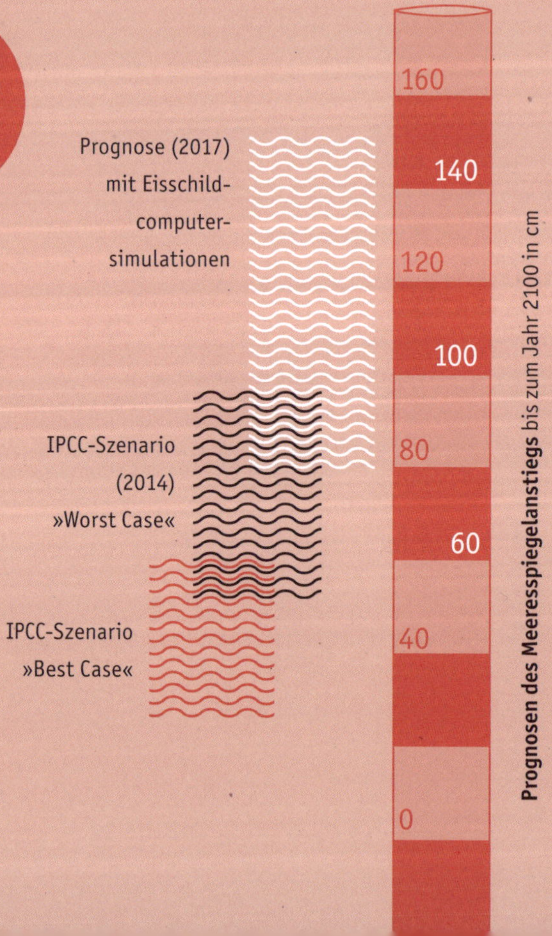

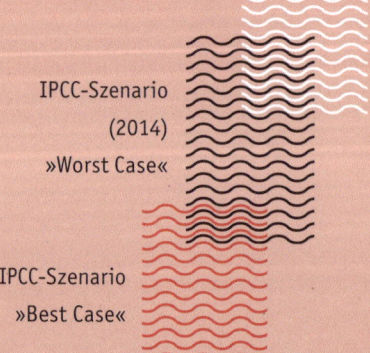

Prognose (2017) mit Eisschild-computersimulationen

IPCC-Szenario (2014) »Worst Case«

IPCC-Szenario »Best Case«

Prognosen des Meeresspiegelanstiegs bis zum Jahr 2100 in cm

0, 40, 60, 80, 100, 120, 140, 160

Missernten nehmen zu: Bauern verlieren ihre Lebensgrundlage. Die Folgen sind existenziell, auch für die von ihnen gehaltenen Tiere.

Rund 25 Millionen Menschen in Ostafrika waren bereits 2018 vom Hungertod bedroht und brauchen Hilfe.

Die Hälfte der Weltbevölkerung lebt in Gebieten mit Wasserknappheit, im Jahr 2050 werden es bis zu 5,7 Mrd. sein. 68 Prozent des Trinkwassers ist in Form von Gletschern auf der Erde gespeichert.

Ab 1 °C Temperaturanstieg bleichen Korallenriffe aus und sterben ab, die Biodiversität nimmt in der Folge ab. 25 Prozent aller Meereslebewesen sind von Korallenriffen abhängig.

Rund 153 Millionen Menschen sind in Zukunft vom Meeresspiegelanstieg bedroht, da sie in überschwemmungsgefährdeten Küstengebieten leben.

Die Zahl der flüchtenden Menschen steigt: 68,5 Millionen sind es aktuell (Stand: Okt. 2018), jeden Tag kommen rund 44.000 Menschen hinzu.

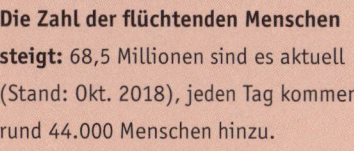

60 Prozent Rückgang der Artenvielfalt wurden innerhalb der letzten 40 Jahre beobachtet, der Trend wird durch die Klimakrise verstärkt.

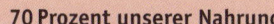

70 Prozent unserer Nahrung hängt direkt von der Bestäubung durch Bienen und andere Insekten ab, daher hat das rapide Insektensterben drastische Auswirkung auf unsere Nahrungsmittelproduktion.

Für mehr als 1 Milliarde Menschen weltweit ist Fisch die primäre Nahrungsquelle.

Deiche und Dammanlagen müssen mit großem finanziellen Aufwand weltweit verbessert und vergrößert werden, nicht alle Staaten können sich das leisten.

Die anthropogenen Veränderungen des Klimasystems können zur existenziellen Gefährdung für den Menschen werden.

Infografik aus: »Das Klimabuch« Esther Gonstalla, oekom verlag 2019
Quellen: ICA (2012), IPBES (2018), IPCC (2014), Kopp et al. (2017), UN (2018), UNHCR (2018), Watts et al. (2011)

ZUSAMMENFASSUNG

Der Bericht des Weltklimarats von 2018 macht klar:

→ Die Erderwärmung sollte auf 1,5 Grad begrenzt werden, da schon bei 2 Grad Erwärmung die Folgen unkontrollierbar werden könnten.

→ Dafür bleibt nicht viel Zeit. Das 1,5-Grad-Ziel erfordert daher »rasche, weitreichende und beispiellose Veränderungen« in unserer Gesellschaft und »hohe Investitionen«.

→ Das Ziel ist dennoch finanziell tragbar und rechnet sich langfristig. Die Energieversorgung mit erneuerbaren Energien wird sogar billiger als heute.

Der Handlungsbedarf beim Klimaschutz ist also noch dringlicher als zuvor angenommen. Bis dahin hatten fast alle Studien das Ziel einer maximalen Erwärmung von 2 Grad Celsius vor Augen. Nun wurde deutlich, dass eine Erwärmung von höchstens 1,5 Grad anzustreben ist. Für Deutschland bedeutet das: Wir müssen unsere Gesellschaft innerhalb von nur 20 Jahren komplett umbauen. Schon bis 2035 muss der jährliche Ausstoß von Treibhausgasen um 90 Prozent gesenkt werden. Dieses Ziel ist aber nur erreichbar, wenn wir die nötigen Maßnahmen schnell ergreifen. Dieses Handbuch vergleicht über 300 Studien zum Thema und stellt dar, was in den einzelnen gesellschaftlichen Bereichen getan werden muss, damit das 1,5-Grad-Ziel noch erreicht werden kann.

Allgemeine Maßnahmen

1. Energie und Ressourcen einsparen:
Es können knapp die Hälfte des Energieverbrauchs und über zwei Drittel des Ressourcenverbrauchs durch technische Verbesserungen eingespart werden. Um noch mehr einzusparen, braucht es jedoch auch Verhaltensänderungen der Menschen – sei es aus Überzeugung, sei es, weil Konsummuster sich verändern oder weil durch Preise und Regeln der gesetzliche Rahmen dafür geschaffen wird.

2. Echte Kreislaufwirtschaft einführen:
Es muss eine Pfand- und Recyclingwirtschaft geschaffen werden für alle Waren, Verpackungen und Materialien, die nicht natürlich abbaubar sind. Dadurch kann die Menge der benötigten Rohstoffe um mehr als zwei Drittel reduziert werden, und es können schädliche Umwelteffekte beim Abbau und Transport von Rohstoffen verringert werden. Zugleich wird so der enorme Bedarf an erneuerbarem Strom zur Erzeugung von Ersatzmaterialien für fossile Rohstoffe gesenkt.

3. Treibhausgasen einen Preis geben:
Ein Preis auf Treibhausgase garantiert, dass Klimaschutz und wirtschaftliche Überlegungen keine Gegensätze sind, sondern Hand in Hand gehen. Die klimafreundlichste Option sollte auch die günstigste sein. Damit der Preis eine Wirkung zeigt, muss er anfangs bei mindestens fünfzig Euro für eine Tonne Kohlendioxid (CO_2) liegen und dann jährlich um zehn Euro steigen.

4. Sozialen Ausgleich sichern: Es wird sichergestellt, dass der Treibhausgaspreis die Bürgerinnen und Bürger und insbesondere Menschen mit niedrigem Einkommen nicht zu sehr belastet. Dies ist nicht nur nötig, weil die großen Umstellungen ohne gesellschaftlichen Rückhalt nicht umsetzbar sind – es ist auch fair, da die gering Verdienenden die geringsten Emissionen verursachen.

5. Bauplanungen schneller und naturverträglich machen: Um rechtzeitig mit den großen Projekten (z. B. dem Bau von Stromnetzen) fertig zu werden, müssen die Planungsprozesse beschleunigt werden. Dies sollte mit einer deutlichen Ausweitung der Naturschutzflächen verbunden sein, damit neue Projekte nicht zulasten der Natur gehen.

6. Erneuerbare Importe einplanen: Auch in Zukunft benötigt Deutschland Importe von erneuerbaren Brenn- und Rohstoffen, wofür eine entsprechende Infrastruktur geschaffen werden muss. Begleitend braucht es internationale Vereinbarungen, damit bei der Gewinnung der importierten Rohstoffe keine Menschenrechte verletzt werden.

7. Fachpersonal ausbilden: Alle Maßnahmen werden am Ende von Fachpersonal umgesetzt. Dies könnte der »Flaschenhals« der Umstellung werden, da in den Bereichen Bau, Handwerk und erneuerbare Energien Fachkräfte knapp sind. Deshalb muss sofort mit der Ausbildung, Weiterbildung und Umschulung begonnen werden.

8. Neue Entwicklungen frühzeitig steuern: Neue Entwicklungen wie Digitalisierung oder autonomes Fahren sollen von Anfang an politisch so gesteuert werden, dass sie den Klimaschutz unterstützen.

Die Umstellung der einzelnen Bereiche der Gesellschaft (Sektoren)

Die Umstellung der Sektoren beinhaltet eine Vielzahl von Details. Hier ein Überblick über die wichtigsten Maßnahmen:

1. Energiewende:
Nur wenn jederzeit genug erneuerbarer Strom zur Verfügung steht, kann die Transformation in den anderen Sektoren gelingen. Wir brauchen dazu:
→ 100 Prozent erneuerbare Energie möglichst bis 2035
→ eine Verdoppelung der Stromproduktion in Deutschland bis 2038, davon über 90 Prozent aus Wind- und Sonnenenergie
→ einen Ausstieg aus der Kohleverstromung bis spätestens 2030
→ einen Ausbau der örtlichen Stromnetze für die Elektroautos und für die Stromeinspeisung durch Photovoltaik
→ einen Ausbau von Stromfernleitungen, um Stromschwankungen auszugleichen und um Stauseen in Skandinavien als Stromspeicher zu nutzen
→ eine Möglichkeit, die Schwankungen im Energiesystem auszugleichen, die durch die Nutzung von erneuerbaren Energien größer werden. Dazu braucht es Batteriespeicher für tägliche und Stauseen sowie neuartige Speicher für die wöchentlichen Schwankungen. Hinzu kommen Wasserstoff und E-Brennstoffe, die aus grünem Strom hergestellt, in Gaskavernen gelagert und vor allem im Winter zur Strom- und Wärmeerzeugung eingesetzt werden.
→ ein neues Strompreissystem, in dem die Preise sich flexibel daran orien-

tieren, wie viel Strom im Moment zur Verfügung steht.

2. Hauswärmewende:
Dies ist der zeitaufwendigste und teuerste Teil der ganzen gesellschaftlichen Umstellung:
→ 90 Prozent der Häuser werden auf Niedrigenergiestandard saniert. Neubauten sollen Passivhäuser sein und nach Möglichkeit wenig Zement verbrauchen.
→ Der Großteil der heutigen Heizungen wird ausgetauscht. Kernstück der neuen Wärmeversorgung sind elektrische Wärmepumpen, unterstützt durch Sonnenenergie.
→ Eine wichtige Rolle wird auch die Fern- und Nahwärmeversorgung spielen. Die Wärme wird beispielsweise durch Großwärmepumpen, Freiflächensolarthermie, Tauchsieder und die verstärkte Nutzung von Industrieabwärme erzeugt. Im Winter kommen Blockheizkraftwerke hinzu, in denen erneuerbarer Wasserstoff oder andere E-Brennstoffe und Bioabfälle verbrannt werden.
→ Für die kurz- und mittelfristige Wärmespeicherung werden die Kraftwerke und Wohnblöcke mit Wärmespeichern ausgestattet.

3. Verkehrswende:
Der Verkehr soll bis 2035 treibhausgasneutral werden.
→ Möglichst viel Güter- und Personenverkehr wird auf Schienenverkehr, Schiffe, Busse und Fahrräder verlagert.
→ Städte werden nach dem Vorbild Kopenhagens oder Amsterdams umgebaut: 50 Prozent des Verkehrs wird auf ÖPNV und Fahrräder umgelegt, gleichzeitig wird eine Verkehrsberuhigung der Wohnviertel veranlasst.
→ Die Verkehrsleistung der Bahn soll bis 2035 verdreifacht werden.
→ Der restliche Personenverkehr findet überwiegend mit Elektroautos statt.
→ Im Güterverkehr werden LKWs auf elektrische Antriebe (Oberleitungen und/oder Batterien) oder E-Brennstoffe umgestellt.
→ Flug- und Schiffsverkehr werden bis 2035 komplett auf erneuerbare Brennstoffe umgestellt. Im Flugverkehr bleiben trotzdem Restemissionen.

4. Industriewende:
Die Industrieproduktion muss nachhaltig werden.
→ Die Kraftwerke der Industrie werden nach und nach abgeschaltet und der Strom aus dem öffentlichen Netz bezogen.
→ Die Industrieanlagen werden weitgehend in Richtung Elektrifizierung und/oder Wasserstoffwirtschaft umgebaut. Dies gilt besonders für die Grundstoffindustrien wie Zement, Stahl und Chemie.
→ Wirtschaftszweige, in denen das nicht möglich ist, werden so weit wie möglich auf Ersatzprodukte umgestellt.
→ Ein kritischer Punkt bleibt die Zementherstellung mit erheblichen Restemissionen.
→ Ab 2040 können schrittweise auch die Rohstoffe für die Chemie erneuerbar erzeugt werden.

5. Agrarwende und Umsteuern bei der Bodennutzung:
→ Der Konsum von Fleisch und von Milchprodukten sollte entsprechend den

Empfehlungen der Deutschen Gesellschaft für Ernährung reduziert werden.
→ Stickstoffemissionen aus Dünger werden mindestens um zwei Drittel verringert, unter anderem durch ein Beenden der Gülleentsorgung sowie neue Anbaumethoden und Fruchtwechsel.
→ Gülle und Mist werden möglichst gasdicht verschlossen und überwiegend als Bioenergie verwertet.
→ Ehemalige Moore, die heute in großem Maß Treibhausgase ausdünsten, werden wiedervernässt.
→ Die bestehenden Wälder müssen geschützt und neue angepflanzt werden.

Auch nach Umsetzung dieser Maßnahmen bleiben noch erhebliche Restemissionen von Methan aus der Rinderhaltung und von Lachgas durch die Düngung.

6. **Kompensationsmaßnahmen:** Die verbleibenden Emissionen müssen ausgeglichen werden durch:
→ Neuwaldbildung in Deutschland auf Flächen, die frei werden, wenn der Anbau von Energiepflanzen eingestellt wird
→ Maßnahmen zur verstärkten Humusbildung in der Land- und Forstwirtschaft
→ Aufforstungsprogramme im Ausland in großen Flächenstaaten, die von Deutschland mitfinanziert werden
→ ggf. Biokohlespeicherung in der Erde
→ Die Forschung an neuen Technologien zur Kompensation muss stark vorangetrieben werden.

Finanzierung

Die Finanzierung der Transformation kann in vielen Bereichen durch private und betriebliche Investitionen erfolgen. Es bedarf erheblicher finanzieller Mittel des Staates für die Sanierung der Häuser, für den Neubau der Grundstoffindustrie und für die Infrastruktur – insbesondere im Bereich Energie, Verkehr und Wärmeversorgung. Dies ist aber zugleich ein dringend notwendiges Modernisierungsprogramm. Hinzu kommt ein kompletter Umbau der Agrarzuschüsse.

Politische Umsetzung

Diese großen Aufgaben scheinen nicht zu bewältigen zu sein. Die bisher veranlassten Maßnahmen und auch das »Klimapaket« der Bundesregierung aus dem Herbst 2019 reichen nach übereinstimmender Beurteilung von Expert*innen nicht annähernd aus, um das 1,5-Grad-Ziel einzuhalten. Ohnmacht und Ratlosigkeit machen sich bei vielen Menschen breit. Was können wir denn schon tun?

Andererseits zeigen zahlreiche Studien, dass die Aufgabe zu bewältigen ist – sowohl technisch als auch finanziell. Außerdem sind sich die Studien einig: Die Umstellung Deutschlands auf Klimaneutralität kann und muss sozial gerecht gestaltet werden. Sie schafft neue Arbeitsplätze, reduziert Importabhängigkeiten und kann als gemeinsames Ziel den geschädigten gesellschaftlichen Zusammenhalt wiederherstellen. Diese Gesellschaft steht sowieso vor großen Veränderungen und vor Investitionen in die Infrastruktur, die mehrere hundert Milliarden Euro kosten werden. Dies war schon vor der »Corona-Krise« so, hat sich seitdem aber noch verstärkt, da die Wirtschaft wieder angekurbelt werden soll. Es kommt jetzt darauf an, notwendige Investitionen ökologisch und damit nachhaltig zu gestalten.

Teil 1

ZIELE UND VORAUSSETZUNGEN DER KLIMAPOLITIK

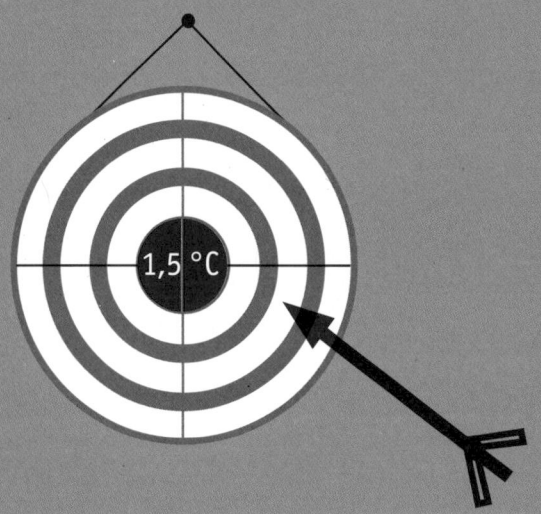

Die Wissenschaft ist sich sicher: Der Klimawandel wird verursacht durch den menschlich verursachten Anstieg von Treibhausgasen in der Atmosphäre. Die Folgen werden zunehmend auch in Deutschland spürbar: Während wir im Sommer mit Hitzerekorden zu kämpfen haben, Wälder brennen und Felder vertrocknen, gibt es im Winter kaum noch Schnee. Für den Fall, dass diese Entwicklungen so weitergehen, sind die Folgen dramatisch und drohen unsere Gesellschaft und unser aller Leben grundlegend zu verändern. Eine Zusammenfassung der wissenschaftlichen Studien zeigt: Wenn die Folgen des Klimawandels noch halbwegs kontrollierbar bleiben sollen, müssen die Veränderungen in unserer Gesellschaft in einer ganz anderen Geschwindigkeit und Größenordnung erfolgen, als das bisher diskutiert wird.

DIE AUSGANGSLAGE

Anteil der Treibhausgase an der Erwärmung*

Grafik 1

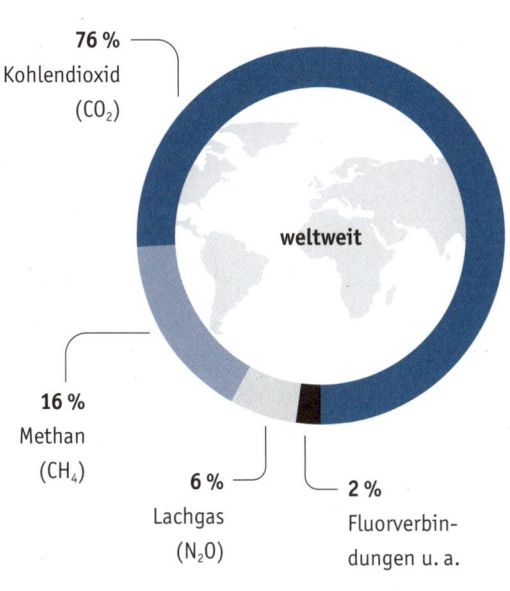
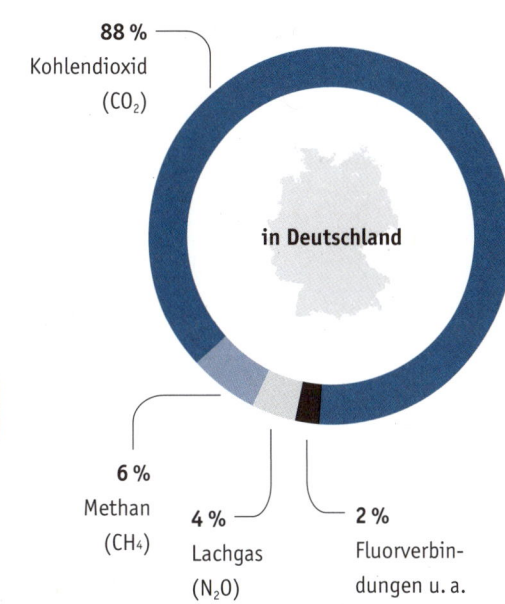

weltweit:
- 76 % Kohlendioxid (CO_2)
- 16 % Methan (CH_4)
- 6 % Lachgas (N_2O)
- 2 % Fluorverbindungen u. a.

in Deutschland:
- 88 % Kohlendioxid (CO_2)
- 6 % Methan (CH_4)
- 4 % Lachgas (N_2O)
- 2 % Fluorverbindungen u. a.

[*] Es gibt Studien, die die Emissionen von Methan als wesentlich größer einschätzen, da bei der Förderung und dem Transport von Methan oft Leckagen auftreten, die möglicherweise nicht ausreichend berücksichtigt sind (siehe Fell 2019).

Infobox 1

Der Weltklimarat

Das »Intergovernmental Panel on Climate Change« (IPCC), im Deutschen meist »Weltklimarat« genannt, fasst in regelmäßigen Berichten den Forschungsstand zum Klimawandel zusammen. An ihm sind 195 Staaten und mehrere tausend Wissenschaftlerinnen und Wissenschaftler aus allen Erdteilen beteiligt.

Der IPCC ist frei und unabhängig, und die Wissenschaftler*innen, die ihm zuarbeiten, machen dies ehrenamtlich. Die bisherigen Berichte des Weltklimarats waren eher vorsichtig gehalten, und die Erderwärmung ging jedes Mal schneller vonstatten als vorhergesagt. Der Grund für die Zurückhaltung: Die Berichte sollten keine Angriffsfläche für Klimaleugner*innen bieten.

Die Ursache für die Erderwärmung ist eine erhöhte Menge von Gasen wie Kohlendioxid (CO_2), Methan und Lachgas (siehe Grafik 1) in der Erdatmosphäre. Wenn Sonnenlicht auf die Erdoberfläche trifft, wird es teilweise in Wärme verwandelt, und diese strahlt wieder zurück ins All. Die Treibhausgase in der Atmosphäre wirken wie Glas in einem Gewächshaus: Sie lassen das Licht durch, halten die Wärme aber zurück. Diese sammelt sich dadurch in der Atmosphäre, und die Erde erwärmt sich. Deswegen wird die Erderwärmung auch Treibhauseffekt genannt. Der natürliche Treibhauseffekt ist eine Voraussetzung für unser Überleben, da die Erde ohne ihn zu kalt wäre. Die Menschheit verstärkt den Effekt jedoch drastisch: Durch die Verbrennung von fossilen Energieträgern, intensive Landwirtschaft und Rodung von Wäldern steigen immer mehr Klimagase in die Atmosphäre und heizen das Klima auf. Bereits eine Erwärmung von zwei Grad Celsius birgt größte Risiken für Natur und Menschheit: Der Anstieg des Meeresspiegels, das Schmelzen von Gletschern, Dürren und Unwetter sind nur einige Folgen. Deshalb ist das oberste Ziel des Klimaschutzes, möglichst viele Treibhausgase – allen voran CO_2 – einzusparen, um den Temperaturanstieg gering zu halten.

Seit der vorindustriellen Zeit hat sich die durchschnittliche Temperatur an der Erdoberfläche um mehr als ein Grad erhöht; in Deutschland sind es bereits 1,5 Grad.[3] Zu diesem Ergebnis kommt der Weltklimarat, der regelmäßig aktualisierte Berichte zum Klimageschehen abgibt.

Die wichtigsten Folgen der Erderwärmung sind:
→ Der Meeresspiegel steigt stark an. Bis 2100 wird ein Anstieg um 1 bis 2 Meter erwartet.[4] Bereits bis 2050 sind weltweit über 300 Millionen Menschen von Überflutung bedroht.[5]

Globale Temperaturänderungen der letzten 20.000 Jahre

Grafik 2

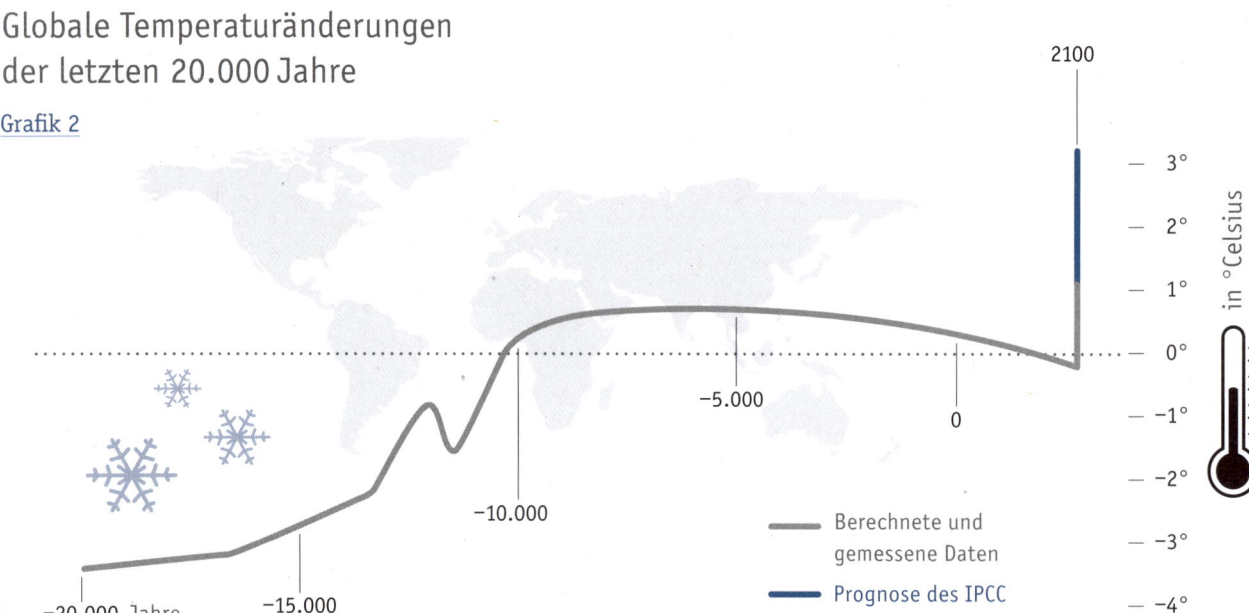

- → Je nach Region gibt es mehr Hitzeperioden, mehr Starkregenfälle oder mehr Dürren.
- → Die Ozeane werden wärmer, und das Eis auf dem Nordpolarmeer schmilzt. Während die Versauerung des Wassers zunimmt, nimmt der Sauerstoffgehalt ab, und die Korallenriffe sterben. Dies hat dramatische Folgen für das Überleben von Meerestieren.
- → Es entwickelt sich eines der größten Artensterben der Erdgeschichte und eine tief greifende Störung wichtiger Abläufe in den Ökosystemen der Erde.[6]
- → Die Erderwärmung hat schwere Folgen für Gesundheit, Ernährungssicherheit und Wasserversorgung vieler Menschen.
- → Gleichzeitig hat sie schädliche Folgen für die Wirtschaftsentwicklung und verursacht hohe Kosten durch Überschwemmungen, Sturmschäden und Missernten.
- → Die Zahl der Geflüchteten aus den am stärksten betroffenen Gebieten nimmt zu, wodurch soziale Konflikte geschürt werden. Neue Studien schätzen, dass schon innerhalb der nächsten 50 Jahre die Heimat von 1 bis 3 Milliarden Menschen sich so stark erwärmen könnte, dass dort menschliches Leben nicht mehr möglich ist.[7]

Im Klimaabkommen von Paris haben sich 2015 alle 197 Staaten der Erde darauf geeinigt, die Erwärmung deutlich unter zwei Grad, möglichst auf 1,5 Grad zu begrenzen. 2018 veröffentlichte der Weltklimarat einen Sonderbericht zur Erreichung des 1,5-Grad-Ziels. Dieser stellt fest, dass die meisten der genannten Folgen nicht mehr komplett vermeidbar sind. Jede weitere Erwärmung verschlimmert die Auswirkungen enorm. Das gilt auch für die Kosten.

Kipppunkte

Zudem wächst mit zunehmender Erwärmung die Gefahr, dass sogenannte Kipppunkte erreicht werden.[8] Dabei verändern sich bestimmte Teile der Umwelt, die vorher lange Zeit stabil waren, relativ plötzlich und sprunghaft. Diese Veränderungen sind durch Menschen zum Teil nicht mehr umkehrbar. Einige der Kipppunkte lösen einen Teufelskreis aus, weil zusätzliche Mengen an Treibhausgasen ausgestoßen werden, was die Erde noch mehr erwärmt und weitere Kipppunkte anstößt. Je weiter die Erwärmung voranschreitet, desto wahrscheinlicher wird es zudem, dass weitere Kipppunkte unumkehrbar werden. Dies ist bereits bei 2 Grad Erwärmung nicht unwahrscheinlich:[9]

- → Die Dauerfrostböden in Sibirien und Kanada tauen → gigantische Mengen an Kohlendioxid, Methan und Lachgas werden freigesetzt.
- → Das Eis am Nordpol schmilzt → das dunkle Meer nimmt deutlich mehr Wärme auf als die helle Eisdecke, die das Sonnenlicht stärker reflektiert.
- → Der Jetstream (ein Luftstrom in der hohen Troposphäre; in ihr findet vorwiegend das Wettergeschehen statt) über dem Atlantik schwächt sich ab → noch mehr Hitzewellen und Rekordniederschläge treten in Europa auf.
- → Der Monsun in Indien und China wird instabil → zusätzliche Überschwemmungen und Dürren drohen.
- → Der Golfstrom im Nordatlantik wird schwächer → erlischt er ganz, kühlen weite Teile Europas stark ab, es kommt zu einer kleinen Eiszeit, und die Ernten sind gefährdet.
- → Erwärmung und geringere Niederschläge – verstärkt durch Waldrodungen und Waldbrände – verursachen ein Absterben der Wälder → die Waldflächen im Amazonasbecken, in Sibirien und andernorts gehen weiter zurück.
- → Die Methanhydrate an den Abhängen der Tiefsee werden instabil → durch Erdrutsche werden gigantische zusätzliche Methanmengen frei.
- → Es kommt öfter zu veränderten Meeresströmungen, z. B. »El Niño«-Ereignissen im tropischen Pazifik und Indik → es treten unerwartete Dürren und Überschwemmungen auf allen Kontinenten auf.

DAS 1,5-GRAD-ZIEL

Damit die Folgen des Klimawandels nicht zu groß werden, haben sich im Jahr 2015 197 Staaten der Erde im Abkommen von Paris darauf geeinigt, die Erwärmung deutlich unter zwei Grad, möglichst auf 1,5 Grad zu begrenzen. Der Weltklimarat kommt zu folgendem Ergebnis:[10]

→ Die globale Erwärmung auf 1,5 Grad zu begrenzen erfordert »rasche, weitreichende und beispiellose Veränderungen in sämtlichen Bereichen der Gesellschaft wie Energieerzeugung, Landnutzung, Verkehr, Gebäude und Industrie«.

→ Dies erfordert höhere Investitionskosten als beim 2-Grad-Ziel.

→ Es ist aber finanziell tragbar.

→ Die Schäden bei einer 1,5-Grad-Erwärmung sind deutlich geringer als bei einem Temperaturanstieg um 2 Grad. Zudem sind die Kosten für die Einhaltung des 1,5-Grad-Ziels erheblich geringer als die Kosten, die durch Schäden hervorgerufen werden, welche bei einer höheren Erwärmung drohen.[11]

→ Die Umstellung hat noch andere positive Effekte, beispielsweise auf die Beseitigung von Hunger, Armut und Umweltschäden. Auch auf die Wirtschaft hätte die Umstellung positive Effekte.

→ Die Umstellung kann sich auch in Deutschland positiv auf Gesundheit, Lärmschutz, Naturschutz, Wohnkomfort und Arbeitsplätze auswirken.

→ Eine Energieversorgung mit 100 Prozent erneuerbaren Energien ist schlussendlich kostengünstiger als das heutige System.

→ Wer frühzeitig in die neuen Technologien investiert, hat Vorteile.

Der Weltklimarat empfiehlt daher, das 1,5-Grad-Ziel anzustreben.[12] Es muss aber sofort mit den Umstellungen begonnen werden, da das Ziel sonst nicht mehr zu erreichen ist.

Zur Rolle Deutschlands

Oft wird gesagt, dass der Anteil Deutschlands an den Emissionen der Welt nur bei 2 Prozent liege.[13] Dies lässt vermuten, dass die Bemühungen Deutschlands nicht relevant seien. Daher stellt sich die Frage: Wie wichtig ist, was Deutschland tut?

Erstens: Deutschland ist mit der Unterzeichnung des Pariser Abkommens verbindlich Verpflichtungen eingegangen. Der Klimawandel lässt sich nur abschwächen, wenn weltweit weniger Treibhausgase ausgestoßen werden. Alle Länder müssen ihren Beitrag leisten, egal, wie groß oder klein sie sind.

Zweitens: Wenn man darauf schaut, wie viel CO_2 pro Kopf ausgestoßen wird, liegt Deutschland mit über 11 Tonnen pro Einwohner*in weltweit im oberen Mittelfeld. Länder wie Indien oder China stoßen insgesamt zwar mehr CO_2 aus – allerdings haben diese auch jeweils 16-mal so viele Einwohner*innen wie Deutschland.[14] Fakt ist: Jede*r Deutsche produziert heute im Durchschnitt doppelt so viel CO_2 wie der oder die Durchschnittsbürger*in in der Welt.

Drittens: Wenn Deutschland als eines der reichsten Industrieländer vormacht, dass die Umstellung machbar ist, ist die Chance, dass andere EU-Staaten ähnlich handeln, sehr hoch. Der Anteil der EU an den weltweiten Emissionen liegt immerhin bei 10 Prozent. Somit könnte Europa eine Vorbildfunktion erfüllen – und die anderen Länder würden sehen, dass es sich wirtschaftlich lohnt.

DAS RESTBUDGET

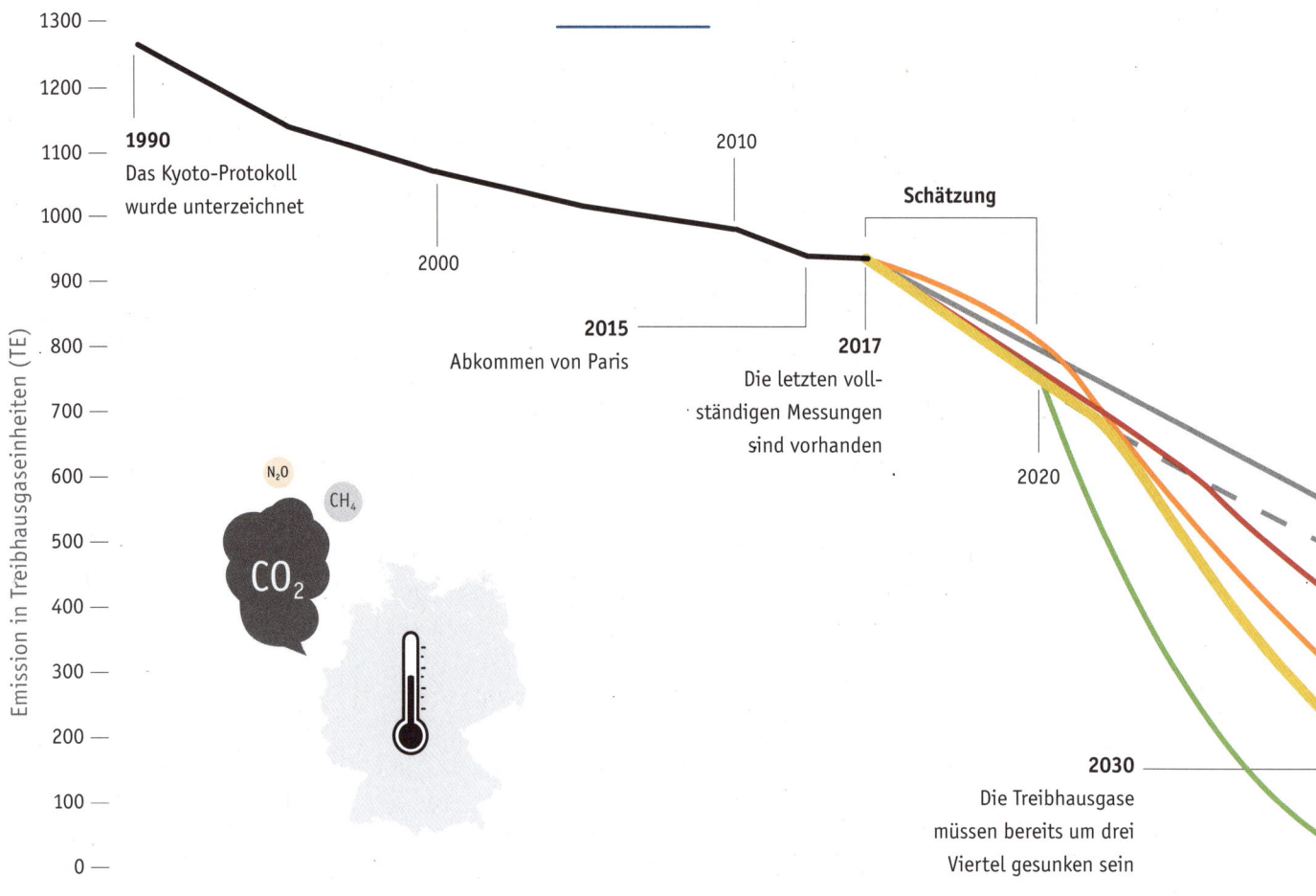

Unterschiedliche Minderungspfade

Wenn das 1,5-Grad-Ziel erreicht werden soll, darf weltweit nur noch eine bestimmte Menge an Treibhausgas ausgestoßen werden. Die Wissenschaft hat diese Menge berechnet. Sie ist unser Restbudget. Wenn es aufgebraucht ist, dürfen wir nichts mehr ausstoßen, oder wir müssen den Ausstoß teuer kompensieren (siehe Abschnitt »Negative Emissionen« auf Seite 26). Da es kompliziert ist, das Budget zu berechnen, besteht eine gewisse Unsicherheit. Das heißt, es kann sein, dass uns doch etwas mehr oder aber auch weniger zur Verfügung steht. Trotzdem bietet das Budget einen guten Anhaltspunkt, um abzuschätzen, wie schnell Veränderungen gehen müssen.

Die Frage ist nun, wie sich das Restbudget auf die Länder der Welt aufteilt. Je nachdem, wie viel Budget Deutschland beansprucht, welches Gradziel angestrebt werden soll und mit welcher Wahrscheinlichkeit dieses erreicht werden soll, ergeben sich unterschiedliche Pfade.

Erläuterung der Kurven in Grafik 3:[15]

→ **»1,5 Grad – einfaches Pro-Kopf-Budget«:**[16] Wenn das Budget der Welt nach Einwohnerzahl aufgeteilt würde, stünde Deutschland etwa 1 Prozent zu. Dann müsste Deutschland 2030 fast klimaneutral sein. Dieses Ziel ist nur noch mit starken Lebensstiländerungen zu erreichen (siehe Abschnitt »Suffizienz« auf Seite 39). Das heißt, wir müssten zum Beispiel sofort unseren Fleisch- und Milchkonsum halbieren, Teile der Industrie abstellen und deutlich weniger fliegen und Auto fahren.

→ **»1,5 Grad – doppeltes Pro-Kopf-Budget«:**[17] Heute verbraucht Deutschland pro Kopf doppelt so viel wie der Durchschnitt der Welt. Wenn wir weiterhin so viel beanspruchen, hätten wir also das doppelte Restbudget zur Verfügung. Dann müssten wir ungefähr 2040 mit der Umstellung fertig sein.

→ **»2 Grad«:**[18] Mit dieser Kurve würde nur eine Begrenzung auf 2 Grad Erwärmung erreicht.

→ **»Klimaziele der Bundesregierung«:**[19] Diese Kurve entspricht den jetzigen Vorgaben der EU und den Zielen der Bundesregierung. Würde die ganze Welt diesen Pfad einschlagen, würde dies zu einer Erhöhung der Temperatur um mindestens 2,5 Grad Celsius führen. Die neue EU-Kommissionspräsidentin von der Leyen plant, diese Zielvorgabe zu verschärfen.

→ **Der Handbuch-Pfad** ist der Pfad, der in diesem Buch beschrieben wird.

Der »Handbuch-Pfad«

Die Kurve »Handbuch-Pfad« haben wir als realistisch machbares Referenzmodell für die Überlegungen in diesem Buch ausgewählt.[20] Es handelt sich um den schnellsten

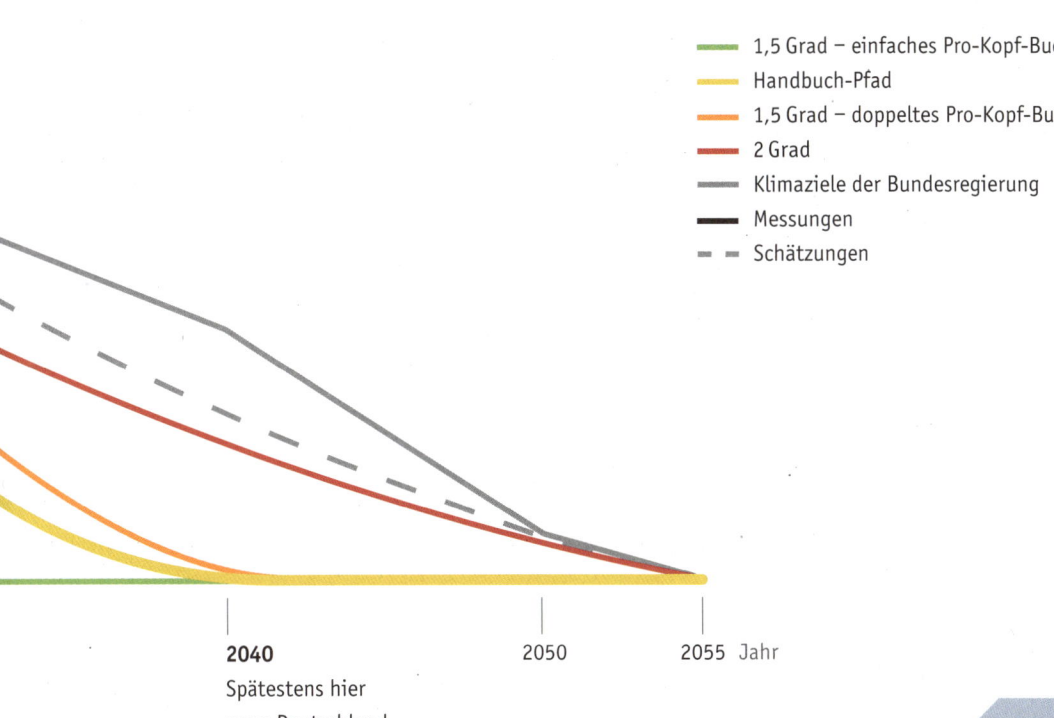

Grafik 3
Treibhausgasemissionen – verschiedene Wege für Deutschland

— 1,5 Grad – einfaches Pro-Kopf-Budget
— Handbuch-Pfad
— 1,5 Grad – doppeltes Pro-Kopf-Budget
— 2 Grad
— Klimaziele der Bundesregierung
— Messungen
- - Schätzungen

2040 Spätestens hier muss Deutschland klimaneutral sein

2050   2055   Jahr

Weg in eine treibhausgasneutrale Gesellschaft, den wir auf Basis der vorliegenden Studien plausibel begründen können. Dieser Weg entspricht auch dem Vorschlag des Sachverständigenrats für Umweltfragen der Bundesregierung vom September 2019.

Auf diesem Pfad kann das 1,5-Grad-Ziel gerade noch erreicht werden. Allerdings beansprucht dann jede*r Deutsche bis 2040 etwa die 1,9-fache Menge an Treibhausgasen, die im Durchschnitt für eine Weltbürgerin oder einen Weltbürger vorgesehen sind. Natürlich könnte man auch radikalere Wege darstellen. Wenn wir unsere Wohnfläche und unsere Autofahrten z. B. auf das Maß der 1970er-Jahre zurückfahren, könnten die Emissionen noch schneller reduziert werden. Solch radikale Annahmen trifft aber keine der uns bekannten Studien.

Schlagen wir diesen Handbuch-Pfad ein, muss die gesamte Welt etwa um das Jahr 2045 »treibhausgasneutral« sein. Dabei nehmen wir an, dass die Reduktion zu Beginn der Umstellung schneller erfolgt, damit am Schluss etwas mehr Zeit für die wenigen schwierigen Bereiche wie die Landwirtschaft oder die Zementproduktion bleibt. Deutschland müsste etwa 2040, also 5 Jahre früher, mit der Umstellung fertig werden. Bis 2035 müssen auf diesem Weg also bereits 90 Prozent der Emissionen vermieden werden. Deutschland könnte auf diesem Weg immer noch eine Vorreiterrolle bei der Entwicklung der Technologien spielen.

Infobox 2

Treibhausgaseinheit

Um unsere Darstellungen zu vereinfachen, geben wir die Emissionen in Treibhausgaseinheiten (TE) an. Diese Einheit gibt es in wissenschaftlichen Studien nicht, wir haben sie »erfunden«, um den Text lesbarer zu machen. Wir definieren eine Treibhausgaseinheit wie folgt:

1 TE = 1 $MtCO_2eq$
(Megatonne CO_2-Äquivalente)

Eine Megatonne entspricht einer Million Tonnen.

Äquivalent bedeutet, dass die verschiedenen Treibhausgase entsprechend ihrer Wirkung auf das Klima in Kohlendioxid (CO_2) umgerechnet werden. Eine Tonne Methan hat z. B. das gleiche Treibhausgaspotenzial (d. h. dieselbe Wirkung) wie 25 Tonnen Kohlendioxid.

Negative Emissionen

Langfristig muss die Gesellschaft nicht »nur« auf null kommen, also keine Treibhausgase mehr ausstoßen. Es muss sogar wieder Treibhausgas aus der Atmosphäre entfernt werden. Dies nennt man »negative Emissionen«. Dafür gibt es drei Gründe.[21]

1) Einige Kipppunkte sind bereits erreicht. Zum Beispiel schmelzen die Permafrostböden in Sibirien. Dadurch werden in den nächsten Jahrzehnten sehr viele Treibhausgase freigesetzt.

2) Manche Emissionen können nicht vermieden werden. Dies betrifft vor allem die Herstellung von Zement, Restemissionen des Flugverkehrs, den Methanausstoß von Kühen und anderen Wiederkäuern, Lachgasausdünstungen bei der Düngung von Feldern und Ausdünstungen aus Abwassern. Theoretisch wäre es möglich, alternative Baustoffe zu verwenden, keine Kühe mehr zu halten und nicht zu fliegen. Dies wurde bisher in der Gesellschaft aber nicht als realistische Lösung diskutiert.

3) Langfristig muss auf jeden Fall Kohlendioxid wieder aus der Luft entfernt werden, um das Schmelzen des Eises auf Grönland und der Antarktis zu stoppen. Dies findet im »Handbuch« noch keine Berücksichtigung. Hierfür müssen Lösungen gefunden werden, wenn die Welt klimaneutral ist.

Es gibt unterschiedliche Möglichkeiten, negative Emissionen zu erzeugen. Es wird bereits diskutiert, in den kommenden Jahrzehnten Flächen neu zu bewalden, die so groß sind wie ganz Europa. Bäume speichern Kohlendioxid, wenn sie wachsen. Dies schiebt das Problem aber eigentlich nur auf, denn wenn die Bäume irgendwann verrotten oder verbrannt werden, setzen sie das CO_2 wieder frei.

Alternativ müssen wir in großem Umfang Holz und Getreide verbrennen und das dabei entstehende Kohlendioxid einfangen und unterirdisch lagern. Auch andere Techniken sind in der Diskussion, z. B. gigantisch große Mengen an Gestein zu zerbröseln und in die Ozeane zu schütten, da dadurch CO_2 gebunden wird. Diese Techniken sind aber noch nicht ausgereift, sehr teuer und stark umstritten. Erstens ist nicht sicher, in welcher Größenordnung sie überhaupt funktionieren. Zweitens haben sie wahrscheinlich negative Nebeneffekte.[22]

In jedem Fall ist klar: Es ist sehr viel leichter, günstiger und sicherer, Treibhausgas einzusparen, als es später wieder aus der Luft zu entfernen.

Infobox 3

Treibhausgasneutralität

Man spricht von Treibhausgas*neutralität* statt Treibhausgas*freiheit*, weil es nicht möglich ist, dass Gesellschaften gar keine Treibhausgase ausstoßen. Beispielsweise produzieren landwirtschaftliche Prozesse fast immer Emissionen. Treibhausgas*neutral* ist eine Gesellschaft dann, wenn sie nur genauso viele Emissionen produziert, wie durch natürliche Prozess, z. B. Waldbildung oder technische Prozesse gebunden werden können.

DAS ZEITPROBLEM

Der im Folgenden skizzierte Weg zur »Klimaneutralität« basiert auf einer Auswertung von über 300 Studien der letzten 10 Jahre. Dabei ergab sich ein grundsätzliches Problem: Die meisten Studien geben an, wie der jährliche Treibhausgasausstoß bis 2050 gegenüber dem Vergleichsjahr 1990 um 80 bis 95 Prozent reduziert werden kann. Dieses Ziel entspricht den Klimazielen der Bundesregierung, es entspricht aber *nicht* dem 1,5-Grad-Ziel. Nur sehr wenige Studien peilen das Zieljahr 2040 oder früher und eine vollständige Klimaneutralität an. Das liegt meist nicht daran, dass die Autoren und Autorinnen einen schnelleren Weg nicht für möglich hielten. In persönlichen Gesprächen bekamen wir immer wieder die Antwort, das sei die Vorgabe der Studie gewesen; ein schnellerer Weg wurde dabei nie explizit ausgeschlossen. Trotzdem existieren Pfade, die nicht beliebig beschleunigt werden können.

Wir haben daher die Studien mit den Zieljahren 2040 oder 2035 mit denjenigen mit dem Zieljahr 2050 verglichen. Bei den »2050er-Szenarien« haben wir abgeschätzt, inwieweit sie auch bei einem beschleunigten Übergang realistisch sein können. Wo das nicht machbar erschien, haben wir das berücksichtigt. Dies war beispielsweise bei der Sanierung und Dämmung der Häuser oder bei der Umstellung der Landwirtschaft – teilweise auch bei der Industrie – der Fall. Zugleich haben wir versucht abzuschätzen, was eine schnellere Umsetzung für die einzelnen Sektoren bedeutet. Dabei stimmen eine Reihe von neueren Entwicklungen hoffnungsvoll:

→ Die Preise von Photovoltaikanlagen sind rapide gesunken. Sie benötigen zu ihrer Herstellung nur noch ein Viertel der Siliziummenge und produzieren gleichzeitig mit der gleichen Fläche ein Drittel mehr Strom als noch vor 10 Jahren.[23]
→ Die Preise für elektrische Batterien sind gesunken, während ihr Wirkungsgrad gestiegen ist.
→ Es gibt neue Technologien für Erdkabel, um Gleichstrom zu transportieren.
→ Neue Windkraftwerke produzieren viel mehr Strom, weil sie bereits bei schwachem Wind die volle Leistung bringen können (Schwachwindanlagen).
→ Auch der Wirkungsgrad der Wärmepumpen ist gestiegen (siehe Infobox 7 und Abschnitt »Hauswärme« auf Seite 66).
→ Die Kosten für E-Autos sind deutlich gesunken.
→ In Österreich, Schweden und Deutschland werden bereits die ersten kohlefreien Stahl- und Walzwerke geplant bzw. gebaut.
→ Die Chemieindustrie hat konkrete Planungen vorgelegt, wie sie ihre Produktion künftig treibhausgasneutral gestalten kann.[24]
→ Es gibt neue Anbau- und Düngemethoden für die Landwirtschaft, um Stickstoffdünger einzusparen.

Doch nicht nur technische Aspekte, auch die Finanzierung des Übergangs zu einer treibhausgasneutralen Gesellschaft wurde anhand zahlreicher Studien untersucht. Danach erweist sich die 1,5-Grad-Umstellung als eine rentable Investition (siehe Teil 3, Abschnitt »Finanzierung der Umstellung« ab Seite 47). Wir sind deshalb zur Überzeugung gelangt, dass die dargestellten Wege und Alternativen gangbar und damit empfehlenswert sind.

Politische Umsetzung – historische Kipppunkte

Dass das 1,5-Grad-Ziel technisch erreichbar ist, bedeutet natürlich nicht, dass es auch ohne Probleme politisch und gesellschaftlich umsetzbar ist. Denn es stellt eine immense politische Herausforderung dar. Schon 1972 hat der Club of Rome darauf hingewiesen, dass die Weltwirtschaft im 21. Jahrhundert zusammenbrechen wird, wenn die Wirtschaftsweise sich nicht grundlegend ändert und umweltfreundlicher wird.[25] 1990 haben viele Staaten der Erde das sogenannte Kyoto-Protokoll unterzeichnet, in dem sie sich dazu verpflichten, den Ausstoß von Treibhausgasen zu verringern. Sowohl nach dem Kyoto-Protokoll, als auch nach dem Abkommen von Paris hat sich der Ausstoß in den Folgejahren aber stark erhöht. Über die Hälfte aller Emissionen wurde nach 1980 ausgestoßen. Auch nach dem Abkommen von Paris 2015 sind die jährlichen Emissionen weiter gestiegen. Hätte man rechtzeitig auf die Warnungen reagiert, hätte die Menschheit genug Zeit gehabt, die Umstellung zur Klimaneutralität durchzuführen. Diese Chance wurde aber verpasst, und nun muss alles sehr schnell gehen. Und wenn wir nicht sofort anfangen, wird es noch schwerer.

Es gibt aber einen guten Grund, warum wir trotzdem glauben, dass das 1,5-Grad-Ziel erreicht werden kann: Historische Umbrüche erfolgten oft mit langer zeitlicher Verzögerung, selbst wenn die Zeit bereits reif war. Aber wenn es schließlich losgeht, geht die Entwicklung ganz schnell, und Dinge werden möglich, die vorher für unmöglich gehalten wurden. Es gibt mehrere Anzeichen dafür, dass ein solcher historischer Umbruch bevorsteht. Weltweit finden Proteste von Gruppen wie Fridays for Future statt. In Deutschland ist Klimaschutz laut Meinungsumfragen das wichtigste Thema. Große Finanzunternehmen und Versicherungen stellen sich um: Nachhaltigkeit wird wichtiger. Investitionen in Milliardenhöhe werden von fossilen Unternehmen weggenommen, da diese sich nicht mehr lohnen. Auch wenn die Entwicklungen noch zu langsam und nicht konsequent genug stattfinden, deutet sich an, dass ein großer Umbruch bevorsteht. Es kommt jetzt darauf an, die Weichen richtig zu stellen.

EXKURS: DER KLIMA-BÜRGERRAT

Mehr Demokratie e. V. plant im Bündnis mit mehreren Nichtregierungsorganisationen und Instituten, die auf eine Stärkung der Bürgerbeteiligung setzen, einen Bürgerrat zum Klimaschutz. Dazu sollen 160 Bürgerinnen und Bürger ausgelost werden – repräsentativ nach Alter, Geschlecht, Bildungsabschluss, Region, Gemeindegröße und anderen Kriterien. Dieser Bürgerrat wird an mehreren Wochenenden tagen und dabei von Wissenschaftlern und Wissenschaftlerinnen beraten. Er soll ein Bürgergutachten erarbeiten, das dem Bundestag und den Parteien übergeben wird. In diesem Gutachten sollen die Bürger*innen der Politik darlegen, welche Maßnahmen zum Klimaschutz sie für nötig erachten, unter welchen Bedingungen sie bereit sind mitzuhelfen und was sie selbst für den Klimaschutz tun möchten.

Dieses Handbuch wurde unter anderem dafür erstellt, um für den Bürgerrat eine neutrale und wissenschaftlich solide Diskussionsgrundlage zu schaffen. Deswegen haben wir am Ende vieler Abschnitte in diesem Buch Fragen aufgelistet, die in einem Bürgerrat besprochen werden könnten. Sie sind aber auch für Leserinnen und Leser interessant, die nicht am Bürgerrat teilnehmen. Die Fragen dienen als Anregung für Diskussionen, die wir in der Gesellschaft führen sollten, denn Klimaschutz geht alle an. Nicht nur, weil die Folgen des Klimawandels uns alle betreffen, sondern auch, weil wir große gesellschaftliche Veränderungen brauchen, um das Klima schützen zu können. An manchen Stellen sind die Wege durch Notwendigkeiten bestimmt. An anderen Stellen gibt es Spielräume und unterschiedliche Wege, die wir einschlagen können. Es ist klar, dass uns große Veränderungen bevorstehen – damit wir sie gestalten können (»by design«) und sie nicht einfach über uns kommen (»by desaster«), braucht es eine große gesellschaftliche Debatte darüber, wie wir in Zukunft leben wollen.

Bei der Erstellung der Fragen sind wir davon ausgegangen, dass sowohl mit dem Klimawandel, als auch mit der Transformation der Gesellschaft sehr unterschiedliche Dinge verbunden werden. Viele Sorgen, aber auch einige Hoffnungen entsprechen bei genauerem Hinsehen nicht den Tatsachen. Dennoch müssen diese Perspektiven berücksichtigt werden, da die Lösung der Klimakrise nicht nur technische, sondern vor allem gesellschaftliche Veränderungen braucht.

Befürchtungen der Bürger*innen

Die Umstellung auf eine treibhausgasneutrale Lebensweise und Wirtschaft verursacht nicht nur erhebliche Kosten, sie kann Menschen auch aus anderen Gründen vor große Herausforderungen stellen. Zu den möglichen Folgen, die Menschen mit der Umstellung befürchten, gehören zum Beispiel:

→ Umstellungen der Ernährung, z. B. weniger Fleisch und Milchprodukte
→ Lärm und optische Störungen durch Windkraft
→ Veränderung des Landschaftsbildes durch Stromleitungen oder Windräder
→ Schäden für die Natur, insbesondere für Vögel
→ Reisen, insbesondere Flugreisen, werden teurer
→ Einschränkungen beim Wohnkomfort
→ Aufwendige Pfandsysteme
→ Schlechte Belüftung von gedämmten Häusern
→ Umweltschäden durch Rohstoffgewinnung
→ Abhängigkeit vom Ausland
→ Nachteile der deutschen Wirtschaft im internationalen Wettbewerb
→ Überregulierung und Verbotspolitik
→ Einschränkungen beim Autofahren, wie Geschwindigkeitsbeschränkungen und weniger Parkplätze
→ Verbot von Verbrennungsmotoren
→ höhere Kosten für Mobilität
→ weitere Kosten für die Gesellschaft, z. B. Steuererhöhungen
→ Auswirkungen auf den Arbeitsmarkt
→ Zusammenbruch des Energiesystems bei Ausstieg aus fossilen Energien

Hoffungen und Wünsche

Auf der anderen Seite stehen die Hoffnungen und Wünsche von vielen Menschen, die sie mit der Umstellung auf eine treibhausgasneutrale Gesellschaft verbinden:

→ Erhalt einer bewohnbaren Welt für kommende Generationen
→ Vermeidung von extremen Wetterereignissen wie Dürren, Überschwemmungen und (Wirbel)Stürmen
→ Millionen Menschen müssen ihre Heimat nicht verlassen
→ Erhalt der Natur, insbesondere die Bewahrung gefährdeter Arten von der Biene bis zum Eisbär
→ Erhalt der Gletscher, des Meereises und der polaren Eisschilde
→ gesünderes Leben durch weniger Schadstoffe in der Luft, im Wasser und in der Nahrung
→ bessere Qualitätsstandards, welche die Treibhausgasemissionen bei der Produktion von Lebensmitteln, Kleidung und anderer Erzeugnisse berücksichtigen
→ weniger Lärmbelästigung
→ lebenswerte Städte mit deutlich weniger Autos, mit Vorrang für Fußgänger*innen und Fahrradfahrer*innen
→ geringere Kosten für Strom und Heizung
→ Hoffnung auf eine gerechtere, sozialere und friedlichere Gesellschaft
→ geringere Importabhängigkeit von Rohstoffländern, insbesondere von Diktaturen und anderen Unrechtsregimen

Fragen an die Bürgerinnen und Bürger

Allgemeine Fragen zur Klimapolitik

→ Sollte Klimaschutz oder Treibhausgasneutralität als Staatsziel ins Grundgesetz festgeschrieben werden?

→ Sollte Klimaschutz einklagbar sein? Sollten z. B. bei öffentlichen Ausschreibungen die Behörden verpflichtet werden, das klimafreundlichste Angebot zu wählen?

→ Sollte Deutschland verstärkt Klimaschutz im Ausland fördern – etwa Solarstrom in Indien oder Aufforstung in Sibirien? (Anmerkung: Dies könnte ein »Ausgleich« dafür sein, dass Deutschland mehr vom Treibhausgasbudget beansprucht, als ihm zusteht. Wichtig ist hierbei, dass die Förderung zusätzlich zum Klimaschutz in Deutschland vorgenommen wird und nicht stattdessen.)

Fragen zum 1,5-Grad-Ziel

→ Sollte anstelle des 1,5-Grad-Ziels eine maximale Temperaturerhöhung von 1,75 oder 2 Grad angestrebt werden, auch wenn die finanziellen, ökologischen und sozialen Folgen des Klimawandels sich dadurch erheblich verschlechtern und die Wahrscheinlichkeit sich erhöht, dass Klimakipppunkte angestoßen werden?

→ Sollte jede*r deutsche Bürger*in das gleiche Restbudget für die Emission von Treibhausgasen bekommen wie alle anderen Weltbürger*innen?

Teil 2
WEGE DER TRANSFORMATION
WIE KOMMEN WIR ZU EINER KLIMANEUTRALEN GESELLSCHAFT?

Das meiste, das wir tun, verursacht Treibhausgase – Auto fahren, im Internet surfen, duschen, Waren herstellen und transportieren und sogar die Produktion von Essen. Wie ist das vereinbar mit der Notwendigkeit eines klimaneutralen Lebens? Für vieles gibt es technische Lösungen, die es theoretisch ermöglichen, unser Leben so weiterzuführen, wie wir es gewohnt sind. Praktisch gibt es aber drei große Probleme: Erstens sind die Rohstoffe, die für die neue Technik benötigt werden, begrenzt. Zweitens muss die Umstellung sehr schnell erfolgen – so schnell, dass es an Personal und Produktionskapazität fehlt. Und drittens braucht die Technik Energie, um zu funktionieren. Diese muss in Zukunft von Wind und Sonne kommen statt wie bisher aus der Verbrennung von Kohle, Gas und Öl.

WO ENTSTEHEN EMISSIONEN HEUTE?

Das Ausmaß der Treibhausgasemissionen lässt sich für Deutschland wie folgt auf sieben gesellschaftliche Sektoren aufteilen (in Grafik 4 links dargestellt).[1] Rechts in der Grafik stehen die wichtigsten Einzelquellen, bei denen Klimapolitik ansetzen muss.[2]

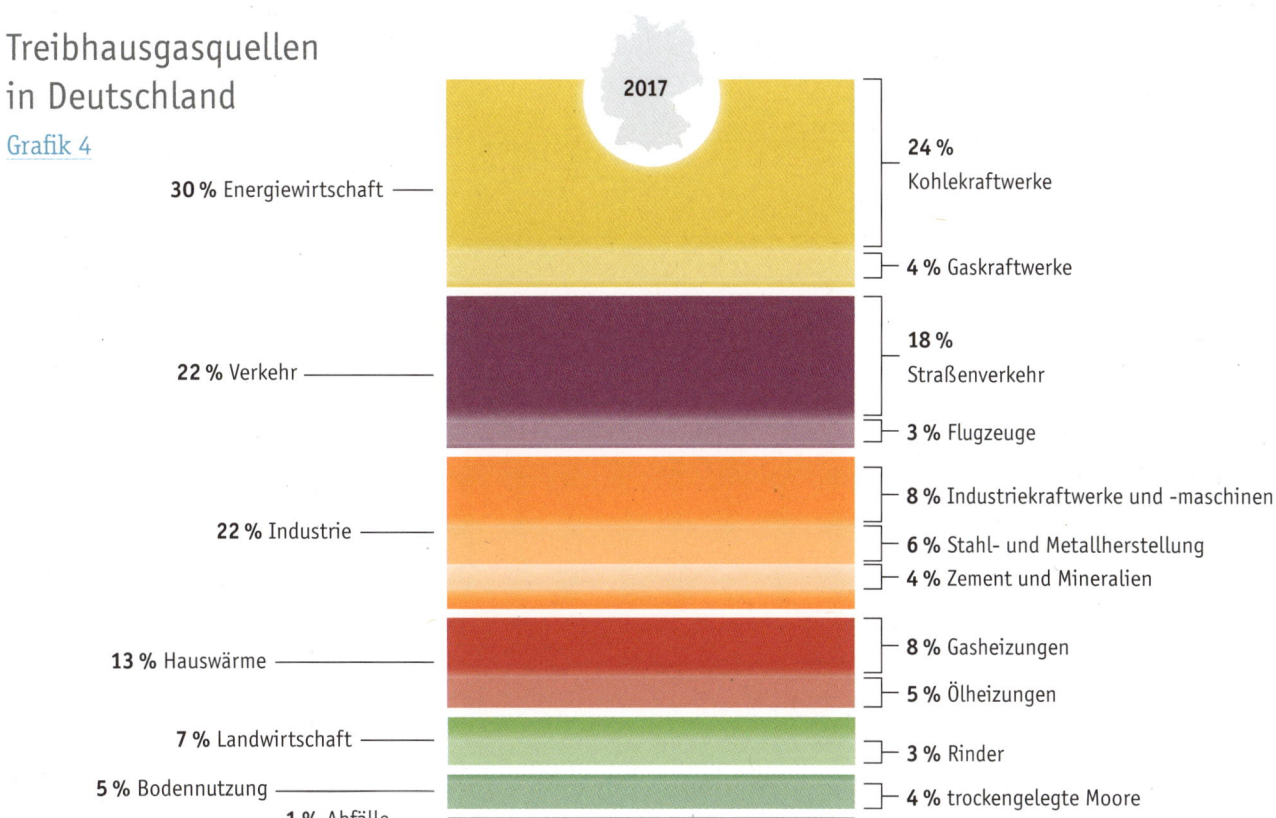

Treibhausgasquellen in Deutschland
Grafik 4

→ **Energiewirtschaft:** Dies sind Emissionen aus öffentlichen Kraftwerken, in denen Strom und teilweise Fernwärme erzeugt wird. Auch Müllverbrennung fällt in diesen Sektor. Die mit Abstand größte Quelle ist die Verbrennung von Kohle. Erdgas (fossiles Methan) macht im Vergleich dazu nur einen kleinen Anteil aus.

→ **Verkehr:** Drei Viertel der Verkehrsemissionen entstehen durch Benzin- und Dieselfahrzeuge im Straßenverkehr, wobei PKWs etwa zwei Drittel und LKWs etwa ein Drittel ausmachen. Die dritte große Quelle sind Flugzeuge, die bei der Verbrennung von Kerosin Treibhausgase ausstoßen. Zusätzlich haben auch die Kondensstreifen negative Effekte auf das Klima (in der Grafik nicht enthalten). Zum Verkehr rechnen wir auch die Emissionen von Raffinerien, da diese überwiegend Treibstoffe für den Verkehr produzieren. Viel kleiner ist der Beitrag von Bahn und Schiffsverkehr.

→ **Industrie:** Die größten CO_2-Quellen sind Stromkraftwerke und der Maschinenpark der Industrie, gefolgt von der Stahlerzeugung und der Herstellung von Zement. Ebenso verbraucht die Kunststoffherstellung große Mengen an fossilen Rohstoffen – diese setzen aber erst Treibhausgase frei, wenn sie verbrannt werden, weshalb sie in dieser Grafik nicht auftauchen.

→ **Hauswärme:** Hier geht es um die Emissionen von Öl- und Gasheizungen in Wohnhäusern, Bürogebäuden, Geschäften und Werkstätten von Kleinbetrieben. Die Fernwärme wird unter »Energiewirtschaft« aufgeführt, da sie als Nebenprodukt der Stromerzeugung anfällt. Die Erzeugung der Wärme, die die Industrieproduktion benötigt, ist dort bilanziert.

→ **Landwirtschaft:** Die wichtigsten Quellen sind hier die Tierhaltung, darunter v. a. die Rinderhaltung für die Fleisch- und Milchproduktion sowie die Emissionen durch die Düngung der Felder.

→ **Bodennutzung:** In diesem Sektor entsteht der größte Beitrag an Treibhausgasen durch trockengelegte Moore und Wiesen. Biologische Prozesse führen dazu, dass hier große Mengen an Treibhausgas entstehen. Wälder sind hingegen die einzige Senke für Kohlendioxid. Beim Wachstum ziehen sie CO_2 aus der Luft, binden es im Holz sowie im Humus, der entsteht, wenn sich Blätter und Äste mit der Zeit zersetzen.

→ **Abfälle:** Diese Emissionen entstehen hauptsächlich durch Ausdünstungen aus Abwasserrohren, Kläranlagen und alten Mülldeponien.[3]

WIE KÖNNTE EINE KLIMANEUTRALE GESELLSCHAFT AUSSEHEN?

Der wichtigste Unterschied zwischen der heutigen und der klimaneutralen Gesellschaft ist das Energiesystem. Energie wird überall benötigt, beispielsweise in Form von Strom aus der Steckdose. Mengenmäßig noch wichtiger ist aber die Wärme für Heizung, Warmwasser und vor allem für Produktionsprozesse in der Industrie. Außerdem ist die Überführung von chemischer in Bewegungsenergie, beispielsweise im Verkehr, ein relevanter Faktor.

Das heutige Energiesystem
Grafik 5

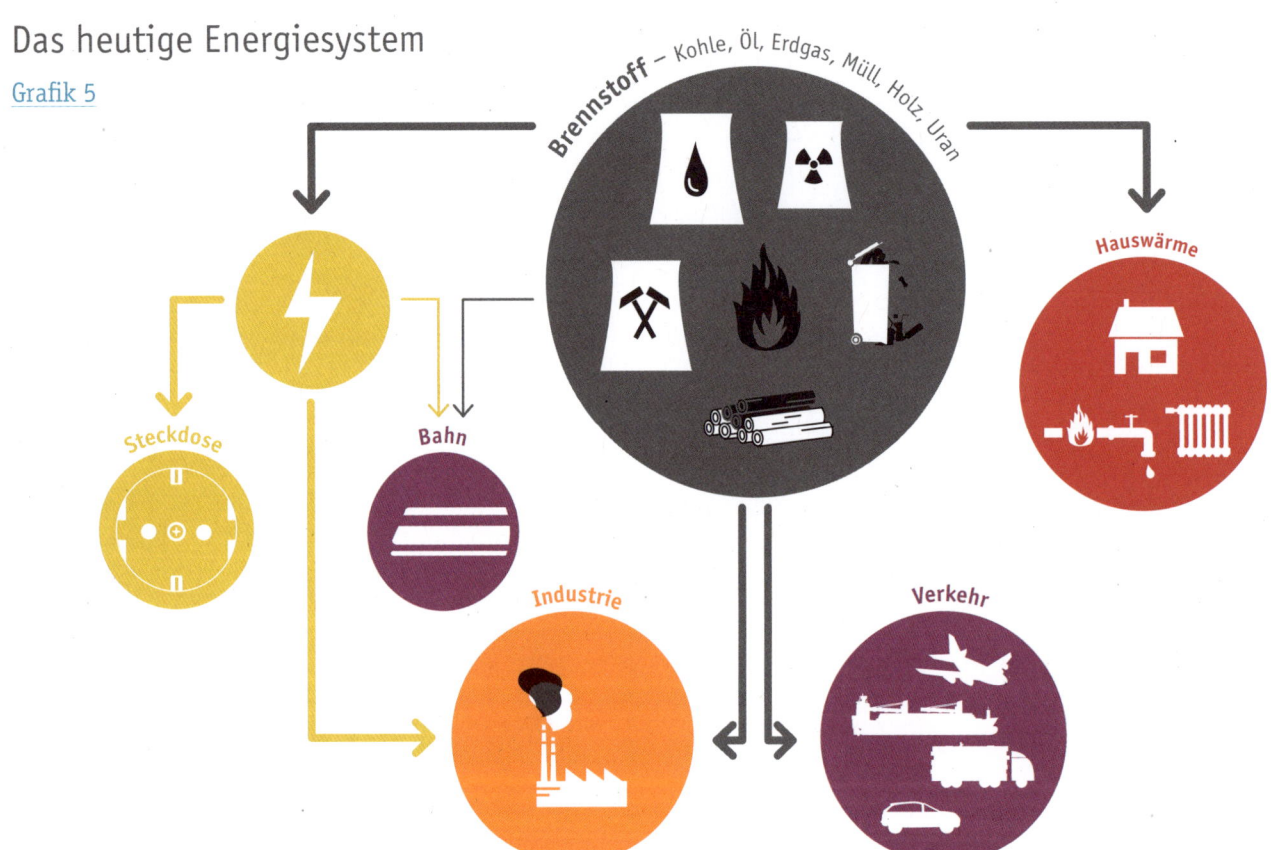

Die fossile Gesellschaft

Auch wenn heute schon über 40 Prozent des Stroms erneuerbar erzeugt werden, leben wir in einer fossilen Gesellschaft. Betrachtet man auch die Erzeugung von Wärme und Bewegungsenergie, werden nur knapp 14 Prozent der Energie klimaneutral erzeugt. Im Zentrum des heutigen Energiesystems (siehe Grafik 5) steht also die Verbrennung von Kohle, Öl und Erdgas. Hinzu kommt Uran in den Atomkraftwerken. Einziger erneuerbarer Brennstoff ist Holz. Wärme und Bewegungsenergie werden direkt in den Motoren und Anlagen erzeugt, während Strom in Kraftwerken gewonnen und von dort zu den Verbrauchern transportiert wird.

Die klimaneutrale Gesellschaft

In Zukunft wird grüner Strom im Zentrum des Energiesystems stehen, wobei die hauptsächlichen Quellen Wind und Sonne sind. Fahrzeuge und Heizungen werden überwiegend elektrisch betrieben und der Strom kann auch in Industrieprozessen eingesetzt werden, die vorher fossile Brennstoffe benötigten, z. B. bei der Herstellung von Stahl. Das neue System ist nicht nur klimaneutral, es hat einen weiteren Vorteil: Durch die direkte Verwendung des Stroms entstehen weniger Verluste. Bei der Verbrennung von fossilen Stoffen in Motoren oder Kraftwerken wird oft weniger als die Hälfte der Energie aus den Brennstoffen genutzt, während der Rest verloren geht. Elektrische Wärmepumpen oder Elektroautos nutzen die Energie deutlich besser aus. Aus technischen Gründen ist es aber nicht möglich, alles auf direkte Stromnutzung umzustellen. Dies gilt z. B. für die meisten Flugzeuge und Schiffe. Auch an anderen Stellen werden weiterhin Brennstoffe genutzt. Diese werden aber mit grünem Strom erzeugt (siehe Infobox 4) und sind klimaneutral.

Ergänzende Energiequellen sind Biobrennstoffe sowie Erdwärme, Luftwärme und direkte Sonnenwärme.

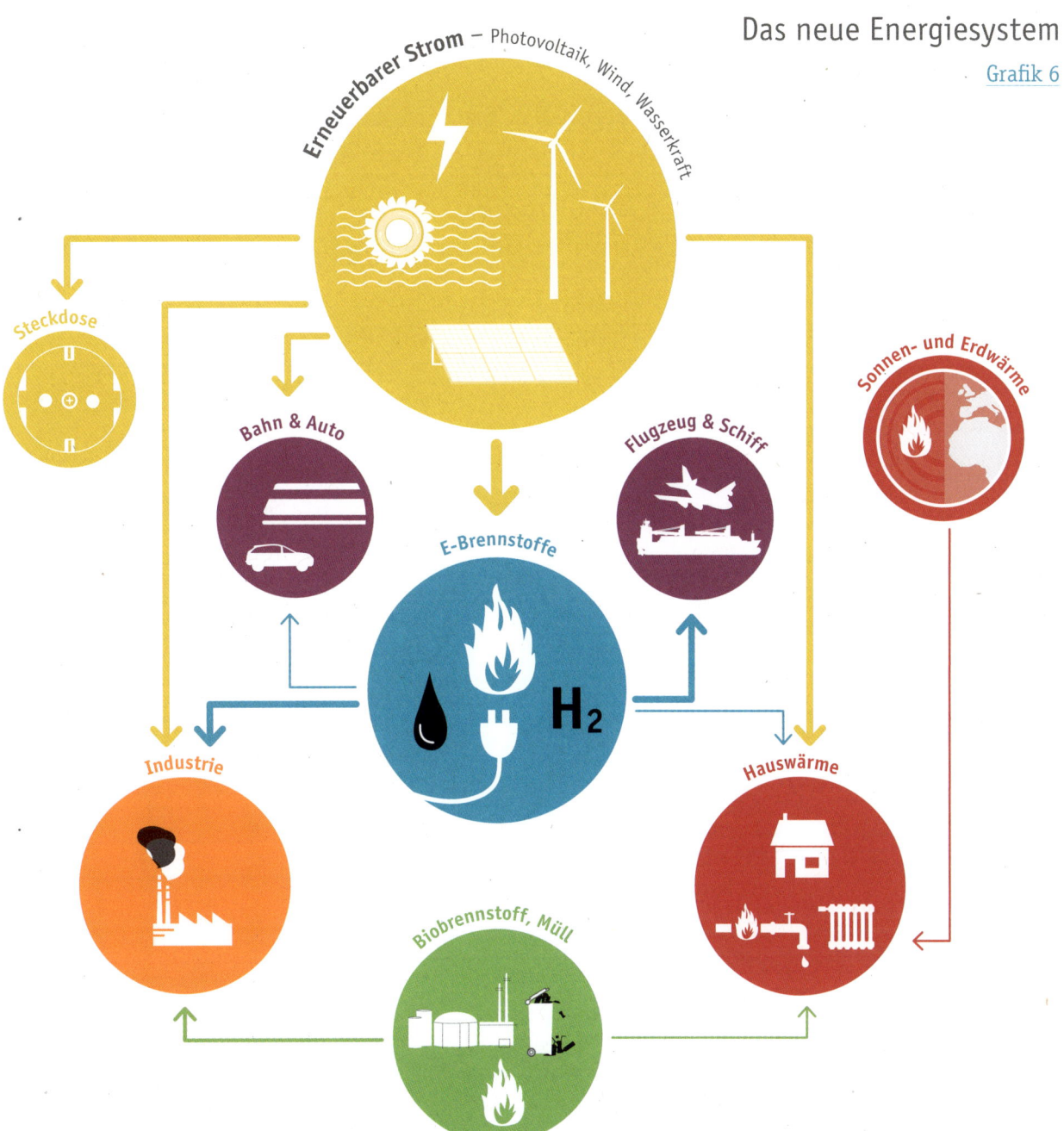

Das neue Energiesystem
Grafik 6

Infobox 4

Erneuerbare Brennstoffe

Es werden drei Arten erneuerbarer Brennstoffe unterschieden:

E-Brennstoffe: Das E steht für »elektrisch erzeugt«. Zunächst wird aus Wasser und grünem Strom Wasserstoff hergestellt. Dieser kann als klimaneutraler Brennstoff dienen, z. B. in der Stahlerzeugung. Er kann aber auch zu E-Methan, E-Kerosin oder E-Benzin weiterverarbeitet werden. Der dazu nötige Kohlenstoff muss mit teuren und aufwendigen Verfahren aus der Luft extrahiert werden, bei der Verbrennung wird er wieder freigesetzt. Unter dem Strich sind E-Brennstoffe klimaneutral, weil nur so viel CO_2 in die Atmosphäre gelangt, wie bei der Herstellung aus der Luft gezogen wurde. Allerdings benötigt die Herstellung sehr viel Strom.

Biobrennstoffe: Diese werden aus organischen Reststoffen hergestellt, beispielsweise Essensabfällen. Das CO_2, das bei der Verbrennung freigesetzt wird, wurde vorher von den Pflanzen gebunden.

Dies gilt auch für **Agro-Brennstoffe.** Allerdings werden dafür Pflanzen genutzt, die eigens für die Energiegewinnung angebaut wurden (vor allem Mais und Raps). Dies hat viele Nachteile (siehe Abschnitt »Bioenergie« ab Seite 59).

Das heutige Biogas und auch Biodiesel an der Tankstelle bestehen überwiegend aus Agro-Brennstoffen.

VARIANTEN DES KLIMANEUTRALEN ENERGIESYSTEMS

Über die grundsätzliche Ausrichtung des neuen Energiesystems herrscht Einigkeit in der Wissenschaft, die Studien kommen aber bei zwei Fragen zu unterschiedlichen Ergebnissen:

→ Welche Prozesse können auf Strom umgestellt werden, und wo werden in Zukunft E-Brennstoffe anstelle von fossilen Brennstoffen genutzt?

→ Wie viel erneuerbarer Strom kann und soll in Deutschland produziert werden, und wie viel Energie muss importiert werden?

Für die folgenden Darstellungen haben wir aus den Studien plausible Mittelwerte entnommen.[4] Wir halten das für eine gute Grundlage, um Entscheidungen über notwendige Maßnahmen zu treffen. In der Praxis werden sich die Zahlen verändern, weil Technologien neu entwickelt oder verbessert werden und weil die Kosten für einige Varianten schneller sinken werden als bei anderen.

Zwei extreme Varianten und ein Mittelweg

In Tabelle 1 sind drei mögliche Varianten dargestellt, die jeweils sowohl Vor- als auch Nachteile mit sich bringen. In der Variante »Vorrang Elektrifizierung« werden alle Prozesse, bei denen dies möglich ist, auf die Nutzung von Strom umgestellt. Die Variante »Vorrang E-Brennstoffe« nutzt dagegen an vielen Stellen die heutige Technik – allerdings werden E-Brennstoffe statt fossiler Brennstoffe verbrannt. Der Mittelweg kombiniert beide Varianten.

Tabelle 1 wird detailliert im Abschnitt »Energieversorgung« ab Seite 55 erläutert. Hier geht es zunächst einmal um die grundsätzlichen Unterschiede. Am stärksten unterscheiden sich die drei Wege beim Energiebedarf.[5]

Vorrang Elektrifizierung

Der Vorteil dieser Variante ist der vergleichsweise geringe Energiebedarf von 1500 TWh (siehe Infobox 5). Die elektrischen Prozesse sind effizient, und der Energiebedarf kann deshalb gegenüber heute (3640 TWh pro Jahr) mehr als halbiert werden. Wenn man annimmt, dass wir unser Verhalten grundlegend ändern – weniger reisen, Wohnraum einsparen, kaum noch Fleisch essen usw. –, kann der Bedarf noch weiter reduziert werden.[6] Es wäre dann möglich, 80 Prozent des Stroms in Deutschland zu erzeugen. Die restlichen 20 Prozent müssten importiert werden. Nach einer aktuellen Studie des Potsdamer Klimafolgenforschungsinstituts ist dies – ökologisch gesehen – der beste Weg. Trotz aller Probleme, die auch mit Windkraft und Photovoltaik verbunden sind, treten hier die geringsten Belastungen für die Umwelt und die menschliche Gesundheit auf.[7]

Der »Vorrang Elektrifizierung« hat zwei Nachteile: Erstens ist es schwierig Strom zu speichern. Insbesondere im Winter kann dies zu Problemen führen. Zwar muss auch in den anderen Varianten Strom gespeichert werden, wofür es bereits Lösungen gibt (siehe Abschnitt »Stromspeicher« ab Seite 62), jedoch ist der Speicherbedarf hier viel größer. Zweitens muss der komplette Bestand an Fahrzeugen, Heizungen und große Teile der Industrie in noch kürzerer Zeit als in den anderen Varianten ausgetauscht werden.

Infobox 5

Stromeinheiten

Die Einheit Watt gibt die Leistung eines Gerätes an, d. h., wie viel Strom es pro Zeiteinheit verbraucht. Die Einheit Wattstunden gibt eine Strommenge an. Sie ergibt sich aus der Leistung eines Geräts und der Zeit, die es läuft. Ein Beispiel: Eine moderne Sparlampe hat oft eine Leistung von 10 Watt. Wenn sie eine Stunde lang leuchtet, dann verbraucht sie 10 Wattstunden. Ein Kraftwerk mit einer Leistung von 1 Gigawatt, das 6000 Stunden im Jahr läuft, erzeugt 6000 Gigawattstunden bzw. 6 Terawattstunden Energie.

Einheit	Beispiel
1 Terawattstunde (TWh)	Je nach Größe kann ein Kohlekraftwerk im Jahr 10 TWh erzeugen.
= 1000 Gigawattstunden (GWh)	Moderne Windräder an einem guten Standort erzeugen im Jahr über 10 GWh.
= 1.000.000 Megawattstunden (MWh)	Im Durchschnitt verbraucht eine Person in Deutschland 1 bis 2 MWh Strom im Jahr.
= 1.000.000.000 Kilowattstunden (KWh)	Je nach Alter und Größe verbrauchen Kühlschränke pro Jahr zwischen 50 und 300 KWh.
= 1.000.000.000.000 Wattstunden (Wh)	Wenn eine moderne Sparlampe eine Stunde lang brennt, verbraucht sie etwa 10 Wh.

In ganz Deutschland wurden im Jahr 2018 ca. 650 TWh Strom erzeugt.

Tabelle 1

Drei unterschiedliche Wege

Sektor	❶ Vorrang Elektrifizierung	❷ Mittelweg	❸ Vorrang E-Brennstoffe
Erneuerbare Energie pro Jahr	1500 TWh	2200 TWh	3000 TWh
PKW	98 % E-Autos mit Batterie	E-Autos, Hybridantrieb, Brennstoffzelle und Gasmotor	Vorrang Brennstoffzelle und Gasantriebe
LKW und Bus	8000 km Oberleitung (Autobahnen) plus Batterie: > 80 % elektrisch	Oberleitung, Batterie, Hybrid und E-Kraftstoffe	überwiegend E-Kraftstoffe
Flugzeug und Schiff	E-Kraftstoffe, die mit grünem Strom erzeugt werden		
Häuser	Der Wärmebedarf wird durch Wärmedämmung halbiert		
Hauswärme	90 % Wärmepumpen und Solarwärme – auch für Fernwärme	70 % Wärmepumpen und Solarwärme, Rest E-Brennstoffe	40 % Wärmepumpen und Solarwärme, Rest E-Brennstoffe
Industrie	maximale Elektrifizierung der Wärmeerzeugung und der Prozesse	Elektrifizierung und Wasserstoff	Vorrang Wasserstoff, E-Methan, Biobrennstoffe
Speicher	größerer Stromspeicherbedarf	Speichermix Batterie, Wasser, Druckluft, Gas	größerer Gasspeicherbedarf
Netz	Hochspannungsgleichstromnetz für Europa	Stromnetzausbau und Gasnetzumbau	Vorrang Gasnetz
Energieimporte	ca. 20 % Importe	ca. 40 % Importe	ca. 60 % Importe

Vorrang E-Brennstoffe

Wenn E-Brennstoffe aus Strom hergestellt werden, geht ein großer Teil der Energie verloren. Zusätzlich sind die Verbrennungsanlagen weniger effizient als die elektrischen. Dort kommt es also nochmals zu Verlusten. Bei der Variante »Vorrang E-Brennstoffe« werden deshalb 3000 TWh Energie benötigt – also nur 20 Prozent weniger als heute. Insgesamt müssen doppelt so viele Wind- und Solarkraftwerke installiert werden wie in der Variante »Elektrifizierung«, was nicht nur länger dauert, sondern auch viele Ressourcen verschlingt. Da in Deutschland vermutlich nicht mehr als 1200 TWh erneuerbarer Strom hergestellt werden können (siehe im Abschnitt »Import« auf Seite 41), müssten 60 Prozent der benötigten Energie importiert werden. Der Vorteil der Variante »E-Brennstoffe« liegt darin, dass weniger Stromspeicher und Stromleitungen benötigt werden und keine Speicherprobleme auftreten. Außerdem können Teile der heutigen Technik weiterverwendet werden – die fossilen Brennstoffe werden lediglich durch E-Brennstoffe ersetzt.

Der Mittelweg

Der Mittelweg kombiniert die beiden Wege »Elektrifizierung« und »E-Brennstoffe« und versucht dadurch, deren Nachteile bestmöglich zu vermeiden. Nach der kompletten Umstellung auf erneuerbare Energien im Jahre 2040 wird 40 Prozent weniger Energie benötigt als heute. Die relevanten Einsparungen erfolgen zum größten Teil durch die Wärmedämmung der Häuser und die Umstellung auf elektrische Heizungen und E-Autos. In der Industrie sind die Einsparungen noch geringer. Fast die gesamte erzeugte Energie (ca. 1900 TWh) besteht aus Strom, der hauptsächlich durch Wind und Sonne bereitgestellt wird. Dazu kommen Biomasse (150 TWh), für Heizung und Warmwasser genutzte Sonnenwärme (100 TWh) und Geothermie (10 TWh). Nur die Hälfte des Stroms – etwa 1000 TWh – wird direkt als Strom benötigt. Die andere Hälfte wird genutzt, um Wasserstoff und E-Brennstoffe herzustellen. Diese werden teilweise wieder zur Stromerzeugung genutzt oder in der Industrie und in Heizungen eingesetzt und vor allem für Schiffe und Flugzeuge benötigt. Die erforderliche Energiemenge durch Wind- und Sonnenstrom wird nicht in Deutschland produziert werden können. Ohne drastische Einschränkungen des menschlichen Lebensstils wird Deutschland beim heutigen Stand der Technik auch in Zukunft darauf angewiesen sein, Energie zu importieren (siehe im Abschnitt »Import« ab Seite 41).

Der Mittelweg bildet die Grundlage für die weiteren Darstellungen in diesem Handbuch.[8] Dies soll keine Vorfestlegung sein: Der vorgeschlagene Weg kann in jedem Punkt verändert werden. Wir denken aber, dass der Mittelweg am schnellsten umzusetzen ist. Und Zeit ist sehr wertvoll, wenn es darum geht, das 1,5-Grad-Ziel noch zu erreichen. Langfristig wird die Entwicklung vermutlich in Richtung maximale Elektrifizierung mit Sonnen- und Windenergie gehen.[9]

Der Mittelweg in den einzelnen Sektoren

Grafik 7 stellt für einzelne Sektoren dar, was der Mittelweg zur klimaneutralen Gesellschaft in Bezug auf Emissionen bedeutet. In der Energiewirtschaft können und müssen die Reduktionen zu Beginn am schnellsten gehen. Ein Großteil kann z. B. durch einen raschen Kohleausstieg eingespart werden. Im Bereich Hauswärme dauert die Sanierung der Häuser dagegen noch bis über das Jahr 2040 hinaus, auch wenn ab 2040 keine Treibhausgase mehr ausgestoßen werden dürfen. Die zahlreichen Studien stimmen darin überein, dass in den Bereichen Energiewirtschaft und Wärmeerzeugung die Emissionen vollständig vermieden werden können. In der Industrie gibt es dagegen einige Verfahren, die nicht ganz ohne den Ausstoß von Treibhausgasen möglich sind, vor allem die Zementproduktion. In der Landwirtschaft sind die Emissionen durch die Viehhaltung und Bewirtschaftung der Böden ebenfalls nicht völlig vermeidbar. Auch der Luftverkehr kann nicht komplett klimaneutral werden. Es bleiben daher auch nach 2040 noch etwa 6 Prozent der heutigen Emissionen übrig.

Damit Deutschland insgesamt klimaneutral wird, müssen diese Restemissionen ausgeglichen werden. Zusätzlich muss Deutschland einen Beitrag leisten, um die Treibhausgase der tauenden Permafrostböden in Sibirien und anderer nicht vermeidbarer Quellen auszugleichen. Wie diese Aufgabe bewältigt werden kann, werden wir im Abschnitt »Kompensationen« ab Seite 98 diskutieren. Eine zentrale Rolle spielen dabei die Wälder.

Ab 2040 gleichen sich die Emissionen und die Kompensationen ungefähr aus, und Deutschland ist klimaneutral. Der Weg in eine nachhaltige Gesellschaft ist dann aber noch nicht abgeschlossen. Die in diesem Buch dargestellten Schritte sind nur die erste Etappe. Nach 2040 kann der Energiebedarf noch weiter gesenkt werden. Dazu werden wahrscheinlich Entwicklungen im Transportsektor, eine weitere Reduzierung des Wärmebedarfs in den Häusern und neue technische Verfahren beitragen. Das eröffnet schließlich auch Optionen, um die Umweltbelastungen durch die Landwirtschaft, die Rohstoffgewinnung und andere Probleme weiter zu reduzieren.

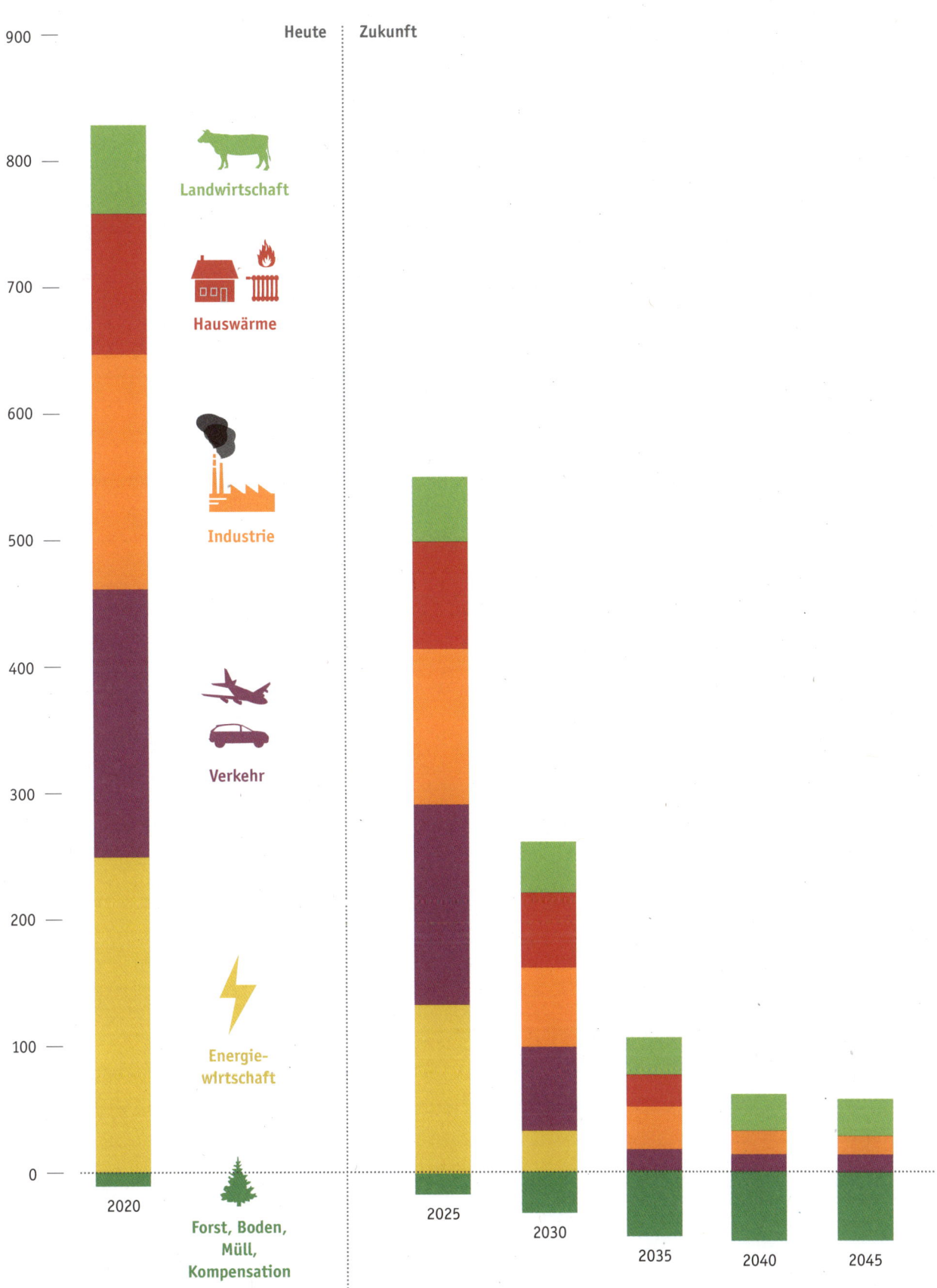

Grafik 7

Emissionen während der Umstellung auf die klimaneutrale Gesellschaft[10]

(nach dem Mittelweg)

Teil 3
RAHMENBEDINGUNGEN SCHAFFEN

Die Umstellung auf Klimaneutralität in allen gesellschaftlichen Bereichen kann nur gelingen, wenn die Rahmenbedingungen stimmen. Dazu gehören auch Veränderungen unserer Gewohnheiten, z. B. in der Mobilität. Große Vorhaben wie das Bauen von Stromnetzen oder Bahnstrecken dauern oft zu lange und müssen beschleunigt werden. Dafür ist es wichtig, frühzeitig Fachkräfte auszubilden. Eine konsequente Wiederverwertung von Rohstoffen garantiert in Zukunft, dass weit weniger Ressourcen verschwendet werden. Studien zeigen: Am Anfang muss für Klimaschutz viel Geld investiert werden – langfristig macht sich dies aber bezahlt. Auch der umstrittene CO_2-Preis kann so gestaltet werden, dass er Menschen nicht zu sehr belastet.

ÄNDERUNGEN DES LEBENSSTILS

Der Konsum von Waren verursacht Treibhausgase. Nicht nur der Energieverbrauch bei der Produktion selbst führt zu Emissionen, sondern auch der Transport. Ebenso ist die Gewinnung der Rohstoffe ein Problem, da sie nicht nur Treibhausgase ausstößt, sondern auch weitere negative Effekte auf die Umwelt hat (siehe Abschnitt »Rohstoffe und Kreislaufwirtschaft« ab Seite 42). Es ist deshalb wichtig, dass weniger Energie und Rohstoffe verbraucht werden. Dafür gibt es grundsätzlich zwei Wege: technische Verbesserungen (Effizienz) und Verhaltensänderungen bzw. weniger Konsum (Suffizienz).

Effizienz

Durch technische Verbesserungen kann die erzeugte Energiemenge[1] pro Jahr drastisch sinken:

→ Der Heizbedarf kann durch die Wärmedämmung der Häuser halbiert werden.
→ Durch den Einsatz von Wärmepumpen (siehe Infobox 7 auf Seite 66) für die Erzeugung von Heizwärme und Warmwasser wird mit der gleichen Energiemenge doppelt so viel Wärme bereitgestellt.
→ Der Wirkungsgrad von Elektroautos ist dreimal so groß wie der von Verbrennungsmotoren.
→ Durch energiesparende Technik in der Industrie und den Haushalten kann der konventionelle Strombedarf (ohne E-Autos und elektrische Wärme) von 600 auf 450 TWh sinken.

Insgesamt kann so die Energieerzeugung von 3640 auf 2200 TWh abnehmen.[2]

Suffizienz

Trotzdem gibt es starke Gründe, die dafürsprechen, dass zusätzlich zu den technischen Anpassungen auch Verhaltensänderungen nötig und sinnvoll sind. Denn schon in der Vergangenheit gab es enorme technische Verbesserungen. Beispielsweise verbrauchten Automotoren früher mehr Treibstoff, trotz geringerer Leistung. Diese Verbesserungen haben aber insgesamt nicht dazu geführt, dass weniger Treibhausgase ausgestoßen wurden. Denn gleichzeitig wurde mehr gefahren, und die Autos wurden schwerer; der Flugverkehr nahm seit 2004 sogar um 64 Prozent zu. Auch die Wohnfläche pro Kopf ist seit 1996 um 25 Prozent gestiegen.[3]

Die meisten Studien setzen vor allem auf technische Lösungen, um klimaneutral zu werden. Der Grund ist, dass man annimmt, dass die meisten Menschen zum Verzicht (»weniger Fleisch«, »weniger fliegen«) nicht bereit sind. Ein weiterer Grund ist, dass Veränderungen des Lebensstils in einer Demokratie nur schwer vorgeschrieben werden können. Insofern konzentrieren wir uns auch in diesem Buch stärker auf Effizienzmaßnahmen. In einem Bürgerrat sollte das Thema Suffizienz allerdings intensiver besprochen werden.

Eine aktuelle Studie des Umweltbundesamtes betont sogar, dass eine Umstellung auf Klimaneutralität ohne suffiziente Lebensstile nicht mehr zu schaffen ist,[4] da die technischen Umstellungen seltene Rohstoffe in großen Mengen benötigen. Da diese auch von anderen Ländern für deren Umstellungen beansprucht werden, kann und darf Deutschland sich nicht frei bedienen.

Auf die Frage, wie viel Einfluss Verhaltensänderungen auf das Klima haben, gibt es unterschiedliche Angaben. Die Vorlage für den Klimarat in Frankreich, der von Oktober 2019 bis ins Frühjahr 2020 getagt hat, gibt an, dass ein Viertel der Emissionen durch reine Verhaltensänderungen eingespart werden kann.[5] Andere Studien sprechen sogar von deutlich mehr als der Hälfte.[6]

Auch wenn klar ist, dass Einsparungen nicht immer und für alle Menschen gleichermaßen möglich sind, ist Reduzierung in vielen Fällen die einfachste, schnellste und günstigste Klimaschutzmaßnahme. Zu beachten ist, dass der Konsum hierzulande nicht nur Effekte in Deutschland, sondern auch erhebliche Auswirkungen auf den Ausstoß von Treibhausgasen in anderen Staaten hat. Denn wir kaufen viele Produkte, die in anderen Ländern hergestellt und deren Treibhausgasemissionen dort angerechnet werden. Kurzum: Wir haben eine erhebliche Verantwortung gegenüber den Ländern, aus denen wir Waren importieren.

Ein weiterer Grund spricht dafür, dass Verhaltensänderungen ein wichtiger Teil des Klimaschutzes in Deutschland sind: Der von uns zugrunde gelegte Handbuch-Pfad zur Erreichung des 1,5-Grad-Ziels beansprucht immer noch 1,9-mal desjenigen Budgets, das Deutschland zustünde – und erreicht die 1,5 Grad trotzdem nur mit 67 Prozent Wahrscheinlichkeit. Da technisch vermutlich nicht noch mehr machbar ist als hier dargestellt, ist Suffizienz wohl der einzige zusätzliche Hebel, um den Pro-Kopf-Anteil weiter zu senken.

Maßnahmen zur Suffizienz

Nachfolgend haben wir mögliche Suffizienzmaßnahmen aus einer Studie des Umweltbundesamtes aufgeführt. Berücksichtigt sind dabei:[7]

→ weniger Autos: Viele Städte arbeiten bereits daran, fußgänger- und fahrradfreundlicher zu werden, Bus und Bahn auszubauen und attraktiver zu machen. Auch Carsharing-Angebote nehmen zu.

→ Reduzierung des Fleisch- und Milchkonsums: Der Verzehr von Rindfleisch und Milch sollte durch Aufklärung und Preissteigerungen infolge von Treibhausgasemissionen deutlich zurückgehen.

Nicht berücksichtigt haben wir Vorschläge, die sich nicht verordnen lassen:

→ Heiztemperatur in der Wohnung senken

→ Wohnfläche reduzieren (seit Jahren wächst die Fläche pro Person stetig)

→ Warmwasserverbrauch verringern und/oder die Temperatur des Wassers senken

→ Verzicht auf Haushaltsgeräte wie Wäschetrockner und Klimaanlagen

Folgende Aspekte aus der Studie haben wir zumindest teilweise berücksichtigt:

→ Der Flugverkehr wird wegen höherer Preise nicht so schnell wachsen wie vom Verkehrsministerium prognostiziert.

→ Es wird weniger Lebensmittelabfälle geben.

→ Staatliche Anreize führen dazu, dass effizientere Geräte genutzt und dadurch ein Viertel des Stroms eingespart wird.

Fragen zur Suffizienz

Wie stark wollen Sie beim Klimaschutz auf Verhaltensänderungen setzen? Wären Sie bereit, diese mitzutragen?
Halten Sie diese auch für andere zumutbar?

Beispiele:

→ weniger Fleisch- und Milchprodukte konsumieren

→ Wohnraum verkleinern, Heiztemperatur senken

→ weniger Auto fahren, weniger reisen (insbesondere mit dem Flugzeug)

→ weniger rohstoff- und energieintensive Produkte konsumieren, z. B. technische Geräte oder Kleidung

→ Dinge gemeinsam nutzen (z. B. Autos, Werkzeuge)

Wie sollen solche Verhaltensänderungen erreicht werden?

→ durch finanzielle Anreize: z. B. Verteuerung von Flugreisen, Prämien für Umzüge in kleinere Wohnungen, Besteuerung von PKWs in Abhängigkeit von der Motorleistung

→ durch nichtfinanzielle Vorteile: Z. B. voll besetzte Autos dürfen auf der Busspur fahren

→ durch Verbote? Z. B. Fahrverbote für Autos in Städten, Verbot von Inlandsflügen

Trägt aus Ihrer Sicht eine Kennzeichnungspflicht von Produkten und Lebensmitteln (z. B. Ökoampel*, Energiepass, Gerätelabels) zum Klimaschutz bei, indem Verbraucher*innen besser informiert werden?

→ Sollten diese ausgeweitet werden?

→ Sollten Unternehmen verpflichtet werden, auf jedem Produkt eine Angabe über die jeweiligen Emissionen zu machen?

Sollte Klimaschutz ein verpflichtendes Schulfach werden?

[*] Ökoampel auf Nahrungsmitteln: Grün – Bio; Rot – industrielle Landwirtschaft
Ökoampel für Strom: Grün – Strom ist billig, weil viel Wind oder Sonne; Rot – Strom ist teuer, da Dunkelflaute usw.

IMPORT VON ERNEUERBARER ENERGIE UND GRÜNEN ROHSTOFFEN

Laut der vorliegenden Studien ist es undenkbar, in Deutschland bis 2035 so viel erneuerbare Energie zu erzeugen, dass eine Vollversorgung möglich ist. Im Umkehrschluss muss langfristig ein Teil der Energie importiert werden.[8] Dies kann ein deutlich kleinerer Teil sein als heute, denn zurzeit werden mehr als 80 Prozent der nicht erneuerbaren Energie in Deutschland in Form von Steinkohle, Öl, Erdgas und Uran importiert. Nur die Braunkohle und etwa ein Zehntel des Erdöls werden im Inland gewonnen. Für unseren Mittelweg schätzen wir, dass künftig 210 TWh Wasserstoff, 50 TWh E-Methan und 160 TWh flüssige E-Brennstoffe (Kerosin, Diesel, Methanol) importiert werden müssen.[9] Zur Herstellung dieser Brennstoffe wären in den Erzeugerländern etwa 820 TWh erneuerbarer Strom erforderlich.

Nach 2040 werden zunehmend auch erneuerbar produzierte Rohstoffe für die chemische Industrie benötigt (siehe Abschnitt »Chemische Industrie« ab Seite 88)[10]. Die Menge der erforderlichen E-Brennstoffe wird dagegen vermutlich abnehmen, da es z. B. im Hauswärmebereich zu Einsparungen kommt.

Partnerschaften mit den Erzeugerländern

Bislang stammen Erdöl- und Erdgasimporte überwiegend aus Russland sowie einigen Staaten Europas und des Nahen Ostens. Diese Regionen sind teilweise stark auf die Energieexporte angewiesen und haben ein großes Interesse daran, dies weiterzuführen. Sie haben aber auch große Potenziale für erneuerbare Energien: Russland in Form von Wind, Nordafrika und die Region Nahost in Form von Sonne, Norwegen in Form von Wasserkraft und Windenergie.[11] Aus globaler Perspektive macht es sogar Sinn, die erneuerbare Energie dort zu produzieren, wo die Sonne oft und kräftig scheint oder viel Wind weht. Denn so werden die knappen Rohstoffe für die Photovoltaikanlagen und Windräder optimal genutzt. Dies wirkt sich auch positiv auf die Energiepreise aus.

Der Import von E-Brennstoffen kann auf zwei Wegen erfolgen: zum einen per Pipeline oder Schiff aus Afrika, Russland oder dem Nahen Osten, zum anderen über Gleichstromleitungen. Schon heute gibt es solche Leitungen zwischen Skandinavien und dem europäischen Festland.

Die Energieimporte würden Deutschland bei der Energiewende helfen und den Lieferländern Einnahmen bringen. Deutschland sollte dies durch Lieferverträge und Investitionen in den Aufbau der Anlagen unterstützen. Wenn die Abnahme von grünem Wasserstoff und anderen E-Brennstoffen sichergestellt ist, werden Investoren und Regierungen in vielen Ländern schnell Kapazitäten zur Produktion aufbauen.

Maßnahmen zu den Energieimporten

→ Sowohl Deutschland als auch Europa insgesamt brauchen eine Gesamtrechnung, wie viel Energie sie selbst produzieren können und wie viel Energie in Form von Strom, Wasserstoff oder E-Brennstoffen importiert werden muss.

→ Dafür sollten mit geeigneten Staaten langfristige Lieferverträge geschlossen werden, damit diese frühzeitig in die nötigen Anlagen investieren können. Bei diesen Verträgen sollten vorrangig Staaten zum Zuge kommen, die demokratische Standards erfüllen.

→ Eine sehr wirksame, kostengünstige Methode besteht darin, Schritt für Schritt den geforderten Anteil an grünem Wasserstoff und E-Brennstoffen in Erdgas und Kerosin oder Schiffsdiesel zu erhöhen. Die Schritte sollten so groß sein, dass Gasgemische bis zum Jahr 2035 komplett aus grünem Wasserstoff und/oder E-Methan bestehen und nur noch E-Brennstoffe für Kerosin und Schiffsdiesel genutzt werden. Deutschland bzw. die EU sollten die nötigen Mittel bereitstellen, um den Ausbau der Infrastruktur zu finanzieren, wenn die Partnerländer dazu nicht alleine in der Lage sind.

→ Die dafür erforderliche Infrastruktur wie Kabel, Pipelines, Hafenterminals usw. muss geplant und bereitgestellt werden. Wenn es sich um Quasimonopole handelt (z. B. bei den Leitungen), sollten die Anlagen in der öffentlichen Hand bleiben.

Fragen zu den Energieimporten

→ Soll Deutschland unabhängig von Energieimporten werden, auch wenn dann fast doppelt so viele Wind- und Solarkraftwerke gebaut werden müssen oder der Energieverbrauch drastisch verringert werden muss?

→ Soll Deutschland Investitionen im Ausland (z. B. in Nordafrika) zum Aufbau von Wind- und Solarkraftwerken oder von Anlagen für die Wasserstoffproduktion unterstützen, um dann Strom oder Wasserstoff zu importieren?

ROHSTOFFE UND KREISLAUFWIRTSCHAFT

Insgesamt wird der Bedarf an Rohstoffen im zukünftigen Energiesystem erheblich geringer sein als heute.[12] In einer klimaneutralen Gesellschaft kann der Verbrauch an nicht erneuerbaren Rohstoffen um 80 Prozent sinken – von 1080 Mio. Tonnen heute auf 240 Mio. Tonnen im Jahr. Der Verbrauch an Metallerzen beträgt heute 157 Mio. Tonnen pro Jahr und kann um über 70 Prozent auf 43 Mio. Tonnen sinken.[13]

Dennoch braucht die Energiewende Material: Für den Bau der neuen Anlagen sind Sand, Kies und Zement notwendig. Eine Schlüsselrolle spielen auch Lithium und Kobalt für Batterien und seltene Erden für die Stromgeneratoren der Windkraftwerke.[14] Außerdem werden Metalle wie Kupfer und Aluminium, das Halbmetall Silizium sowie Edelmetalle wie Silber und Platinmetalle benötigt. Schließlich sind auch Nickel, Vanadium, Chrom, Zinn und andere Elemente für die Batterien von Bedeutung.[15]

Probleme bei der Rohstoffgewinnung[16]

Häufig werden ökologische und soziale Probleme, die bei der Gewinnung von Rohstoffen wie Lithium entstehen, als Argument gegen die Energiewende vorgetragen. Dabei wird aber vergessen, dass der Rohstoffabbau heute, insbesondere bei fossilen Energieträgern, ein mindestens ebenso großes Problem darstellt. Beispiele sind Tankerunfälle, Lecks in Ölplattformen, undichte Gas- und Ölrohre, Grundwasservergiftung durch Fracking oder Erdbeben infolge von Erdgasbohrungen. Auch der Kohleabbau zerstört riesige Flächen und verschmutzt das Grundwasser. Nicht selten verlieren beim Rohstoffabbau Menschen ihre Lebensgrundlage oder werden unter Zwang umgesiedelt. Vor allem im Bergbau kommen häufig Menschenrechtsverletzungen vor. Bekannt ist zudem, dass der Abbau von Kobalt und Coltan im Kongo unter Einsatz von Kinderarbeit stattfindet. In Brasilien gibt es sklavenartige Arbeitsbedingungen in den Zulieferbetrieben der Stahlindustrie, und friedliche Proteste werden gewaltsam unterdrückt. Auch bei der Verarbeitung und Entsorgung von Rohstoffen treten häufig Umweltprobleme auf. Dies gilt nicht nur für Länder im globalen Süden. Probleme gibt es vor allem durch die mafiösen Strukturen in Süditalien und in Russland. Durch unregulierten Rohstoffabbau werden mitunter kriminelle Strukturen gefördert. So dienen Rohstoffe in Bürgerkriegsregionen wie dem östlichen Kongo der Finanzierung von Kriegen. Die Umweltorganisation der Vereinten Nationen (UNEP) warnt vor einer Sandmafia. Auch Elektroschrott droht ein zentrales kriminelles Handelsgut zu werden.[17]

Die logische Schlussfolgerung aus all dem kann also nicht sein, aus sozialen oder ökologischen Gründen die Energiewende nicht durchzuführen. Stattdessen müssen die Bedingungen im Rohstoffabbau drastisch verbessert werden.

Begrenztheit der Rohstoffe

Für die meisten Rohstoffe gibt es zurzeit noch ausreichende geologische Vorkommen, etwa für Kupfer und Lithium. Einige werden aber bereits knapp, z. B. Iridium, das in Elektrolyseuren zum Einsatz kommt, welche grünen Wasserstoff erzeugen. Andere Materialien sind kritisch, da sie nur in wenigen Ländern abgebaut werden können und der Handel mit diesen Ländern sich teilweise aus politischen Gründen schwierig gestaltet. Dies gilt z. B. für Gallium, Vanadium sowie Indium, Platin und Paladium.[18]

Kreislaufwirtschaft

Um mittelfristig Rohstoffmangel zu verhindern und um die ökologischen und sozialen Probleme beim Rohstoffabbau zu verringern, sollte eine Kreislaufwirtschaft geschaffen werden. Produkte wie technische Geräte, Plastikgegenstände oder Baustoffe dürfen nach ihrer Nutzung nicht einfach verbrannt werden oder auf Mülldeponien landen. Alternativ müssten sie aufbereitet und wiederverwendet werden. Ziel sollte es sein, dass über 99 Prozent aller Rohstoffe, die nicht nachwachsen, recycelt werden. Zum Vergleich: Heute liegt die Recyclingquote bei Plastik trotz der Sammlung in gelben Säcken erst bei 16 Prozent.[19]

Infobox 6

Lithium

Lithium ist ein Alkalimetall, das für die Herstellung von Batterien, etwa für E-Autos, sehr wichtig ist. Häufig wird kritisiert, dass bei der Gewinnung von Lithium in Ländern wie Bolivien schlechte Arbeitsbedingungen herrschen und sehr viel Wasser verbraucht wird, was zur Austrocknung des Landes führt. Hierzu einige Argumente:

Menschenrechtsverletzungen beim Abbau von Rohstoffen sind ein großes Problem, das gelöst werden muss. Dies gilt aber für alle Rohstoffe und ist keine Besonderheit der Energiewende. Das Gleiche gilt für negative Umwelteffekte des Rohstoffabbaus. Die Steinkohle-, Erdöl- und Erdgasgewinnung hat häufig sogar noch weit schlimmere Folgen als z. B. der Abbau von Lithium.

Außerdem kann Lithium aus Meerwasser gewonnen werden. Das ist zwar teurer, hat aber auf den Endpreis von Batterien nur einen geringen Einfluss. Das Metall kann auch als Abfallprodukt der Süßwassererzeugung produziert werden, wenn Meerwasser entsalzt wird, um es trinkbar zu machen.

Quantitativ könnten alle Fahrzeuge und Haushalte der Welt mit Lithiumbatterien ausgestattet werden. Doch wird auch längst an Alternativen geforscht.

Maßnahmen zur Kreislaufwirtschaft

→ Konsequente Mülltrennung durch Verbraucher*innen und verbesserte Müllsortierung durch Entsorger
→ Ausfuhrverbote für Müll, insbesondere für Elektromüll und Plastik, Verbot der Deklarierung von Müll als Rohstoff oder Ware
→ Automatische Müllsortierungsanlagen
→ Ein umfassendes Pfandsystem (vor allem für alle Elektrogeräte wie Handys, Kühlschränke und andere Geräte), das Recycling gewährleistet und die Hersteller in die Verantwortung nimmt
→ Ziel ist echtes Recycling, bei dem das wiederhergestellte Produkt die gleiche Qualität wie vorher hat – also kein Downcycling, wodurch das Produkt nach der Wiederverwertung eine geringere Qualität aufweist.
→ Standards, die ein vollständiges Recycling ermöglichen, müssen für kritische Produkte wie Lithiumbatterien, Magnete, Kühlschränke usw. geschaffen werden. Dazu gehören der modularisierte Aufbau von Produkten und unternehmensübergreifende Standardisierung kritischer Komponenten oder Schnittstellen.
→ Rücknahme- und Recyclingverpflichtung für Hersteller. Dadurch entsteht ein Anreiz, die Produkte so zu konstruieren, dass die Rohstoffe leichter getrennt werden können und dadurch Recycling leichter möglich ist.

Kunststoffrecycling

Ein besonderes Problem stellt das Recycling der Kunststoffe dar (siehe Abschnitt »Recycling von Kunststoffen« auf Seite 89). Für den Verkauf von Kunststoffen soll eine Zulassung erforderlich sein, bei der das Recycling geregelt wird.

Baustoffrecycling

Vorgeschlagen wird eine gesetzliche Regelung für die Aufbereitung von Bauschutt – vor allem für Beton. Damit könnte die Recyclingquote erhöht werden und bis zu 10 Prozent der mineralischen Rohstoffe wie Kies und Sand ersetzt werden.[20] Ein positiver Nebeneffekt besteht zudem darin, dass zerriebener Beton mehr als ein Viertel des bei der Erzeugung freigesetzten Kohlenstoffes aus der Luft binden kann.

Bei der Herstellung von Beton können künftig auch Kohlefasernetze anstelle der Eisenbewehrung eingesetzt werden. Dann können sowohl der Beton als auch die Kohlefasern fast vollständig recycelt werden (siehe dazu auch Abschnitt »Zement« auf Seite 88).

Umstellung auf nachhaltige Produkte

Alle Haushaltsgeräte sollen mit einer Garantie für 10 Jahre versehen werden. Zudem muss die Verfügbarkeit von Ersatzteilen geregelt werden. Die gezielte Verwendung von Bauteilen, die nach oft kurzer Zeit defekt sind (sog. geplante Obsoleszenz), sollte untersagt werden.

Produkte und Geräte, bei denen eine echte Wiederverwertung und die Vermeidung von Emissionen nicht möglich sind, sollen künftig vermieden und durch nachhaltig produzierte ersetzt werden. Dies betrifft z. B. alle Produkte, bei denen die Gefahr der Freisetzung von Mikroplastik besteht. Darüber hinaus sollte die Beimischung von Mikroplastik in Verbrauchsgegenständen wie Zahnpasta oder Cremes verboten werden.

Ein anderes Problemfeld sind Chlorverbindungen wie PVC (Polyvinylchlorid) und andere Kunststoffe, die in der Natur nicht abgebaut werden können. Bei der Verbrennung im Hausmüll entstehen hochgiftige und oft klimaschädliche Stoffe. Deren Eliminierung kann gesetzlich mit einer Übergangsfrist geregelt werden.

Ressourcenplanung[21]

Einige Rohstoffe sind nur begrenzt verfügbar, während bei anderen die Produktion immer teurer wird, sodass der Abbau sich irgendwann nicht mehr lohnt. Dabei gab und gibt es immer Alternativen. Wenn ein Rohstoff knapp wird, regelt sich das meist über den Preis – dann kommt ein ande-

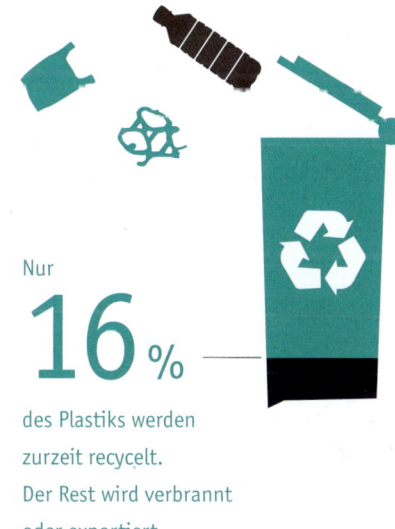

Nur **16 %** des Plastiks werden zurzeit recycelt. Der Rest wird verbrannt oder exportiert.

rer Rohstoff zum Einsatz. Da es aber Zeit braucht, wenn neue technische Verfahren entwickelt werden müssen, muss die Versorgung geplant werden – insbesondere dann, wenn einige Metalle nur in wenigen Staaten gefördert werden. Dann ist auch die Politik gefordert, langfristig mögliche Engpässe zu identifizieren und vorbeugende Maßnahmen zu ergreifen.

Internationale Abkommen

Wir brauchen internationale Abkommen für die Rohstoffgewinnung und die Einhaltung der Menschenrechte. Staaten und Konzerne müssen wegen Verstößen gegen die Menschenrechte oder gegen UN-Resolutionen zu Umweltschutz, Kinderarbeit, Sklaverei, Arbeitnehmerrechte, Meeresschutz und andere haftbar gemacht werden können. Dagegen muss eine Klage vor internationalen Gerichten möglich sein. Seit 2014 wird im Rahmen der Vereinten Nationen auf Initiative von Ecuador über einen solchen internationalen Vertrag verhandelt. Deutschland muss diesen »Treaty-Prozess« unterstützen, statt gegen ihn zu arbeiten.[21] Ein anderer Ansatz besteht darin, dass der Verstoß gegen UN-Resolutionen im Rahmen der Welthandelsorganisation (WTO) als Umwelt- oder Sozialdumping eingestuft wird. Dann können Gegenmaßnahmen vor der WTO eingeklagt werden.

Weitere gesetzliche Regelungen

In Deutschland könnte der Import von Waren, die unter Verstoß gegen die Menschenrechte und andere UN-Resolutionen produziert werden, verboten werden. Dazu gibt es bereits die Initiative Lieferkettengesetz.[23] Es sollen Label oder Zertifikate eingeführt werden für Geräte, die internationale Umweltstandards und faire Produktionsbedingungen gewährleisten. Durch Haftungsrecht und Garantievorschriften kann außerdem erreicht werden, dass die Nutzungsdauer von Geräten und anderen Produkten verlängert wird.

Ressourcensteuer

Mit einer geeigneten Ressourcensteuer kann erreicht werden, dass die Verursacher*innen die Kosten für Umweltschäden übernehmen müssen – auch wenn die Schädigung im Ausland eintritt.

Forschung

Die Forschung zur Verbesserung des Recyclings und zur Verlängerung der Nutzungsdauer von Anlagen soll ausgebaut und gefördert werden.

Fragen zur Kreislaufwirtschaft

→ Halten Sie es für sinnvoll, dass Mülltrennung intensiviert wird, wenn sichergestellt ist, dass diese Trennung zum Umweltschutz beiträgt?

→ Sollten die Entsorgung von Müll und die Mülltrennung stärker überwacht werden?
  → Falls ja: In welcher Form? Halten Sie Bußgelder bei Verstößen für angemessen?

→ Soll ein Pfand auf alle Geräte eingeführt werden?

→ Soll ein Pfand auf alle Verpackungen eingeführt werden?

→ Sollen besonders umweltschädliche Produkte verboten werden?

→ Sollte Plastik für Verpackungen und Unterhaltungsprodukte verboten oder verteuert werden? (Hintergrund: Plastik wird aus fossilen Rohstoffen hergestellt und setzt bei der Verbrennung Treibhausgase frei.)

→ Soll durch bessere Zertifizierung und Kontrolle stärker darauf geachtet werden, dass beim Rohstoffabbau Menschenrechte eingehalten werden?

→ Sollten Unternehmen bestraft werden, die absichtlich Schwachstellen in ihre Produkte einbauen, damit diese häufiger kaputtgehen und ersetzt werden müssen?

PLANUNGSRECHT

Es gibt viele Regelungen, die in der Praxis die Planung und Durchführung von Bauvorhaben verlangsamen. Solche Regelungen dienen oft wichtigen Zielen, z. B. dem Natur- und Artenschutz, der Flugsicherheit oder dem Denkmalschutz. Diese Gesetze sollen u. a. garantieren, dass Bürger*innen und Kommunen an den Planungen beteiligt werden und das Recht haben, dagegen zu klagen. Die Regeln sind demnach meistens wertvoller Bestand einer Demokratie.

Da wir im Klimaschutz durch das bisherige Aufschieben von Maßnahmen nur noch wenig Zeit haben, entsteht ein Konflikt. Wichtige Maßnahmen können nicht schnell ergriffen werden, wenn die Planungsverfahren sehr lange dauern. Dies betrifft besonders große Bauvorhaben im öffentlichen Raum, wie den Bau von Windkraftanlagen, Stromleitungen, Bahnstrecken und anderer Infrastruktur.

Mehrere Verbände haben deshalb gefordert, die Regelungen zu überprüfen.[24] Umweltverbände wie Greenpeace, WWF und die Deutsche Umwelthilfe haben das Papier unterschrieben und sich damit für eine erhebliche Beschleunigung – teilweise sogar für eine Halbierung – der Planungszeiten für Infrastrukturvorhaben zum Klimaschutz ausgesprochen.

Maßnahmen zum Planungsrecht

Folgende Maßnahmen wurden von verschiedenen Quellen vorgeschlagen:

→ Im Bundesnaturschutzgesetz muss klargestellt werden, dass an Maßnahmen zum Klimaschutz ein sehr starkes öffentliches Interesse besteht.
→ Dadurch müssen Ausnahmen beim Artenschutz möglich sein. Zum Ausgleich sollen an anderer Stelle zusätzliche Flächen für den Natur- und Artenschutz ausgewiesen werden.
→ Die nötigen Planungsverfahren sollen möglichst parallel und miteinander verzahnt durchgeführt werden, um Doppelarbeit zu vermeiden. Es könnten z. B. feste Planungszeiten vorgeschrieben werden. Dazu muss das für die Planungen zuständige Personal aufgestockt oder vorrangig für die zeitkritischen Planungen eingesetzt werden.
→ Gerichtsverfahren bei Vorhaben, die schnell umgesetzt werden müssen, muss Vorrang gewährt werden.
→ Es muss verbindliche Festlegungen von Ökokonten und Ausgleichskonten geben. Dazu soll ein digitales Artenschutzportal eingerichtet werden, um die Prüfungen beschleunigen zu können.
→ Bei Änderungen und Ersatz von bestehenden Windkraftanlagen und anderen Einrichtungen soll keine vollständige Neuprüfung erfolgen. Solche Planungsvereinfachungen können auch für Photovoltaikanlagen entlang der Autobahnen gelten. Bei parallelen Stromtrassen und bei der Ergänzung von Bahngleisen an bestehenden Strecken könnten diese Vereinfachungen ebenfalls eingeführt werden.
→ Für Genehmigungen sollten unter Beteiligung der Verbände Standards entwickelt werden. Dies gilt auch für die Abstandsregelungen bei Windkraftanlagen.
→ Die Regelungen zur Flugsicherung sollten angepasst und vereinfacht werden, da die heutigen Abstandsregelungen weit über die nötigen Abstände hinausgehen.[25]

Auch die Durchführung der Bürgerbeteiligungen sollte neu gestaltet werden. Durch Digitalisierung aller Unterlagen und gut lesbare Darstellungen könnten alle Beteiligten jederzeit ohne Zeitverlust und öffentliche Auslegungen Einsicht nehmen. Oft entsteht allerdings eine Konfrontation zwischen organisierten Gegner*innen und Behörden, ohne dass andere Bürgerinnen und Bürger gehört werden. Daher sollten neue Formen von Bürger*innenbeteiligung z.B. über geloste Räte, genutzt werden, wodurch Bürgerinitiativen, betroffene Bürgerinnen und Bürger und Verbände als Beteiligte eingebunden werden.

Die betroffenen Kommunen und ggf. auch Nachbarkommunen sollen wirtschaftlich am Gewinn der Anlagen beteiligt werden.[26] Es ist nur fair, wenn die betroffenen Bürger*innen oder Gemeinden, die die Belastungen tragen, auch vom wirtschaftlichen Erfolg der Anlagen profitieren.

Fragen zum Planungsrecht

Halten Sie es für sinnvoll, die Planungsverfahren, die dem Klimaschutz dienen, zu verkürzen, indem

→ die Behörden verpflichtet werden Klimaschutzprojekte zuerst zu bearbeiten?
→ das Klagerecht oder die Bürgerbeteiligung für Bürger oder für Verbände eingeschränkt wird?
→ die Bürgerbeteiligung durch gewählte Bürgerräte neu gestaltet wird?
→ der Naturschutz zugunsten des Klimaschutzes etwas eingeschränkt wird und dafür mehr Naturschutzgebiete ausgewiesen werden?
→ ländliche Gehöfte, die nicht mehr für Landwirtschaft genutzt werden, vom Staat oder von Investoren aufgekauft werden, um Flächen für Windkraft zu gewinnen? Soll es besondere Regeln für den Verkauf geben?
→ Halten Sie Enteignung in Ausnahmefällen für ein akzeptables Mittel? (Beim Autobahnbau wird davon regelmäßig Gebrauch gemacht).
→ Sollen Kommunen Klimamanager*innen mit umfangreichen Kompetenzen einstellen?

DIGITALISIERUNG

Die Digitalisierung führt dazu, dass immer mehr Vorgänge, die früher »händisch« gemacht wurden, heute über das Internet oder durch Computer und Roboter geregelt werden. Ein Beispiel ist die automatische Steuerung von Verkehrssystemen. Die Digitalisierung wird kontrovers diskutiert.

Chancen der Digitalisierung

Die Digitalisierung bietet Chancen für den Klimaschutz. Beispiele dafür sind:

→ **digitale Landwirtschaft:** Dabei werden die Äcker nicht mehr gepflügt und großflächig gedüngt. Stattdessen werden die Samen punktgenau von Maschinen in den Boden gepflanzt. Der Dünger wird den Pflanzen durch Roboter direkt zugeführt – dadurch wird insgesamt deutlich weniger Dünger verbraucht. Man hofft dadurch die Lachgasemissionen auf ein Drittel reduzieren zu können.

→ **Smart Grid (= Intelligentes Stromsystem):** Geräte wie Waschmaschinen, E-Autos oder Kühlschränke schalten sich automatisch ab, wenn das Stromangebot knapper wird, und schalten sich bei größerem Energieangebot wieder ein. Dadurch können die Stromspitzen genutzt werden, und die Energie muss nicht »verfallen«. Smart Grid stabilisiert das Stromsystem, auch wenn es mehr erneuerbare Energien gibt, die stark schwankend Strom erzeugen.

→ **Digitale Technik** im Haus kann den Energieverbrauch von Geräten, die Heizanlage und die Raumtemperatur optimieren.

→ **Digitalisierung des Verkehrs:** Carsharing mit autonom fahrenden Fahrzeugen kann zu einer Einsparung von drei Vierteln aller PKWs führen. Dadurch wird Energie zur Herstellung der Fahrzeuge gespart. Menschen, die keinen PKW besitzen, werden eher das Fahrrad oder den ÖPNV nutzen. Eine elektronische Fahrkarte, die für alle Verkehrsmittel gültig ist, kann für einen effizienteren und nutzerfreundlicheren Verkehr sorgen.

→ **Die Organisation einer echten Kreislaufwirtschaft** wird möglich durch eine vollständige digitale Erfassung aller Waren und ein Pfandsystem für alle Produkte, die nicht natürlich und emissionsfrei abbaubar sind.

Probleme der Digitalisierung

Die Digitalisierung bringt aber auch Probleme mit sich. Eines ist der riesige Stromverbrauch der Server und Computer. Heute benötigen die Internetserver und Datenzentren in Deutschland bereits 2 Prozent des Stroms, obwohl viele Server im Ausland stehen. Hier gibt es mittlerweile eigene Forschungsprojekte, wie dem begegnet werden kann, z. B. durch verstärkte Nutzung der Abwärme in den Datenzentren.

→ Gefahren lauern in folgenden Bereichen: der Überwachung und Steuerung der
→ Menschen durch große Unternehmen der Beherrschung der Ökonomie durch
→ große digitale Unternehmen der Überwachung und Ausspähung aller Netzdaten seitens des Staates und der Einschränkung der Freiheit der Bürgerinnen und Bürger

Maßnahmen zur Digitalisierung

Das Bundesumweltministerium hat 2019 Eckpunkte für eine umweltpolitische Digitalagenda vorgelegt.[27] Eine offensive Nutzung der Informationstechnologien für den Klimaschutz erfordert insbesondere eine ausreichende Regulierung der Datennutzung. Im Einzelnen sind wichtig:[28]

→ ein Datenschutz, der das Recht auf die Nutzung der Daten eines Menschen regelt und die Vertraulichkeit privater Daten sichert

→ eine Steuerpolitik, die internationale Konzerne in einer angemessenen Weise besteuert

→ Regeln und Standards, die die Bereitstellung und Nutzung der Daten regeln

→ Regeln und Standards, die die Transparenz aller Daten des Staates für die Bürgerinnen und Bürger sichern

→ Regeln, welche insbesondere die Offenlegung und Bereitstellung aller Daten für die Klimapolitik sicherstellen und den Vorrang der Politik im Interesse der Gesellschaft gegenüber privaten Konzernen sichern.

Diese Aufgaben müssen rasch angepackt werden. Nicht nur angesichts der knappen Zeit, die uns zur Verfügung steht – genauso wichtig ist es auch, dem politischen Druck, der durch die IT-Wirtschaft ausgeübt wird, zu begegnen und den Einfluss der Konzerne auf politische Entscheidungsprozesse zu verhindern.

DIE FINANZIERUNG DER UMSTELLUNG

Ein häufiges Argument gegen Klimaschutz und insbesondere gegen die Energiewende ist, dass diese unbezahlbar seien, wobei wissenschaftliche Ergebnisse dem widersprechen. Das Fraunhofer-Institut IWES hat 2014 das Projekt Energiewende durchgerechnet.[29] Die Studie betrachtet die Energiewende wie eine Investition eines Unternehmens, also wie den Neubau einer Fabrik. Es sollte untersucht werden, ob sich eine solche Investition wirtschaftlich rechnen würde.[30]

Die Energiewende lohnt sich

Die Studie kam zu dem Ergebnis, dass die Energiewende ein »risikoarmes Investitionsvorhaben« mit »positiver Gewinnerwartung« ist. Selbst das ambitionierte Klimaziel einer vollständigen Umstellung auf erneuerbare Energien macht sich bezahlt. Sobald die Umstellung erfolgt ist, führt das Projekt Energiewende zu großen Gewinnen (mit einer Rendite von 4 bis 7 Prozent pro Jahr) für die Gesellschaft. Die dann noch anfallenden laufenden Kosten für neue Anlagen machen nur noch einen Bruchteil der heutigen Kosten für fossile Brennstoffe aus.

Dazu kommen positive Auswirkungen auf die Gesamtwirtschaft durch die starke dauerhafte Investitionstätigkeit in eine produktive Infrastruktur (Wirtschaftswachstum, Arbeitsplätze). Demnach würde sich die Energiewende auch dann lohnen, wenn Deutschland sie im nationalen Alleingang durchführt. Einige Wirtschaftszweige wie die Stahl- und Zementindustrie können den Übergang zwar nicht selbst finanzieren und müssen beim Neu- oder Umbau ihrer Anlagen mit Steuermitteln unterstützt werden, aber selbst das würde sich im Endeffekt rechnen.[31]

Insgesamt wurden die Kosten der Energiewende auf 1,5 Billionen Euro beziffert. Auch nach neueren Rechnungen dürften die Kosten für die Umstellung auf eine klimaneutrale Gesellschaft zwischen 1,5 und 2 Billionen Euro liegen.[32] Der größte Teil davon fällt auf den Ausbau der Wind- und Solarkraftwerke und auf die Dämmung der Häuser.

Nach der Rechnung des Fraunhofer-Institutes fallen während der Ausbaujahre jährlich rund 40 Milliarden Euro an Kosten an, die zusätzlich zu den ohnehin nötigen Ausgaben und Investitionen erforderlich werden. Berechnet haben die Wissenschaftler*innen die Energiewende über einen Zeitraum von 40 Jahren bis 2050.

Dabei kalkulieren die Wissenschaftlerinnen und Wissenschaftler so: Im Jahr 2011 gab Deutschland jährlich knapp 100 Milliarden Euro für fossile Brennstoffe aus. Im Laufe der Energiewende würden diese Kosten jährlich sinken. Würde die gesamte Energiewende über Kredite finanziert, wäre der sogenannte Break-Even (Punkt der Gewinnschwelle) nach 15 Jahren erreicht. Ab dann sind die zusätzlichen Investitionen, die Restsumme für die fossilen Brennstoffe und die Zinsen zusammen geringer als die Kosten für fossile Brennstoffe ohne Energiewende. Dabei wurde angenommen, dass die Zinsen jeweils um 2 Prozent höher liegen als die Inflationsrate.

Mit Eintritt des »Break-Even« kann der Kredit demnach zurückgezahlt werden. Je nach Annahme des Zinssatzes und der Steigerung der Energiekosten dauert es dann noch weitere 10 bis 15 Jahre, bis die Kredite für die Finanzierung der Energiewende getilgt sind.

Will man das 1,5-Grad-Ziel erreichen, muss in den ersten Jahren deutlich mehr investiert werden. Allerdings sinken dann die Ausgaben für fossile Brennstoffe ebenfalls viel früher und schneller. An den grundsätzlichen Aussagen der Fraunhofer-Studie würde sich dadurch also nichts ändern.[33]

Die neue Studie des Forschungszentrums Jülich[34] kommt zu einer erheblich ungünstigeren Kalkulation. Diese hängt stark mit den Annahmen der Studie zusammen. So geht diese davon aus, dass der Löwenanteil der Investitionen erst zwischen 2040 und 2050 erfolgen wird. Dies liegt daran, dass die Autor*innen am Kohleausstieg 2038 festhalten. Daher verlagert sich in ihrer Rechnung der »Break-Even« weiter nach hinten auf das Jahr 2050. Das bestätigt die Annahme, dass eine schnellere Energiewende kostengünstiger sein dürfte.[35]

Verlorene Investitionen in fossile Technik

Eine Alternativrechnung wurde von IRENA (Internationale Organisation für erneuerbare Energien) erstellt.[36] Sie kalkuliert die zusätzlichen Kosten (also nach Abzug der Kosten für Investitionen, die ohnehin nötig sind) auf weltweit ca. 15 Billionen Dollar. In vielen Entwicklungsländern muss die Infrastruktur ohnehin erst aufgebaut werden. Dort treten keine Zusatzkosten auf – im Gegenteil: Der Aufbau der Wirtschaft und Infrastruktur wird durch die Energiewende sogar günstiger.

IRENA macht auch die Gegenrechnung auf: Was wird es kosten, wenn die Politik keine zügigeren Maßnahmen zur Umstellung vornimmt? Dann wird die Umstellung letztlich vom Markt erzwungen. Bis dahin wird es viel mehr Fehlinvestitionen in alte fossile Infrastruktur geben. Man spricht dann von gestrandeten Investitionen. So wird heute noch in Gaskraftwerke und Pipelines investiert, obwohl diese voraussichtlich in 10 Jahren wertlos sein werden.[37] Dadurch steigen die Kosten der Umstellung in einigen Sektoren wie der Energiewirtschaft und der Industrie um mehr als das Doppelte.

Unterstützung für private Haushalte

Da die meisten Bürgerinnen und Bürger ungern langfristige Investitionen tätigen, sollte der Staat im privaten Bereich einen Teil der Kosten für die Energiewende vorfinanzieren. Dabei sollten die Rahmenbedingungen so gesetzt werden, dass in der Summe die Verbraucherpreise für Heizung und Mobilität konstant bleiben. Sobald der Staat anfängt, die Kredite zurückzuzahlen, könnte er die Bürger*innen an den Einsparungen beteiligen. Nach 20 Jahren würden dann die Privatpersonen von Jahr zu Jahr mehr von der Energiewende profitieren.

Rahmenbedingungen für die Wirtschaft

In Bezug auf die Wirtschaft wird der Prozess anders verlaufen. Schon heute beteiligen sich viele Unternehmen mit Investitionen an den erneuerbaren Energien. Hier braucht der Staat also nicht selbst zu investieren. Das Gleiche gilt für große Teile der Infrastruktur wie den Ausbau der Bahn, den Bau von Stromtrassen, von Oberleitungen für LKWs an den Autobahnen, für große Strom- und Wärmespeicher usw. Hier muss der Staat möglicherweise gar nichts bezahlen oder lediglich durch Zuschüsse oder günstige Kredite Anstöße geben. Staatliche Unterstützung ist aber in erheblichem Umfang bei der Wärmesanierung der Häuser erforderlich (siehe Abschnitt »Hauswärme« ab Seite 66). Das Gleiche gilt für die Industriebereiche, für die die Produktionskosten nach der Umstellung trotz der Treibhausgasbepreisung immer noch höher liegen als heute (siehe Abschnitt »Industrie« ab Seite 85).

Nachhaltigkeit in der Finanzbranche

Einen wichtigen Beitrag zur Finanzierung der Umstellung kann das sogenannte Divestment leisten. Divestment ist das Gegenteil von Investment. Es bedeutet, dass Geld aus problematisch angesehenen Industrien wie der Atomenergie-, der Erdöl- und Erdgas- sowie der Kohlebranche abgezogen und in zukunftsfähige Industrien bzw. erneuerbare Energien investiert wird. In Deutschland werden bereits über 200 Milliarden Euro derart verwaltet.[38]

Ursache für das Divestment war ursprünglich der Wunsch von Anlegerinnen und Anlegern, ihr Geld sinnvoll zu investieren. Zunächst agierten vor allem kirchlich orientierte Anleger*innen nach ökologischen, ethischen und sozialen Kriterien. Mittlerweile steigen auch immer mehr Großanleger*innen auf nachhaltige Investitionen um. Für die großen Fonds geht es dabei vor allem um Sicherheit. Sie befürchten, dass die »fossile Blase« platzt und Investitionen in fossile Industrien wertlos werden. Laut einer Studie der Intelligence Unit des Economist liegt das Risiko für das weltweite Vermögen innerhalb der fossilen Blase bei unglaublichen 43 Billionen Dollar.[39]

Beschlüsse zum Divestment gibt es bereits in vielen Städten der USA, Großbritanniens, Frankreichs und Irlands – und auch in Deutschland, z. B. in Schleswig-Holstein. Auch das Europaparlament hat dazu einen Beschluss gefasst. Mittlerweile haben 18 große Versicherungsgesellschaften wie AXA, Munich Re, Swiss Re, Allianz und die Züricher mit Divestment aus der fossilen Wirtschaft begonnen.[40] Die Politik kann dies nutzen, indem sie verbindliche Kriterien für nachhaltige Investitionen festlegt und selbst nur nachhaltig investiert.

Maßnahmen zur Finanzierung der Umstellung

→ In jedem Politikbereich müssen die Gesamtkosten der Umstellung festgestellt werden. Danach muss analysiert werden, welche Maßnahmen privat finanziert werden können und welche Investitionen oder Anreize vom Staat kommen müssen.

→ Die Mittel können über Sondermittel des Staates oder über Kredite der staatlichen Kreditanstalt für Wiederaufbau (KfW) bzw. der Europäischen Investitionsbank (EIB) bereitgestellt werden.

43 Billionen €

So viel Geld kann weltweit verloren gehen, wenn weiterhin in fossile Technologie investiert wird und in ein paar Jahren oder Jahrzehnten die »fossile Blase« platzt.

TREIBHAUSGASPREISE

Von einem Treibhausgaspreis (oft »CO_2-Preis« genannt) spricht man, wenn eine Person oder Firma, die Treibhausgase freisetzt, dafür bezahlen muss. Alle uns bekannten Studien sind sich darüber einig, dass ein Preis für den Ausstoß von Treibhausgasen eines der wirkungsvollsten Instrumente für den Klimaschutz ist.[41] Allerdings muss er um weitere Maßnahmen ergänzt werden, um schnell und ausreichend stark zu wirken.

Argumente für einen Treibhausgaspreis

→ Treibhausgase verursachen große ökologische, aber auch wirtschaftliche Schäden, z. B. wenn als Folge des Klimawandels Extremwetter verstärkt auftreten und Häuser und Infrastruktur beschädigt werden. Wenn diese Schäden nicht von den Verursachern bezahlt werden, werden sie auf die Allgemeinheit umgelegt. Das ist ungerecht.

→ Klimafreundliches Verhalten wird belohnt, für klimaschädliches Verhalten muss dagegen bezahlt werden.

→ Ein CO_2-Preis hat »Lenkungswirkung«. Die Menschen werden angereizt, unter verschiedenen Alternativen (z. B. Bahnfahren oder Fliegen) die klimafreundlichere zu wählen.

→ Klimaschädliche Technik, z. B. Kohlestrom, wird teurer, während klimaneutrale Technik, z. B. Solarstrom, günstiger wird. Unternehmen achten dann mehr auf Klimaschutz, weil es sich finanziell lohnt.

→ Forschung zu klimafreundlichen Technologien wird angeregt.

Wie funktioniert ein Treibhausgaspreis?

Der Preis bezieht sich jeweils auf die Freisetzung von einer Tonne Kohlendioxid (CO_2). Bei anderen Treibhausgasen bezieht er sich auf diejenige Menge, deren Treibhauswirkung einer Tonne CO_2 entspricht.

Ein Beispiel: Die Treibhausgaswirkung von Methan ist 25-mal so hoch wie die von Kohlendioxid. Wenn also für eine Tonne CO_2 100 Euro bezahlt werden müssen, ist eine Tonne Methan folglich 25-mal teurer (2.500 Euro).

Was wird bepreist?

Die meisten Studien befürworten einen einheitlichen Preis für jede Tonne CO_2. Dieser sollte möglichst europaweit oder weltweit einheitlich sein.[42] Da die Einführung eines internationalen Preises voraussichtlich länger dauern wird, sollte in der EU oder auf nationaler Ebene eine Übergangslösung gefunden werden.

Es kann aber auch sein, dass unterschiedliche Preise schneller zum Ziel führen. Nach dieser Auffassung beschleunigt bereits ein niedriger Preis in einigen Sektoren schnelle Umstellungen, z. B. in der Stromerzeugung. In anderen Bereichen wie der Grundstoffindustrie müsste dagegen der Preis sehr hoch sein, um etwas zu bewirken.

Einige Modelle setzen nur einen Preis für CO_2 an, nicht für die anderen Treibhausgase, andere rechnen mit keinem einheitlichen Preis für alle Sektoren, sondern entwickeln unterschiedliche Vorschläge für die Sektoren Verkehr und Wärme sowie Stromerzeugung und Industrie. Eine Möglichkeit wäre auch, für den Bereich Stromerzeugung und Industrie einen nationalen Mindestpreis zusätzlich zum Emissionshandel der EU einzuführen.[43]

Grundsätzlich sind Preise für Treibhausgase kein Allheilmittel – auch da sind sich die Studien einig. Die Treibhausgaspreise wirken am besten in Verbindung mit begleitenden Maßnahmen wie Regeln und Verboten und mit finanziellen Maßnahmen, also öffentlichen Investitionen, Krediten und anderen Förderungen. Es wird geschätzt, dass der Rückgang der Treibhausgase bei konstantem Preis doppelt so schnell verläuft, wenn die Preissignale mit anderen Maßnahmen kombiniert werden.[44] Ganz wichtig sind glaubwürdige verlässliche Signale aus der Politik, damit die Wirtschaft investiert und nicht erst einmal abwartet.

Varianten

Es gibt grundsätzlich zwei unterschiedliche Arten von Preisen:

Beim **Emissionshandel** wird jährlich eine festgelegte Menge an Zertifikaten versteigert. Ein Zertifikat ist eine Berechtigung, Treibhausgase zu verursachen. Werden jedes Jahr weniger Zertifikate versteigert, kann die entsprechende Reduzierung der Emissionen sehr genau gesteuert werden. In der Theorie können so exakte Klimaziele festgelegt und erreicht werden, denn es werden genau dort Treibhausgasemissionen vermieden, wo es am günstigsten ist. Außerdem reagiert der Emissionshandel auf Konjunkturschwankungen.[45] Deswegen sprechen sich Ökonomen*innen oft für den Emissionshandel aus.

Eine feste **Steuer** bedeutet dagegen, dass jede Tonne einen Festpreis erhält. Dieser Preis würde jährlich ansteigen. Eine feste Steuer kann schneller eingeführt werden und bietet mehr Planungssicherheit.

Eine **Mischform** wäre ein Emissionshandel mit Mindestpreisen. Der Mindestpreis funktioniert im Grunde wie eine Steuer. Umgekehrt ist auch ein Höchstpreis denkbar, dann ist aber die Zielerreichung nicht mehr garantiert. Eine andere Mischform wäre eine Steuer, die jährlich neu an die Ziele angepasst wird, sobald sich zeigt, dass die Klimaziele nicht erreicht werden. Dies mindert aber die Planungssicherheit.

Viele Studien kommen zum Schluss, dass alle drei Instrumente zum Klimaschutz geeignet sind. Ökonomen*innen plädieren oft für den Emissionshandel, weil er die effizientesten Maßnahmen bewirken soll. Andere Autor*innen vertreten dagegen die Ansicht, dass eine feste CO_2-Steuer bei gleichem Preis zu mehr Investitionen führte. Denn mit einem Festpreis können Investor*innen besser kalkulieren. Für dieses Argument spricht auch der Erfolg des »Erneuerbare-Energien-Gesetzes (EEG)« aus dem Jahr 2000. Infolgedessen wurde innerhalb kurzer Zeit die Windenergie massiv ausgebaut. Das lag daran, dass viele Menschen investiert haben, da sie wussten, dass die Preise für 20 Jahre garantiert sind. Bei Planungssicherheit reicht eine vergleichsweise geringe Gewinnerwartung. Bei hohem Risiko durch schwankende Preise werden stattdessen Investitionen viel teurer, da die Banken und Investor*innen hohe Risiken einpreisen.

Auch der Zeitfaktor spielt eine Rolle: Kurzfristig ist die Umsetzung eines Emissionshandels nicht möglich. Die Einführung würde in Deutschland mindestens 2 bis 3 Jahre dauern, auf europäischer Ebene noch länger. Es ist auch möglich, dass gegen die Einführung geklagt wird und die Verfahren die Einführung weiter hinauszögern. Eine Steuerreform kann dagegen in einigen Monaten umgesetzt werden.[46]

Internationaler Vergleich

Weltweit existiert bereits in 46 Ländern ein CO_2-Preis. Die EU hat 2005 einen Emissionshandel für die Industrie und die Energiewirtschaft eingeführt, von dem etwa 45 Prozent der Emissionen betroffen sind. Die Unternehmen müssen dabei für die Freisetzung von CO_2 Rechte kaufen. Bis 2018 war dieser Handel praktisch wirkungslos, da zu viele Emissionsrechte ausgegeben worden waren und sie kaum etwas kosteten.[47] 2019 stieg der Preis pro Tonne Kohlendioxid dann auf 25 Euro. Nun laufen die Gasturbinen günstiger als die Steinkohlekraftwerke, und diese werden teilweise ausgeschaltet.[48]

12 Länder in Europa bepreisen CO_2 zusätzlich zum EU-Emissionshandel. Global betrachtet, haben sich die meisten Länder mit CO_2-Preisen – darunter diese 12 Staaten in Europa – für ein Steuermodell entschieden. Die Preise variieren dabei zwischen 0,10 Euro pro Tonne in Polen und 113,80 Euro pro Tonne in Schweden.[49] Besonders Schweden, die Schweiz und Großbritannien werden immer wieder als Positivbeispiele genannt.

→ In Schweden werden die Bürgerinnen und Bürger durch die Absenkung der Lohn- und Energiesteuern entschädigt. Wer mehr CO_2 einspart, spart auch mehr Geld. Es wird geschätzt, dass der CO_2-Preis im Verkehrssektor zwischen 1990 und 2005 zu jährlichen Reduktionen von 6 Prozent geführt hat. Nach 2005 dürfte die Einsparung höher liegen, da die Preise stark gestiegen sind.[50]

→ In der Schweiz liegt der Preis bei 84,20 Euro. Auch hier gibt es eine Kompensation. Sie erfolgt in Form einer Pro-Kopf-Rückgabe (zwei Drittel der Einnahmen), das restliche Drittel wird in Förderprogramme für den Klimaschutz investiert.

→ In Frankreich liegt der Preis mittlerweile bei 44,60 Euro. Der geplante weitere jährliche Anstieg auf 86,20 Euro im Jahre 2022 wurde nach den Protesten der Gelbwesten vorerst gestoppt.

→ In Großbritannien wurde 2012 ein CO_2-Preis für den Energiesektor eingeführt. Bis 2017, also innerhalb von nur 5 Jahren, ist der Anteil von Kohle bei der Stromproduktion von 40 auf 7 Prozent gesunken. Er wurde vor allem durch erneuerbare Energien und teilweise durch Erdgas ersetzt. Die Treibhausgasemissionen sind um 36 Prozent zurückgegangen.[51] Es ist natürlich nicht mit absoluter Sicherheit zu bestimmen, wie hoch der Anteil der CO_2-Bepreisung am Erfolg ist und wie viel durch andere Maßnahmen bewirkt wurde – es deutet aber einiges darauf hin, dass der CO_2-Preis entscheidend zu den erzielten Reduktionen beigetragen hat.[52]

Die Höhe des Preises

Um die Höhe des Preises zu bestimmen, kann man zwei Fragen stellen:[53]

1. Wie hoch muss der Preis sein, wenn alle Folgeeffekte (Schäden) des Klimawandels sowohl in anderen Ländern als auch in Zukunft einbezogen werden?

2. Wie hoch muss der Preis sein, damit Unternehmen und Verbraucher*innen darauf reagieren und die Klimaziele erreicht werden?

Die Kosten der Folgeschäden

Die erste Frage ist sehr schwer zu beantworten, diskutiert werden Werte von bis zu 640 Euro pro Tonne.[54] Ein Problem ist, dass langfristige Folgen wie ein Ansteigen des Meeresspiegels im Verlauf von 300 Jahren ökonomisch mit den üblichen Methoden nicht zu erfassen sind. Und welchen Preis will man dem Überleben einer Tier- oder

Pflanzenart geben? Daher ist dieses Verfahren weniger gut zur Festlegung desjenigen CO$_2$-Preises geeignet, der notwendig ist, um den Klimawandel zu stoppen.

Lenkungswirkung

Es bleibt also die zweite Fragestellung. Auch hier liegen die Schätzungen weit auseinander. Das Umweltbundesamt nimmt an, dass bereits bei einem Preis von 12 bis 18 Euro Erdgas wirtschaftlicher ist als Steinkohle und bei einem Preis von 30 Euro auch die erneuerbaren Energien günstiger sind.[55] Viele Studien gehen aber von deutlich höheren Preisen aus. Selbst die Internationale Energie Agentur (IEA), die traditionell der Energiewirtschaft nahesteht, hält einen Endpreis zwischen 130 und 160 Euro für erforderlich.

Soll das 1,5-Grad-Ziel erreicht werden, müsste der Preis im Jahr 2030 zwischen 80 und 180 Euro liegen.[56] Für 2040 liegen die Empfehlungen der Studien zwischen 140 und 325 Euro. Als Einstiegspreise werden Preise zwischen 30 und 70 Euro – bei einigen Studien auch über 100 Euro – empfohlen.

Vorschlag für einen Treibhausgaspreis in Deutschland

Der Preis für Treibhausgase dürfte für die Übergangsperiode bis 2040 eines der wirksamsten Klimaschutzinstrumente sein. Aufgrund der unterschiedlichen Studien ergibt sich ein Einstiegspreis von 50 Euro pro Tonne mit einer jährlichen Steigerung von 10 Euro. 2030 würde dann ein Preis von 150 Euro, 2040 ein Preis von 250 Euro erreicht werden.

Der Preis müsste regelmäßig überprüft und angepasst werden, wenn dies notwendig ist. Dafür sollte jedoch nicht die Regierung zuständig sein, sondern eine unabhängige Kommission. Ansonsten ist zu befürchten, dass jede Regierung den Preis wieder ändert, um kurzfristig Wählerinnen und Wähler zu mobilisieren. Die Preisanpassung durch die Kommission könnte so geregelt werden, dass der Preis nie gesenkt wird – aber eine Erhöhung ausgesetzt werden kann, wenn sich herausstellt, dass kein weiterer Anstieg nötig ist. Er kann aber auch in maximalen Schritten von bis zu 20 Euro steigen. So kann adäquat reagiert werden, und Wirtschaft, Banken und Investor*innen erhalten einen festen Orientierungsrahmen. Investitionen sollten dabei eher begünstigt werden als im Rahmen eines Emissionshandelssystems, bei dem Preisschwankungen zu erwarten wären.

Abschaffung von umweltschädlichen Fördergeldern (= Subventionen)

Im Moment werden Treibhausgasemissionen in einigen Bereichen vom Staat sogar gefördert.[57] Bekannte Beispiele dafür sind die Steuerbefreiung von Flugbenzin (Kerosin) und Schiffsdiesel. Es gibt auch beim heutigen Zertifikatshandel zahlreiche Betriebe, die freigestellt werden. Diese direkten und indirekten Subventionen müssen so schnell wie möglich abgeschafft werden, da sie dem Erfolg der Bepreisung von Treibhausgasen entgegenwirken.

Besonderheiten der Sektoren

Im Bereich der Wirtschaft und der Energiewirtschaft sowie im Güterverkehr stellt ein CO$_2$-Preis ein sehr wirksames Instrument dar, da die Unternehmen rasch auf Preissignale reagieren. Dies gilt insbesondere für die Energiewirtschaft. Das Unternehmen EON hat berechnet, dass ein Preis von 80 Euro pro Tonne – in unserem Vorschlag also ab dem Jahr 2023 – den weitgehenden Ausstieg aus der Kohleverbrennung bewirken würde.[58]

Es macht jedoch keinen Sinn, eine einheitliche Treibhausgassteuer einzuführen, solange die schon bestehenden Steuern

45 %

erfasst der ETS bereits, aber die erlaubten Mengen sind immer noch viel zu hoch, um die Klimaziele zu erreichen.

1800 €

So viel müsste der Ausstoß einer Tonne Treibhausgas laut Schätzungen kosten, wenn alle Schäden mit einberechnet werden.

uneinheitlich und klimaschädlich sind. So sollte die hohe Belastung von Strom durch Steuern und Netzentgelt reduziert werden, da sie die Umstellung auf Wärmepumpen (siehe Infobox 7 auf Seite 66) und E-Autos geradezu blockiert. Die Abgaben auf Flugbenzin und Schiffsdiesel sollten dem Niveau bei Benzin und Diesel angeglichen werden. Einige Studien[59] schlagen sogar vor, das Steuersystem komplett neu zu ordnen: Mineralölsteuern abschaffen, Kfz-Steuer-Unterschiede zwischen Benzin und Diesel aufheben und dafür höhere und einheitliche CO_2-Steuern einführen.

Im Bereich Verkehr dürfte die Elektrifizierung sowohl der LKWs wie auch der PKWs ab 2025 ein Selbstläufer werden, wenn die erforderliche Infrastruktur vom Staat bereitgestellt wird. Denn ab diesem Zeitpunkt werden E-Autos vermutlich günstiger sein als Verbrenner. Der CO_2-Preis wird dabei fast keine Rolle spielen, für den LKW-Transitverkehr (= Verkehr, der Deutschland durchquert, z. B. von Polen nach Frankreich) wird er jedoch wichtig sein, soweit dieser noch mit Verbrennungsmotoren stattfindet. Der Preis für Treibstoff im Straßenverkehr muss daher bis 2035 so hoch sein, dass der Transitverkehr auf erneuerbares Gas oder Dieseltreibstoff umsteigt.[60] Das wäre etwa bei einem CO_2-Preis von 200 Euro gewährleistet. (Mehr dazu im Abschnitt »Verkehr« ab Seite 74).

Im Sektor Wohnungswärme funktioniert der CO_2-Preis erst ab einem Preis von 100 Euro, ab dem Wärmedämmung wirtschaftlich wird. Bis dahin müssen zusätzliche Anreize geschaffen werden, damit sowohl Mieter*innen als auch Vermieter*innen zu Maßnahmen motiviert werden (siehe Abschnitt »Hauswärme« ab Seite 66).

Privatpersonen reagieren ohnehin anders auf Preise als die Wirtschaft. Alte Menschen werden in ihre Häuser oft nicht mehr investieren, sondern dies ihren Erbinnen und Erben überlassen. Wenn wir in 20 Jahren treibhausgasneutral sein wollen, müssen diese Unterschiede beachtet werden (siehe Abschnitt »Hauswärme« ab Seite 66).

Auch in der Landwirtschaft wirken Treibhausgaspreise zwar unterstützend, müssen jedoch durch andere Maßnahmen begleitet werden. Denn die EU-Subventionen sind so hoch, dass ihre steuernde Wirkung viel höher ist als ein Preis auf Treibhausgase. Ohne eine Korrektur dieses Subventionssystems würden erst Preise von mehreren hundert Euro zu relevanten Reduktionen führen (siehe Abschnitt »Landwirtschaft« ab Seite 92).[61]

Sozialer Ausgleich

Insbesondere die CO_2-Preise in den Bereichen Wärme, Personenverkehr und privater Stromverbrauch würden direkt von den Verbraucherinnen und Verbrauchern bezahlt. Bereits ein Preis von 50 Euro pro Tonne würde in den Sektoren Wärme und Verkehr zu Einnahmen von etwa 12 Milliarden Euro führen.[62] Umfragen zufolge gibt es zwar grundsätzlich Rückhalt in der Bevölkerung für eine CO_2-Abgabe, trotzdem wird jede Preiserhöhung erfahrungsgemäß auf großes Misstrauen stoßen. Viele Menschen vermuten, dass damit verdeckte Steuererhöhungen verbunden werden. Die Einführung eines CO_2-Preises wird daher nur erfolgreich gelingen, wenn es eine breite Zustimmung in der Bevölkerung gibt. Deshalb muss es einen sozialen Ausgleich geben, indem ein Teil des eingenommenen Geldes an die Bürgerinnen und Bürger zurückgezahlt wird.

Es gibt unterschiedliche Möglichkeiten, wie der soziale Ausgleich aussehen kann:

→ **Eine Pro-Kopf-Prämie:** Alle Bürger*innen erhalten einen jährlichen Festbetrag. Würden die gesamten Einnahmen aus den CO_2-Steuern an die Bürgerinnen und Bürger zurückgezahlt, wären das zu Beginn jährlich 150 Euro pro Kopf.[63] Davon würden Menschen mit wenig Einkommen profitieren, da sie erfahrungsgemäß weniger Emissionen verursachen und die Prämie höher wäre als ihre zusätzlichen Ausgaben.

→ **Die Stromsteuer wird gesenkt:** Dies hätte auch positive Effekte auf den Einsatz von elektrischen Wärmepumpen als Heizung und für die Einführung von E-Autos.

→ **Sozialversicherungsbeiträge oder Lohnsteuern werden gesenkt:** Davon würden höhere Einkommen am meisten profitieren.[64]

Fast alle Studien stimmen darin überein, dass die Rückgabe der Steuer so gestaltet werden soll, dass Menschen mit niedrigem Einkommen und Familien leicht entlastet, während Singles und hohe Einkommensgruppen leicht belastet werden. Dazu wird vorgeschlagen, dass die Hälfte bis zu zwei Drittel der Einnahmen an die Bürgerinnen und Bürger zurückgegeben werden. Das DIW Berlin hat dazu eine Pro-Kopf-Prämie vorgeschlagen, die jede*r erhält, auch Kinder. Sie soll aber versteuert werden, sodass z. B. Geringverdiener*innen entsprechend mehr behalten können.[65]

Auch Kombinationen sind denkbar. Das Institut Agora Energiewende[66] schlägt eine Pro-Kopf-Klimaprämie von 100 Euro und eine Senkung der Stromsteuer um 2 Cent auf 0,1 Cent pro Kilowattstunde vor. Damit würde ein CO_2-Preis von 50 Euro weitgehend kompensiert.

In Einzelfällen sind weitere Maßnahmen erforderlich, wenn die Kosten durch den CO_2-Preis für Haushalte mit geringen und mittleren Einkommen höher sind als die Rückzahlung:

→ Für Pendler*innen wird in mehreren Studien ein Pendlergeld oder Mobilitätsgeld anstelle der Entfernungspauschale vorgeschlagen.[67] Von der derzeitigen Entfernungspauschale von 0,30 Euro je Entfernungskilometer profitiert nämlich umso mehr, wer mehr Steuern zahlt. Ein Mobilitätsgeld von 0,10 Euro je Entfernungskilometer wäre jedoch für alle gleich. Es würde nicht mehr kosten als heute, aber es wäre für Menschen mit niedrigem Einkommen eine starke Entlastung.

→ Um die Mehrbelastung für Menschen mit alten, großen, oft noch ölbeheizten Häusern abzufangen, schlägt Agora einen Härtefallfonds vor.[68] Antragsberechtigt wären Haushalte mit niedrigem und mittlerem Einkommen, bei denen eine Belastung von mehr als 1 Prozent ihres Nettoeinkommens entsteht. Agora veranschlagt hierfür 300 Millionen Euro, gleichzeitig können diese Menschen durch Förderprogramme und unterstützende Maßnahmen, z. B. Austauschprämien für Ölheizungen, unterstützt werden.

Regelungen für die Wirtschaft

Es gibt eine Reihe von weiteren Punkten, die bei der Bepreisung von Treibhausgasen berücksichtigt werden sollten:

→ Unternehmen müssen für Treibhausgase bezahlen, die bei der Produktion und dem Transport von Waren anfallen. Dementsprechend sollte auch die Kompensation bei den Firmen erfolgen, weil dadurch Firmen, die Treibhausgase vermeiden, auch im internationalen Geschäft Vorteile haben.

→ Die Studien schlagen dazu vor, die Hälfte bis zu zwei Drittel der Treibhausgasabgaben der Wirtschaft direkt an die Firmen zurückzugeben.[69] Die Rückerstattung könnte nach der Lohnsumme des Betriebes erfolgen.

→ Der Rest sollte gezielt Investitionen in die Umstellung auf erneuerbare Energien in denjenigen Bereichen fördern, in denen besonders hohe Einsparungen an Treibhausgasen zu erwarten sind.

→ Ein Teil davon sollte auch in Forschung und Entwicklung in kritischen Bereichen investiert werden.

→ Für einzelne Industriezweige werden bereits bei 50 Euro Ausnahmeregelungen nötig,[70] da Anlagen, die besonders viel Energie brauchen, sofort geschlossen oder ins Ausland verlagert werden würden. Als Ausgleich für diese Ausnahmen sollten die Firmen sich verpflichten, in Anlagen zu investieren, die keine oder wenige Treibhausgase freisetzen (siehe Abschnitt »Industrie« ab Seite 85).

→ Ansonsten muss geprüft werden, ob für Produkte, deren Herstellung viel Energie benötigt, eine Treibhausgasabgabe beim Import aus Ländern erhoben wird, die keine vergleichbare Steuer haben.

Preisgarantie

Teile der Industrie – vor allem Unternehmen in der Stahl- und Zementherstellung sowie der Chemiebranche – stehen vor gewaltigen Neuinvestitionen. Für sie ist es von entscheidender Bedeutung, die künftige Entwicklung der Treibhausgaspreise planen zu können. Nur dann werden sie Investitionen vornehmen. Deswegen wird vorgeschlagen, dass die Regierung eine Preisgarantie für einzelne Investitionsvorhaben mit den Firmen vereinbart (siehe Abschnitt Das aktuelle »Das aktuelle Dilemma« ab Seite 85).

Fragen zu Treibhausgaspreisen

→ Halten Sie einen Treibhausgaspreis grundsätzlich für richtig, wenn es einen sozialen Ausgleich gibt?

→ Welches Modell für den sozialen Ausgleich halten Sie für gerecht (Kopfgeld – versteuert oder unversteuert, Steuererleichterungen, Reduzierung der Sozialbeiträge)? Sollen die unteren Einkommensschichten am stärksten entlastet werden?

→ Soll die Pendlerpauschale abgelöst werden durch ein Mobilitätsgeld?

→ Oder stattdessen durch eine Klimadividende (eine Ausschüttung an alle Bürger) unabhängig von den zurückgelegten Kilometern ersetzt werden?

→ Befürworten Sie einen Notfallfonds für alte Häuser, wenn die Heizkosten in alten Häusern zu hoch werden? Wie sollte er gestaltet werden?

→ Befürworten Sie Ausnahmeregelungen für Exportindustrien? Unter welchen Bedingungen? (Hintergrund: Die Ausnahmeregelung würde garantieren, dass Unternehmen keine Wettbewerbsnachteile gegenüber Unternehmen haben, die in einem Land produzieren, in dem es keine CO_2-Preise gibt.)

→ Wären Sie mit einer Erhöhung des Benzinpreises einverstanden, wenn dies mit einer jährlichen Kompensation von zum Beispiel 100 Euro pro Person vergütet wird?

→ Befürworten Sie die sofortige Einstellung umweltschädlicher Subventionen?

Teil 4

KLIMANEUTRALITÄT UMSETZEN

WAS MÜSSEN WIR KONKRET TUN?

Die eigentliche Umstellung erfolgt in den sieben Sektoren: Energie, Wärme, Verkehr, Industrie, Landwirtschaft, Bodennutzung und Abfälle. In all diesen Sektoren gibt es Herausforderungen, die es zu bewältigen gilt: Im Wärmebereich ist die Dämmung der Häuser teuer und zeitaufwendig, im Verkehrssektor hängt die Umstellung davon ab, ob sich der Trend zu immer mehr Verkehr umkehren lässt, und in der Industrie sind die Herausforderungen die Kosten neuer Technologien und die politischen Rahmenbedingungen. Auch die Zukunft der Landwirtschaft hängt einerseits davon ab, was von der Politik gefördert wird, andererseits aber auch davon, wie wir uns individuell ernähren. Und schließlich müssen neue Bäume und Wälder gepflanzt werden, um die verbleibenden Treibhausgasemissionen zu kompensieren.

SEKTOR 1: ENERGIEVERSORGUNG, SPEICHER UND NETZE

Wir brauchen überall Energie: für Steckdosen zu Hause und Industrieanlagen, zum Antrieb von Fahrzeugen und Heizungen. Heute werden dazu Kohle, Öl und Gas verbrannt. Zukünftig soll das Energiesystem stattdessen auf grünem Strom beruhen: Autos und Heizungen funktionieren dann elektrisch, und Brennstoffe werden nur noch verwendet, wenn sie aus grünem Strom hergestellt wurden. Obwohl dadurch insgesamt Energie eingespart wird, brauchen wir etwa drei- bis viermal so viel Strom wie heute. Dazu ist ein schneller Ausbau der Sonnen- und Windenergie nötig. Zusätzlich sind wir auch weiterhin von Energieimporten aus dem Ausland abhängig. Ein Problem ist, dass das neue Energiesystem stärkeren Schwankungen ausgesetzt ist als das alte – jedoch können neue Netze und Speichertechnologien sowie eine Abstimmung von Stromerzeugung und -verbrauch die Schwankungen ausgleichen.

Die Ausgangslage

Der Energiesektor steht vor einer großen Aufgabe: Es müssen so schnell wie möglich alle Kohlekraftwerke abgeschaltet werden, da diese die größten Treibhausgasquellen in Deutschland sind. 2022 gehen die letzten Atomreaktoren vom Netz, und auch die Erdgaskraftwerke müssen mittelfristig abgeschaltet werden, da auch sie viele Emissionen verursachen. In den nächsten Jahren wird die klassische Stromerzeugung also stark zurückgehen. Gleichzeitig wird der Stromverbrauch stark ansteigen, weil neue Verbraucher wie Wärmepumpen und Elektroautos hinzukommen. Die anderen Sektoren können nur klimaneutral werden, wenn genug erneuerbare Energie zur Verfügung steht. Die Umstellung des Energiesektors und der Ausbau der erneuerbaren Stromerzeugung haben deshalb höchste Priorität.

Energiewirtschaft heute

Heute ist noch über die Hälfte des Stroms nicht erneuerbar. Neben den öffentlichen Stromkraftwerken haben viele Industriebetriebe noch große eigene Kraft- und Wärmewerke. Wenn man die öffentlichen und privaten Kraftwerke zusammenrechnet, verursachten sie 2017 etwa 41 Prozent aller Treibhausgase in Deutschland. Sie sind damit die größte Quelle. Allein die Verbrennung von Kohle verursacht 29 Prozent der Emissionen, hinzu kommen Erdgas (10 Prozent) und Müll (2 Prozent). Die Umstellung der Industriekraftwerke wird im Abschnitt »Industrie« ab Seite 87 beschrieben. In den öffentlichen Kraftwerken wird heute neben Strom auch Fernwärme erzeugt. Wie die Fernwärme klimaneutral werden kann, behandeln wir im Abschnitt »Fernwärme« ab Seite 71.

Die zukünftige Stromerzeugung

Wir rechnen damit, dass sich der Strombedarf Deutschlands bis 2040 auf etwa 1900 TWh verdreifachen wird. Dabei wird fast die Hälfte des Stroms zur Erzeugung von E-Brennstoffen benötigt. Diese großen Mengen können vermutlich nicht komplett in Deutschland produziert werden, weshalb Teile davon importiert werden müssen. Die Energie wird jedoch nicht in Form von Strom importiert, sondern in Form von 420 TWh an E-Brennstoffen (Wasserstoff, E-Diesel, E-Kerosin usw.), für deren Erzeugung wiederum 820 TWh Strom in den Exportländern eingesetzt werden. Selbst mit den Importen bleibt der Ausbau der Erneuerbaren eine gewaltige Herausforderung: Etwa 1200 TWh Strom pro Jahr müssen in Deutschland erzeugt werden, was einer Verdopplung der bisherigen Stromerzeugung entspricht. Den größten Teil dieses Weges muss Deutschland bereits bis 2035 zurücklegen, da die Erzeugung von erneuerbarem Strom die Voraussetzung dafür ist, dass auch Elektroautos und Wärmepumpen treibhausgasneutral werden. Die Nutzung von Wasserkraft und Biomasse für die Stromerzeugung in Deutschland ist allerdings beschränkt, deshalb müssen Windanlagen und Sonnenkraftwerke (Photovoltaik) den größten Teil dazu beitragen.

Über den genauen Weg des Ausbaus der erneuerbaren Energien gibt es unterschiedliche Vorstellungen: Einige Studien schätzen den künftigen Anteil der Windkraft auf zwei Drittel und den Anteil von Solarenergie auf ein Drittel. Andere sehen die Anteile umgekehrt. Je nachdem, wie viele E-Brennstoffe importiert werden und ob mehr Strom durch

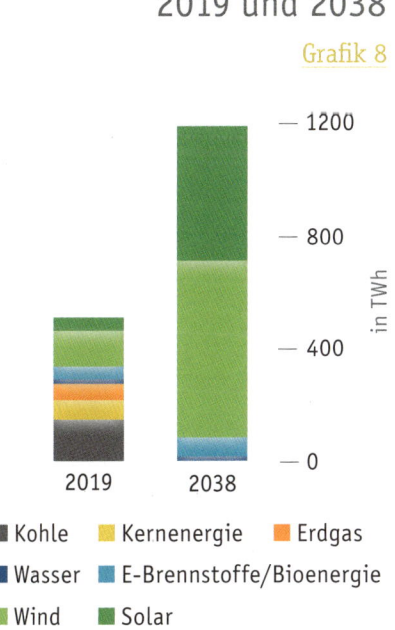

Stromerzeugung 2019 und 2038
Grafik 8

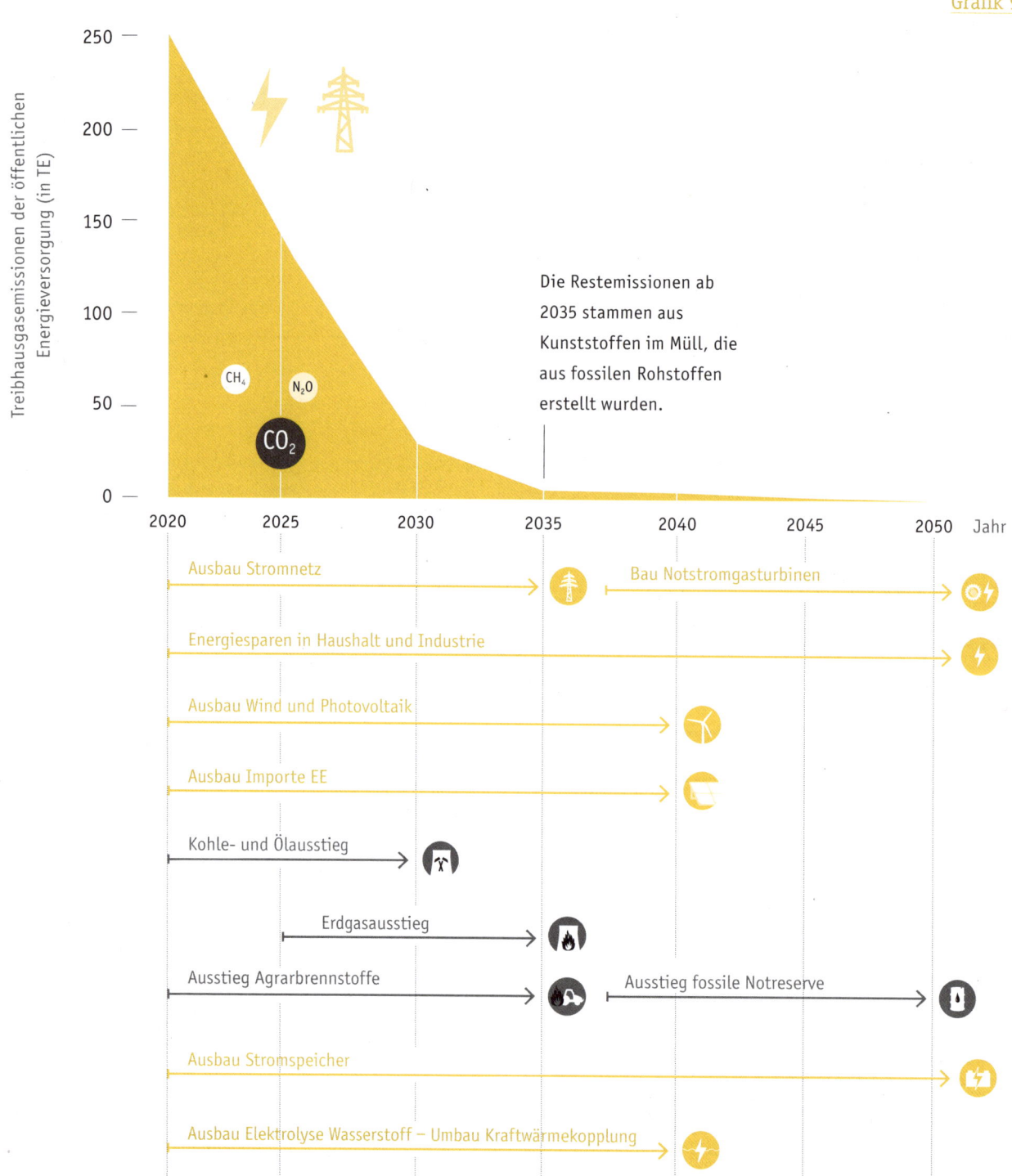

Windkraftanlagen oder durch Photovoltaik erzeugt werden soll, sind die notwendigen Ausbauzahlen sehr unterschiedlich. Wir stellen deshalb im nächsten Abschnitt beispielhaft ein »Windszenario« und ein »Sonnenszenario« vor, um die Unterschiede deutlich zu machen. Dabei gilt für beide Szenarien, dass es Unterschiede zwischen Nord- und Süddeutschland gibt. Im Norden wird bei allen Szenarien der Anteil der Windenergie höher liegen, im Süden dagegen die Nutzung von Photovoltaikanlagen. Die dritte und wahrscheinlich beste Option ist ein optimiertes Szenario, also eine Art Mittelweg.

Für alle Szenarien haben wir angenommen, dass die Windanlagen auf See maximal (d. h. auf 55 GW Kapazität) ausgebaut werden.[1] Nur so erscheint es realistisch, die ausreichende Strommenge zu produzieren, damit die Stromerzeugung in Deutschland bis 2035 treibhausgasneutral wird. Windräder auf See sind zwar teurer als Solarenergie oder Windräder an Land, die Kosten sind aber in den letzten Jahren zurückgegangen, sodass das Hauptargument gegen Windanlagen auf See sich zumindest abschwächt. Dafür haben sie gegenüber Windrädern an Land folgende Vorteile:

→ Es gibt weniger Nutzungskonflikte und Akzeptanzprobleme, vorausgesetzt, dass beim Bau Rücksicht auf die Natur und den Lärmschutz für Meerestiere genommen wird.
→ Die jährlichen Laufzeiten sind fast doppelt so lang. So wird bei gleicher Leistung viel mehr Strom erzeugt.[2]
→ Die Anlagen auf See produzieren den Strom gleichmäßiger. Dadurch ist die Fluktuation in der Stromerzeugung geringer, und es werden weniger Speicher benötigt.

Für die Solaranlagen werden in allen drei Szenarien vor allem die Hausdächer und -fassaden genutzt. Dazu kommen je nach Szenario unterschiedlich viele Freiflächenanlagen hinzu.

Das »Windszenario«

In diesem Szenario werden zwei Drittel des Stroms durch Windanlagen erzeugt.[3] Pro Jahr müssen bis 2035 an Land etwa 2800 Windräder und auf See etwa 500 Windräder gebaut werden. Ein erheblicher Teil der an Land gebauten Anlagen ersetzt aber alte Anlagen mit geringerer Leistung. Im Ergebnis würden also 2035 an Land ungefähr 42.000 Windräder stehen (zum Vergleich: Im Jahre 2020 sind es 30.000 Windräder). Zusätzlich müssen pro Jahr ca. 140 km^2 Photovoltaikanlagen installiert werden, hauptsächlich auf Gebäuden, Siedlungsflächen und auf Freiflächen wie Autobahnrändern, um den Rest der Energie bereitzustellen.

Der Vorteil dieses Szenarios besteht darin, dass aus technischer Sicht die Ausbauzahlen am ehesten erreicht werden können. Sie liegen in einer Größenordnung, die in der Vergangenheit schon einmal realisiert wurde. Der Nachteil ist, dass sich die Zahl der Windräder deutlich erhöht, was zu Konflikten mit Anwohner*innen oder dem Naturschutz führen kann.

Insbesondere der notwendige Ausbau an Windanlagen kann nur erfolgen, wenn die Mindestabstandsregelung – sie bestimmt einen Mindestabstand zwischen Windrädern und Wohngebäuden – abgeschwächt wird.[4] Da Deutschland sehr dicht besiedelt ist, führt diese Regel sonst dazu, dass es fast keine Flächen mehr gibt, die mit Windrädern bebaut werden dürfen.[5] Glücklicherweise wird eine flexiblere Regelung durch aktuelle Umfragen unterstützt, bei denen mehr als zwei Drittel der Befragten den Bau von Windkraftanlagen in ihrem Wohnumfeld auch bei geringeren Entfernungen akzeptieren.[6]

Das »Sonnenszenario«

In diesem Szenario werden zwei Drittel des Stroms durch Photovoltaikanlagen erzeugt. Dafür müssen jedes Jahr über 300 km^2 Photovoltaikanlagen errichtet werden. Bis 2035 werden dafür zusätzlich zu den auch im Windszenario benötigten Dach- und Fassadenanlagen noch Freiflächenanlagen auf 1,8 Prozent der Landesfläche benötigt. Das kann z. B. so realisiert werden: Ein Fünftel der alten Braunkohlegruben werden geflutet und mit schwimmenden Solaranlagen bedeckt; etwa 1900 km^2 (ca. 7 Prozent) der heute für Maisanbau genutzten landwirtschaftlichen Flächen werden mit hoch geständerten Photovoltaikanlagen versehen (siehe Abschnitt »Angepasste Flächennutzung« ab Seite 97). Weiterhin werden sonstige dafür geeignete Freiflächen (Autobahnränder, Lärmschutzwände etc.) und Siedlungsflächen (Parkplätze) genutzt.

Die Zahl der Anlagen auf See bleibt wie im Windszenario unverändert. Im Sonnenszenario würde auch die Leistung der Windanlagen an Land etwa auf heutigem Stand bleiben. Da neue Anlagen viel leistungsstärker sind, würde die Zahl der Windräder sogar von 30.000 auf unter 12.000 sinken. Pro Jahr müssen allerdings etwa 2000 alte Windräder durch etwa 800 neue größere Anlagen ersetzt werden.

Vorteile des Sonnenszenarios sind eine geringere Flächennutzung und weniger Konflikte mit Naturschutzanliegen. Es hat jedoch drei gravierende Nachteile: Da Photovoltaik stärkeren tageszeitlichen als auch jahreszeitlichen Schwankungen in

Tabelle 2
Optimiertes Szenario: Stromerzeugung im Jahr 2038
(nur Inlandproduktion)

	Jahresproduktion (TWh)	Spitzenleistung (GW)	Zubau pro Jahr (GW)
Blockheizkraftwerke, Reservegasturbinen und Wasser	90	~100	2
Photovoltaik	480	500	25
Wind auf See	250	55	3
Wind an Land	370	150	5,5 + 2*

* 2 GW/a Ersatz für abgebaute Anlagen

der Stromerzeugung unterliegt als Windkraft, werden hier mehr Speicher benötigt, und es müssen mehr E-Brennstoffe hergestellt werden als in den anderen Szenarien. Außerdem werden die notwendigen Ausbauzahlen für Photovoltaik wahrscheinlich zumindest in den ersten Jahren kaum erreicht, weil es nicht genügend Fachpersonal gibt. Der Ausbau der Windenergie hingegen, der realistischer wäre, würde in diesem Szenario nicht durchgeführt.

Optimiertes Szenario
Das optimierte Szenario versucht die Nachteile der beiden Extremszenarien zu vermeiden und in Bezug auf die Ausbauzahlen realistische Annahmen zu machen. Die Eckpunkte sind:
→ Es wird der maximal mögliche Ausbau der Offshorewindenergie von 55 GW angenommen.[7]
→ Windenergie macht hier mehr als die Hälfte aus (ca. 56 Prozent), aber weniger als im Windszenario. Das verhindert, dass zu große Flächen benötigt werden. Gleichzeitig ist das eine gute Mischung, denn im Winter wird mehr Windenergie produziert und im Sommer mehr Sonnenenergie. Im Winter ist aber auch der Bedarf an Strom höher, sodass ein etwas
→ höherer Windanteil Sinn macht.
Der erforderliche jährliche Ausbau der Photovoltaikanlagen im Inland ist selbst im Windszenario sehr groß. Die meisten Studien[8] gehen – auch aufgrund ihrer Zielausrichtung auf 2050 – von viel geringeren Ausbauzahlen aus. Auf Basis der verschiedenen Angaben für maximale Ausbaukapazitäten kommen wir zum Ergebnis, dass der notwendige Ausbau im optimierten Szenario erst 2038 abgeschlossen sein kann. Damit die Treibhausgasneutralität bereits 2035 erreicht wird, müssen dann bis 2038 noch einige Gaskraftwerke mit importiertem E-Methan im Dauerbetrieb laufen.

Wir halten diesen Ausbau auch deswegen für machbar, weil die technische Entwicklung schneller als in vielen Studien erwartet vorangeschritten ist.[9] In den letzten Jahren wuchs die jährliche Laufzeit von Windrädern stark an, da immer mehr Schwachwindanlagen gebaut werden, die für weniger Wind optimiert sind und daher im Jahresmittel deutlich mehr Strom produzieren. Zugleich hat sich in wenigen Jahren die Leistung eines Windrades verdreifacht. Auch der Wirkungsgrad von Solarzellen hat sich erheblich verbessert, sodass ein Drittel weniger Flächen und nur ein Viertel der Rohstoffe erforderlich sind. Auch wurde in den letzten Jahren intensiv daran geforscht, wie unter hochgeständerten Photovoltaikanlagen künftig weiter Ackerbau betrieben werden kann – mit erstaunlichen Ergebnissen. Diese Entwicklungen sind in den meisten Studien noch nicht berücksichtigt worden. Zudem zeigt sich, dass Studien in der Vergangenheit das Potenzial der Erneuerbaren immer wieder unterschätzt haben. Es könnte also sein, dass in der Praxis noch mehr möglich ist – wenn der Wille dazu besteht.

Bioenergie

Außer Wind und Sonne gibt es noch andere Möglichkeiten, erneuerbar Strom zu erzeugen, diese sind allerdings begrenzt. Neben der Wasserkraft ist dies vor allem Bioenergie. Bioenergie bezeichnet die Verwendung von pflanzlichen oder tierischen Stoffen zur Erzeugung von Wärme und Strom. Dazu gehören folgende Brennstoffe:

→ Pflanzen, die für die Energieerzeugung angebaut werden (z. B. Raps und Mais)[10]
→ Reststoffe aus der Landwirtschaft (z. B. Gülle und Stroh)
→ Holz aus der Forstwirtschaft – sowohl Bäume, die für die Energieerzeugung gepflanzt werden, als auch Waldrestholz
→ Altholz (z. B. altes Bauholz)
→ Siedlungsabfälle (z. B. Nahrungsreste und Grünabfälle) aus der Biotonne
→ industrielle Reststoffe (z. B. Fleischereiabfälle, Lignin aus der Papierproduktion) Klärschlamm (dieser entsteht bei der
→ Aufbereitung von Abwasser. Wenn man den Schlamm trocknet, bleibt eine Masse zurück, die verbrannt werden kann)

Derzeit werden in Deutschland jedes Jahr 270 TWh Biomasse eingesetzt. Damit werden 52 TWh Strom, 147 TWh Wärme und 36 TWh Agro-Kraftstoffe für den Verkehr erzeugt. Dafür werden ca. 13 Prozent der landwirtschaftlich genutzten Fläche für den Anbau von Energiepflanzen benötigt, v. a. Mais zur Biogaserzeugung und Raps für die Herstellung von Biodiesel.

Neben diesem Anbau fallen erhebliche Mengen an Biomasse als Abfallprodukt an, die bislang nur teilweise genutzt werden. Heute bleibt eine riesige Menge an Biomasse von insgesamt 124 TWh pro Jahr noch unverwertet. Sie besteht überwiegend aus Getreidestroh und Waldrestholz.[11] Zusätzlich können künftig 15 TWh Biomasse aus Lignin als Reststoff der Papierindustrie genutzt werden.

Damit bestünde theoretisch ein Potenzial von über 400 TWh aus Biomasse pro Jahr.[12]

Rückgang der Erzeugung von Bioenergie

Für die Zukunft gehen die meisten Studien aber davon aus, dass die Erzeugung von Energie aus Biomasse abnimmt,[13] denn es gibt zahlreiche Faktoren, die das Potenzial von Bioenergie beschränken und dafürsprechen, den Anbau von Energiepflanzen zu reduzieren.

Ein wichtiger Faktor ist die Flächenkonkurrenz:

→ Die landwirtschaftlichen Flächen sind in Deutschland knapp und reichen zurzeit nicht einmal für die Ernährung von Mensch und Vieh aus – das gilt umso mehr, wenn der ökologische Anbau wachsen soll.
→ Es werden landwirtschaftliche Flächen für Photovoltaik und Windräder benötigt.
→ Moore müssen wieder vernässt werden, was sie für landwirtschaftliche Nutzung teilweise unbrauchbar macht.
→ Es werden Flächen für die Neuwaldbildung benötigt.
→ Es müssen weitere Flächen unter Naturschutz gestellt werden, um das Artensterben zu stoppen.
→ Wenn die Industrie auf Treibhausgasneutralität umgestellt werden soll, braucht sie mehr biogene Rohstoffe zur stofflichen Nutzung.[14]

33.000
Windkraftanlagen

Ab 2020 müssen pro Jahr etwa 1830 neue Windräder gebaut werden. Es werden aber auch alte Anlagen abgebaut. In der Summe stehen in Deutschland 2038 dann 33.000 Anlagen, das sind nur 3000 Anlagen mehr als heute.

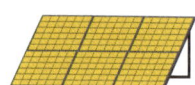

10-mal mehr Strom als heute müssen schon 2038 durch Photovoltaikanlagen erzeugt werden. Dafür braucht es neben allen verfügbaren Dachflächen ca. 1 Prozent der Landesfläche.

Es gibt weitere Gründe, warum die Nutzung von Biomasse vermutlich zurückgehen wird:
- → Wenn der Viehbestand reduziert wird, nimmt auch die Menge der zur Verfügung stehenden Stoffe Gülle und Mist ab.
- → Wenn weniger Lebensmittel weggeworfen werden, gibt es weniger Siedlungsabfälle.
- → Gegen den Anbau von Energiepflanzen sprechen v. a. die negativen Auswirkungen auf den Naturschutz, die Biodiversität, das Wasser und die Bodenqualität.[15] Außerdem ist er ineffizient. Auf der gleichen Fläche kann bis zu 60-mal mehr Energie produziert werden, wenn Solaranlagen Maisanbau ersetzen.[16] Das Umweltbundesamt empfiehlt daher die Einstellung des Anbaus von Energiepflanzen bis 2030.

Weitere begrenzende Faktoren

Die Importe von Biomasse werden ebenfalls kritisch gesehen. Heute wird ein beträchtlicher Teil an Biomasse importiert. Aber Importe von Stoffen wie Palmöl oder Sojaöl für die Biodieselnutzung oder von Holzpellets zum Heizen sind sehr umstritten. Denn für deren Anbau werden in anderen Ländern Wälder abgeholzt, die bis dahin Kohlendioxid gespeichert hatten. Außerdem können die Flächen nicht mehr zum Nahrungsmittelanbau genutzt werden, was die Ernährungssicherheit in den betreffenden Ländern gefährden kann. Deshalb sollten diese Importe so schnell wie möglich beendet werden.

Auch die Nutzung der Wälder gilt als problematisch. Sie sollten nicht zu intensiv bewirtschaftet werden, ansonsten besteht die Gefahr, dass sie weniger CO_2 aufnehmen können. Das Umweltbundesamt empfiehlt mittelfristig, auf die Nutzung von Restholz zu verzichten.[17]

Ergebnis

Unter Berücksichtigung dieser Argumente gehen wir davon aus, dass bis 2035 der Anbau von Energiepflanzen komplett eingestellt wird. Der Biomasseimport für Bioenergie sollte schon deutlich früher enden. Wir rechnen daher nur mit einem Bioenergiepotenzial von 150 TWh pro Jahr.[18] Diese Biomasse kann folgendermaßen auf die Sektoren aufgeteilt werden:
- → 50 TWh für den Einsatz in Heizkraftwerken zur Erzeugung von Strom und Fernwärme: Diese sollten in Zukunft nicht wie bisher im Dauerbetrieb laufen, sondern v. a. dazu dienen, Schwankungen in der Strom- und Fernwärmeerzeugung durch Wind und Sonne, insbesondere im Winter, auszugleichen. Dafür brauchen sie eine höhere Leistung, die aber nur noch zeitweilig abgerufen wird.
- → 100 TWh für die Industrie: Dort kann Biomasse für Hochtemperaturprozesse und in der Chemieindustrie eingesetzt werden (siehe Abschnitt »Industriewärme« ab Seite 87).
- → Im Umkehrschluss bedeutet das, dass Holzheizungen nur in Ausnahmen zur Anwendung kommen sollten.

Stabilität der Stromversorgung mit erneuerbaren Energien

Je mehr Strom durch erneuerbare Energien produziert wird, desto größer sind die Schwankungen in der Stromerzeugung. Während Gas- und Kohlekraftwerke konstant Strom erzeugen können, produzieren Photovoltaik und Windkraftanlagen teilweise sehr wenig und teilweise sehr viel Strom. Der Stromverbrauch schwankt schon heute erheblich. Künftig wird – wie bisher auch –

tagsüber mehr Strom benötigt als nachts. Dazu kommen aber stärkere jahreszeitliche Unterschiede, da im Winter bei kaltem Wetter die Wärmepumpen Nachfragespitzen produzieren. Deshalb benötigen wir Anpassungen des Stromsystems, um Stabilität zu sichern. Im Folgenden werden die vier bedeutendsten Maßnahmen beschrieben: Lastmanagement, Netzausbau, Energiespeicher und Notreserven.

Lastmanagement

Lastmanagement bedeutet, dass der Verbrauch an Strom sich dem Angebot anpassen sollte. Dafür sollte der Strompreis variabel sein: Bei einem hohen Angebot ist der Preis niedrig, wenn es wenig Strom gibt, ist er hoch. Verbraucherinnen und Verbraucher können sich dann an den Preisen orientieren und z. B. große Geräte wie Waschmaschinen erst dann einschalten, wenn der Preis niedrig ist. Dazu wird über das Stromnetz jeweils der aktuelle Preis übertragen. Er kann dann z. B. über ein Gerät von den Verbraucher*innen abgelesen werden. Darauf ausgerichtete Haushaltsgeräte können niedrige Preise automatisch erkennen und sich entsprechend automatisch an- und ausschalten. Insbesondere im Handel und in der Industrie sind solche Geräte, die flexibel angeschaltet werden können, von enormem Vorteil: Kühlhäuser benötigen z. B. täglich nur eine Stunde lang Strom. Sie könnten dementsprechend immer dann einschalten, wenn viel Strom angeboten wird und er deswegen billiger ist. Das entlastet das Stromsystem und spart gleichzeitig Geld für die Verbraucher*innen. Auch E-Autos könnten größtenteils dann geladen werden, wenn viel Strom vorhanden ist.

Ausbau des Stromnetzes

Eine weitere wichtige Komponente für die Energiewende ist das Stromnetz. Es muss so ausgebaut werden, dass große Mengen und v. a. große Spitzenlasten transportiert werden können und dabei möglichst geringe Verluste entstehen. Außerdem muss das Netz ermöglichen, dass viele dezentrale Stromerzeuger wie Photovoltaikanlagen auf Hausdächern einspeisen können.

Regionale Netze und Ladestationen

In einigen Gegenden müssen auch die Verteilnetze ausgebaut werden, um genügend Leistung für das Laden der E-Autos und für die Wärmepumpen bereitzustellen. Ebenso müssen sie in der Lage sein, den Strom aus den Photovoltaikanlagen auf den Dächern aufzunehmen, wenn diese bei Sonnenschein Höchstleistung liefern. Dies betrifft besonders die Niedrigspannungsnetze mit 380 V Drehstromspannung, die die Endverbraucher*innen in den Haushalten und den meisten Betrieben versorgen. Teilweise betrifft es auch die Mittelspannungsnetze, die die Stadtteile und größere Betriebe anschließen.

Alle Parkplätze müssen zudem künftig die Möglichkeit haben, zumindest Ladestationen mit 22 kW Wechselstrom bereitzustellen. Für die Haushalte ist dies bereits weitgehend der Fall. Des Weiteren müssen die nötigen Leitungskapazitäten für Gleichstrom-Schnellladestationen auf allen Autobahnraststätten und an zentralen Orten der Städte bereitgestellt werden. Die Schnellladestationen müssen so ausgestattet sein, dass Batterien von E-PKWs und E-LKWs in ca. 20 Minuten ausreichend beladen werden können, um 500 km weit zu fahren.[19]

Das Hochspannungsgleichstromnetz

Die zweite große Aufgabe im Netzbereich ist die Bereitstellung eines europäischen Hochspannungsgleichstrom-Übertragungsnetzes (HGÜ-Netz). Damit kann ein Lastausgleich zwischen Regionen mit Starkwind und Flaute bzw. Sonnenschein und Bewölkung vorgenommen werden. Mit Gleichstrom kann Strom mit geringen Verlusten (unter 3 Prozent pro 1000 km) über Entfernungen von mehreren tausend Kilometern transportiert werden.[20] Dabei ist der Beitrag zur Stabilisierung der Stromversorgung enorm. Die Anzahl der Zeiträume, wenn mehrere Tage weder die Sonne scheint noch Wind weht, reduziert sich hierdurch auf ein Zehntel.[21] Denn Hochdruck- und Tiefdruckgebiete haben meist eine Größe von ca. 1500 km Durchmesser. Wenn also über Deutschland ein Hochdruckgebiet mit Windflaute liegt, befindet sich mit großer Wahrscheinlichkeit ein Tiefdruckgebiet mit Starkwind in Schottland, Frankreich oder Griechenland. Mit solchen HGÜ-Leitungen kann auch Wasserstrom aus Skandinavien oder den Alpen importiert werden.

Gleichstromleitungen benötigen nur ein Viertel der Fläche wie vergleichbare Wechselstromleitungen. Mittlerweile sind Freileitungen mit 5 GW Übertragungsleistung Standard und wurden in China über Tausende von Kilometern gebaut. Dort, wo die Besiedelung dies nicht zulässt, können 2-GW-Erdleitungen verlegt werden. Für Deutschland rechnen die Studien mit 20-GW-Nord-Süd-Trassen – um die südlichen Bundesländer und Nordrhein-Westfalen an die windreichen Gebiete im Norden und die Offshorewindparks anzuschließen.

Das HGÜ-Netz dient außerdem dazu, die Stauseen in Skandinavien als Wasserspeicher zu nutzen und anzuschließen. Mittlerweile sind mehr als 10 Leitungen zwischen

Skandinavien und Zentraleuropa mit einer Kapazität von über 10 GW im Bau, in Planung oder im Betrieb. Insbesondere Norwegen bereitet sich damit auf die Zeit vor, wenn sein Öl nichts mehr wert ist, und finanziert die Leitungen auf eigene Kosten. Schon heute liefern Windkraftwerke Stromüberschüsse zu günstigen Preisen nach Norwegen. Norwegen wiederum schickt dann Strom zurück, wenn in Deutschland Flaute herrscht und die Preise an der Strombörse hoch liegen.

Stromspeicher

Wenn der Strom nicht von flexiblen Verbraucher*innen benutzt oder über das Stromnetz verteilt werden kann, muss er gespeichert werden. Es gibt unterschiedliche Speicherarten, je nachdem, wie lange der Strom gespeichert werden soll. Die wichtigsten werden im Folgenden vorgestellt.

Kurzzeitspeicher[22]

Für den Ausgleich der täglichen Schwankungen brauchen wir Kurzzeitspeicher. Dafür eignen sich am besten Batterie- bzw. Wärmespeicher in den Haushalten. Teilweise werden solche Speicher auch in Stadtteilen oder bei Fernwärmekraftwerken installiert. Auch E-Autos können als Kurzzeitspeicher genutzt werden. Das Jülich-Institut geht davon aus, dass bereits 10 Prozent der Batterien von E-Autos ausreichen würden, um die nötige Kapazität bereitzustellen. Ein Schritt wäre, diese Maßnahme gesetzlich festzulegen und die Software, die das regelt, automatisch in alle Autos einbauen zu lassen.[23]

Die Batterien sind zwar relativ teuer, aber da sie täglich im Einsatz sind, leisten sie den größten Beitrag an Speicherstrom. Eine Studie im Auftrag der Energie Watch Group[24] rechnet damit, dass insgesamt 17 Prozent des verbrauchten Stroms aus Speichern kommt. Davon kommt der Löwenanteil aus Kurzzeitspeichern, also überwiegend aus Batterien.[25] Das ist sinnvoll, da die Batterien den höchsten Wirkungsgrad von über 90 Prozent haben. Trotzdem werden dafür nur Batterien benötigt, deren Kapazität in etwa so groß ist wie der Stromverbrauch Deutschlands in einigen Stunden.

Tages- und Wochenspeicher

Für Schwankungen des Angebots oder der Nachfrage, die über die Kapazität der Batterien hinausgehen und bis zu mehreren Tagen andauern, reicht die Kapazität der teuren Batterien nicht aus. Schwankungen entstehen durch die variierende Nachfrage im Wochenverlauf – etwa an Feiertagen und Wochenenden – wie auch durch ein- bis mehrtägige Dunkelflauten, also Zeiten fast ohne Wind und Sonne. Diese mittleren Schwankungen können regional mit Druckluftspeichern oder über Wasserspeicher ausgeglichen werden.[26] Es gibt auch kleine und mittlere Druckwasserspeicher bis zu einer Kapazität von 400 MWh, die sich als Zwischenspeicher für Stadtwerke und Industriebetriebe eignen. Sie arbeiten wie Wasserspeicherkraftwerke, wobei die Fallhöhe des Wassers mit Druck erzeugt wird.[27]

In Deutschland gibt es nur wenige Stauseen, die als Wasserspeicher geeignet sind. In Europa jedoch kommen die Stauseen in den Gebirgen, v. a. in den Alpen und in Skandinavien, infrage. Insgesamt haben die Wasserspeicher Europas eine Kapazität von 250 TWh, sodass sie zur Not selbst Engpässe in mehreren Staaten über mehrere Wochen überbrücken können. Allerdings hat die Nutzung der Wasserkraftwerke Grenzen, da sich der dafür nötige Ausbau der HGÜ-Netze nicht unbegrenzt rentiert.

Im zukünftigen Energiesystem Europas macht es Sinn, die Betriebsweise der Stauseen umzustellen. Heute sind sie vorwiegend auf Dauerbetrieb ausgerichtet: Sie werden im Winter mit Wasser gefüllt und geben den Strom im Jahresverlauf gleichmäßig ab. Künftig können die Stauseen immer dann Strom produzieren, wenn Sonne und Wind schwächeln. Dazu müssen aber mehr Turbinen installiert werden, um kurzfristig höhere Leistungen erbringen zu können. Um die Speicherleistung zu steigern, kann ein Teil der Speicherseen, die in einen Untersee ablaufen, mit Pumpen ausgestattet werden. Dann kann mit überschüssigem Strom Wasser wieder hochgepumpt werden. Auf diese Weise kann die Jahresproduktion der Wasserkraftwerke vervielfacht werden.

Der Vorteil der Wasserspeicher: Sie sind sehr kostengünstig, denn die Stauseen existieren bereits. Die zusätzlich erforderlichen Turbinen und Pumpen sind relativ günstig. Das teuerste ist der Staudamm, der aber nicht errichtet werden muss. Auch der Speicherwirkungsgrad liegt sogar einschließlich des Hochpumpens bei über 80 Prozent.

Langzeitspeicher

Die dritte Speicherform sind Langzeitspeicher. Hier geht es einerseits um die Lastverteilung zwischen Sommer und Winter für die Wärmepumpen, zum anderen um die Sicherung der Stromversorgung während einer längeren kalten Dunkelflaute (kein Wind und keine Sonne im Winter, aber hoher Strombedarf für Wärmepumpen und Beleuchtung). Aus den Aufzeichnungen der Wetterdienste weiß man, dass die maximale Dunkelflaute für Deutschland ein Speichervolumen erfordert, das eine Versorgung aus Speichern über zwei Wochen ermöglicht. Dazu müssen die Speicher möglichst im Herbst mit Gas zur Erzeugung von 50 TWh gefüllt sein.[28] Für Langzeitspeicher ist typisch, dass sie sehr groß und kostengünstig sein müssen. Ihr Nachteil: Sie haben einen geringen Wirkungsgrad. Deshalb werden sie nur ein- bis zweimal im Jahr genutzt. Geeignete Speicher sind die Gaskavernen, in denen erneuerbares Methan, Wasserstoff oder ein Gemisch[29] aus diesen Gasen gespeichert wird. Die Gase werden durch Elektrolyse bei Stromüberschuss – insbesondere im Sommer – produziert und gespeichert.

Künftig wird im Sommer regelmäßig mehr Strom produziert, als benötigt wird. Dafür werden besonders die Photovoltaikanlagen sorgen. Wird dieses Angebot durch die Kurzzeit- und Wochenspeicher geglättet, können damit kontinuierlich und wirtschaftlich Elektrolyseanlagen betrieben werden, in denen Wasserstoff produziert wird. Dieser kann dann entweder direkt gespeichert werden, oder aus dem Wasserstoff wird erneuerbares Methan produziert.

Diese Gase können in den bestehenden Gaskavernen gespeichert werden, in denen heute die Erdgasvorräte lagern. Weniger als 20 Prozent der heutigen 51 Gaskavernen reichen aus, um die Versorgung während einer maximalen Dunkelflaute zu gewährleisten[30] und um zusätzlich während einer längeren Kälteperiode den Strom für die Wärmepumpen sicherzustellen.[31]

Die Gaskavernen sind die billigste Art von Speichern. Allerdings fallen hohe Kosten für die Erstellung des Gases in Elektrolyseuren und für die Notstromaggregate an, um aus dem Gas wieder Strom zu produzieren.[32]

Gasturbinen als Notstromaggregate

Um aus dem Wasserstoff oder E-Methan wieder Strom zu erzeugen, müssen Gasturbinen als Notstromaggregate bereitgestellt werden. Der Einsatz von Brennstoffzellenkraftwerken eignet sich dazu nur begrenzt. Sie hätten zwar einen höheren Wirkungsgrad, sind aber sehr teurer – sodass sich ihr Einsatz nicht lohnt, wenn sie nur zweimal im Jahr benötigt werden.

Die erforderliche Leistung der Turbinen hängt von mehreren Faktoren ab: von der minimal bereitgestellten Leistung durch Wind und Sonne im Winter, der Leistung der Fernwärmekraftwerke und Biomassekraftwerke und schließlich der Leistung, die über das Gleichstromnetz aus den Wasserkraftwerken und anderen europäischen Ländern bereitgestellt werden kann. Auf Grundlage der Studien muss damit gerechnet werden, dass die Kapazität der heutigen Gaskraftwerke auf ca. 80 GW mehr als verdoppelt werden muss.[33] Sie laufen dann nur noch als Notstromaggregate im Bedarfsfall.

Der Bau dieser Notstromaggregate ist nicht dringlich und kann schrittweise auch noch nach 2040 erfolgen. So lange bleiben alte Gas- oder notfalls auch Kohlekraftwerke als Back-up in Reserve – bei den seltenen Einsatzfällen von wenigen Stunden spielen die Emissionen in der Übergangszeit kaum eine Rolle.

Gaskavernen als Langzeitspeicher haben den großen Vorteil, dass sie relativ kostengünstig sind und sehr große Mengen speichern können. Im Gegensatz zu Wasserspeichern können sie näher an den Verbraucher*innen liegen. Denn es lohnt sich nicht, für die seltenen Fälle, in denen sie gebraucht werden, die Netze noch weiter auszubauen. Allerdings liegt der Wirkungsgrad der Umwandlungskette »Strom → Wasserstoff → Methan → Strom« nur bei 40 Prozent, sodass die Speicher nur dann vorteilhaft sind, wenn sie selten genutzt werden. Die Gasnotstromaggregate werden also nur dann in Betrieb genommen, wenn die Batteriespeicher und Druckluftspeicher

Ca. 25%

des verbrauchten Stroms kommen zukünftig nicht direkt von Wind- und Sonnenanlagen, sondern werden in unterschiedlicher Form zwischengespeichert.

erschöpft sind und die Leistung der Regelkraftwerke plus die Leistung der HGÜ-Leitungen zu den Wasserkraftwerken nicht ausreicht, um den Strombedarf zu decken.

Gasnetze

Heute werden etwa 900 TWh Erdgas pro Jahr für die Energieversorgung v. a. in den Erdgasheizungen in den Wohngebäuden verbraucht.[34] Dazu kommen weitere 30 TWh Erdgas, die als Rohstoff in der chemischen Industrie verarbeitet werden. Auf diese Mengen ist das heutige Erdgasnetz mit einer Länge von 40.000 km ausgerichtet. Nach der kompletten Umstellung der Heizungen auf Wärmepumpen und der teilweisen Umstellung auf Fern- oder Nahwärme wird das Verteilnetz in die Wohnviertel und Haushalte kaum noch benötigt werden. Einen Gasanschluss brauchen künftig nur noch:

→ Blockheizkraftwerke für die Nah- und Fernwärmeversorgung
→ Industriebetriebe insbesondere der Eisen-, Stahl- und Zementindustrie, in denen auf Kohle basierende Prozesse durch Prozesse mit Wasserstoff oder E-Methan ersetzt werden
→ Betriebe der Chemieindustrie, in denen Wasserstoff oder E-Methan als Rohstoff eingesetzt wird
→ die Gasspeicher

Dort, wo Gasnetze noch benötigt werden, müssen sie teilweise so umgestaltet werden, dass sie nicht nur Methan, sondern auch Wasserstoff bzw. Gemische aus beidem transportieren können.

Müllverbrennung

2017 verursachte die Müllverbrennung ungefähr 2 Prozent der deutschen Emissionen. Entsprechend dem Maße, in dem die Chemieindustrie auf nachwachsende Rohstoffe umgestellt wird, wird auch die Müllverbrennung klimaneutral (siehe Abschnitt »Chemische Industrie« ab Seite 88). Allerdings muss mit der stärkeren Verwertung der Biomasseabfälle und mit der Ausweitung der Recyclingwirtschaft mit einem Rückgang des Mülls für die Verbrennung gerechnet werden.

Strompreis

Alle Analysen gehen davon aus, dass der Strompreis in einer künftigen treibhausgasneutralen Gesellschaft niedriger sein wird als heute. Dies hängt aber von einer Reihe von Faktoren, insbesondere vom Ausbau der Stromnetze in Europa und den Speicherkosten, aber auch von der Energiebesteuerung und von den Strommarktregeln, ab.

Maßnahmen für den Energiesektor

Für die Umstellung der Energiewirtschaft sind folgende Rahmensetzungen und Einzelmaßnahmen durch die Politik erforderlich:

→ Der Ausstieg aus der Verbrennung von Kohle und Öl bis 2030 und von fossilem Gas bis 2035 muss gesetzlich geregelt werden. Das wichtigste Instrument hierfür ist der CO_2-Preis.
→ Bund und Länder müssen sich auf einen gemeinsamen Plan für die Energiewende festlegen. Dieser enthält einen Ausbaukorridor für die Wind- und Photovoltaikanlagen, der bis 2038 die Produktion von über 1100 TWh gewährleistet.
→ Bund und Länder müssen sich auf einen gemeinsamen Plan für den Ausbau der Strom- und Gasnetze und für die Speichererfordernisse festlegen. Dazu gehören auch der Bau und die Finanzierung der Elektrolyseure und der Back-up-Gasturbinen sowie der Umbau der Gaskavernen.
→ Die Planungen müssen regelmäßig überprüft und, wenn nötig, korrigiert werden.
→ Die Flächenplanung für Windkraftanlagen, Photovoltaik und Stromleitungen muss von den Ländern entsprechend der Ausbauziele umgesetzt werden.
→ Die Kommunen müssen an den Einnahmen durch die Windanlagen und Stromtrassen finanziell beteiligt werden.
→ Die Verpflichtung zum Bau von Photovoltaikanlagen auf Dächern, Fassaden, Parkplätzen und anderen geeigneten Flächen wird gesetzlich geregelt. Die Einspeisetarife in das öffentliche Netz müssen sicherstellen, dass die Anlagen lohnend betrieben werden können.
→ Die dezentrale Erzeugung und Einspeisung von Strom muss insbesondere für Mieter erleichtert werden.
→ Stromspeicher müssen steuerlich entlastet werden.
→ Die optimale Steuerung der dezentralen Stromproduktion und des Verbrauchs muss technisch und gesetzlich geregelt werden (das Stichwort hier: »Smart Grid« – wozu auch die Einführung von variablen Stromtarifen gehört).
→ Den Kundinnen und Kunden sollte ein flexibler lastabhängiger Strompreis angeboten werden. Das gilt auch für Steuern und Umlagen, die bisher für jede Kilowattstunde gleich hoch sind, egal, ob viel oder wenig Strom vorhanden ist.

→ 10 Prozent der Speicher der E-Autos werden per Gesetz dem Netz zur Verfügung gestellt. Dies reduziert die notwendige Menge an zusätzlichen Batteriespeichern erheblich.
→ Die finanziellen Anreize für den Strommarkt werden so gesetzt, dass die Ausbauziele erreicht werden. Das Strommarktdesign muss dazu regelmäßig überprüft werden.
→ Zu weiteren Maßnahmen siehe auch Abschnitt »Importe« ab Seite 41, Abschnitt »Rohstoffe und Kreislaufwirtschaft« ab Seite 42 und Abschnitt »Industrieeigene Kraftwerke« ab Seite 87.

Maßnahmen für die Entwicklung des Methan- und Wasserstoffnetzes

→ Der künftige Bedarf an Methan[35] wird nur noch einen Bruchteil des heutigen ausmachen, während der Bedarf an Wasserstoff stark ansteigen wird. Zum Transport von E-Methan können die heutigen Erdgasleitungen genutzt werden. In der Übergangszeit kann dem Erdgas ein zunehmender Anteil an grünem Wasserstoff beigemischt werden.
→ Für die Anwendungen, die reinen Wasserstoff benötigen, muss das heute nur lokal vorhandene Wasserstoffnetz ausgebaut werden. Dazu können nicht mehr benötigte Erdgasleitungen genutzt werden,[36] wofür lediglich die Dichtungen an den Kupplungsstellen ausgetauscht werden müssen.

Fragen zum Sektor Energiewirtschaft

Die Energie aus Wind und Sonne muss etwa auf das Vierfache ausgebaut werden.

→ Wie erreicht man die Akzeptanz für den nötigen Ausbau der Windenergie, der Stromtrassen, der Solarfreilandanlagen? (Die Vervierfachung der Windenergie erfordert mehr Flächen, aber nicht unbedingt mehr Windräder, da diese größer werden und eine längere Laufzeit haben.)
→ Sollen die Anlieger*innen an den Einnahmen beteiligt werden?
→ Sollen die Kommunen an den Einnahmen beteiligt werden?
→ Sollen Hauseigentümer*innen zur Installation von Wärmekollektoren und Photovoltaik verpflichtet werden?
→ Sollen in der Nähe von Siedlungen Erdleitungen anstelle von Freileitungen gebaut werden? (Vorteil: Erdleitungen stören weniger; Nachteil: Ihr Bau ist teurer und dauert länger.)
→ Sollen Energienetze rekommunalisiert (von privaten Unternehmen zurück an die Kommunen gehen) bzw. verstaatlicht werden?
→ Sind Sie dafür, dass der Strompreis sich danach richtet, wie viel Strom gerade produziert wird? Können Sie sich vorstellen, Ihre Stromnutzung entsprechend anzupassen?
→ Sollten Besitzer*innen von E-Autos verpflichtet werden, z. B. ein Zehntel der Kapazität ihrer Batterien als Speicherreserve zur Verfügung zu stellen?
→ Soll Fracking und der Import von Frackinggas verboten werden?
→ Soll der Kohleausstieg deutlich beschleunigt werden (z. B. bis zum Jahr 2030)?

SEKTOR 2: HAUSWÄRME (HEIZUNG UND WARMWASSER)

Bisher heizen wir unsere Häuser hauptsächlich mit Erdgas und Öl sowie Fernwärme aus fossilen Kraftwerken. Um Wärme künftig klimaneutral zu erzeugen, müssen die Fernwärmesysteme und die Heizungen vor Ort auf neue Heizsysteme umgestellt werden, vor allem auf elektrische Wärmepumpen, die hocheffizient aus grünem Strom Wärme erzeugen. Ergänzt werden diese durch Solarthermieanlagen, die Sonnenenergie in Wärme umwandeln, und Blockheizkraftwerke, in denen grüner Wasserstoff, grünes Methan und Reststoffe aus der Landwirtschaft verbrannt werden. Da der Strombedarf im Wärmesektor stark wächst, müssen künftig 90 Prozent aller Gebäude gut gedämmt sein – dies kann den Energiebedarf mehr als halbieren. Dieses Vorhaben gehört zu den teuersten und schwierigsten Aufgaben der bevorstehenden Umstellung.

Die Ausgangslage

In Deutschland gibt es 19 Mio. Wohngebäude und 2 bis 3 Mio. Gebäude aus dem Bereich GHD (Gewerbe, Handel, Dienstleistungen) wie Schulen, Geschäfte und Handwerksbetriebe. Die Versorgung der Gebäude mit Heizwärme und Warmwasser verbraucht etwa ein Drittel der Energie in Deutschland und verursacht ca. 13 Prozent der Treibhausgase. Wenn man die Emissionen mit einbezieht, die bei der Erzeugung von Fernwärme in Kraftwerken entsteht, sind es sogar 18 Prozent. Besonders viel tragen die 5,5 Mio. Ölheizungen zum Ausstoß von Treibhausgasen bei.

Im Gebäudebereich gab es zuletzt widersprüchliche Entwicklungen: Durch bessere Dämmung und warme Winter verbrauchen Häuser weniger Energie. Seit dem Jahr 2000 sank der jährliche Bedarf pro Quadratmeter um ein Drittel.[37] Neue Häuser können sogar so gebaut werden, dass sie mehr Energie erzeugen, als sie verbrauchen (Plusenergiehäuser). Die meisten Häuser sind aber schlecht gedämmt – dazu kommt, dass zu wenig saniert wird. Es wurden zwar neue Heizungen entwickelt (Wärmepumpen), die sehr viel effizienter sind als die alten, allerdings sind diese zurzeit erst in 2,5 Prozent der Wohnungen verbaut.[38]

Besonders negativ wirkt sich auf den Energieverbrauch aus, dass die Wohnfläche seit 2000 um ein Fünftel gestiegen ist, etwa weil immer mehr Menschen in Singlehaushalten leben.[39]

Das Ziel

Wenn das 1,5-Grad-Ziel erreicht werden soll, muss der Wärmesektor bis spätestens 2040 klimaneutral[40] sein. Dies wird sehr teuer und macht vermutlich ein Drittel aller Kosten aus, die für die Umstellung der Gesellschaft auf Klimaneutralität notwendig sind.

Zugleich wird dieser Bereich die größten staatlichen Zuschüsse erfordern. Es geht dabei um drei große Vorhaben:

→ **Austausch der Heizsysteme:** Öl- und Gasheizungen müssen komplett ausgetauscht werden. Neue Heizungssysteme sind zum größten Teil Wärmepumpen und Solarthermie.

→ **Dämmung der Häuser:** Alle Häuser sollten so gut gedämmt sein, dass sie sehr wenig Energie verbrauchen. Dies erleichtert auch den Einsatz von Wärmepumpen.

→ **Fernwärme:** Nah- und Fernwärmenetze sollen ausgebaut werden. Zugleich muss die Wärme erneuerbar erzeugt werden.

In Grafik 10 sind die wichtigsten Maßnahmen dargestellt. Außerdem zeigt sie, wie sich der jährliche Treibhausgasausstoß entwickeln muss.

20%
Anstieg der Pro-Kopf-Wohnfläche

 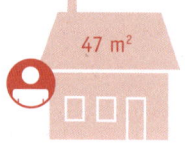

39 m²   47 m²

Jahr 2000   Jahr 2018

Infobox 7

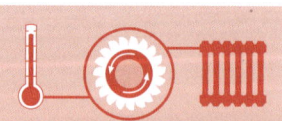

Wärmepumpe

Eine Wärmepumpe funktioniert wie ein umgekehrter Kühlschrank: Die Kälte wird nach außen gebracht und die Wärme nach innen. Dabei kann die Wärme entweder der Außenluft oder dem Boden entnommen werden. Der Wirkungsgrad liegt zwischen 200 Prozent (1 kWh Strom pumpt 2 kWh Wärme ins Haus) bis 500 Prozent (1 kWh Strom pumpt 5 kWh Wärme ins Haus). Damit ist die Wärmepumpe viel effizienter als andere Heizungen.

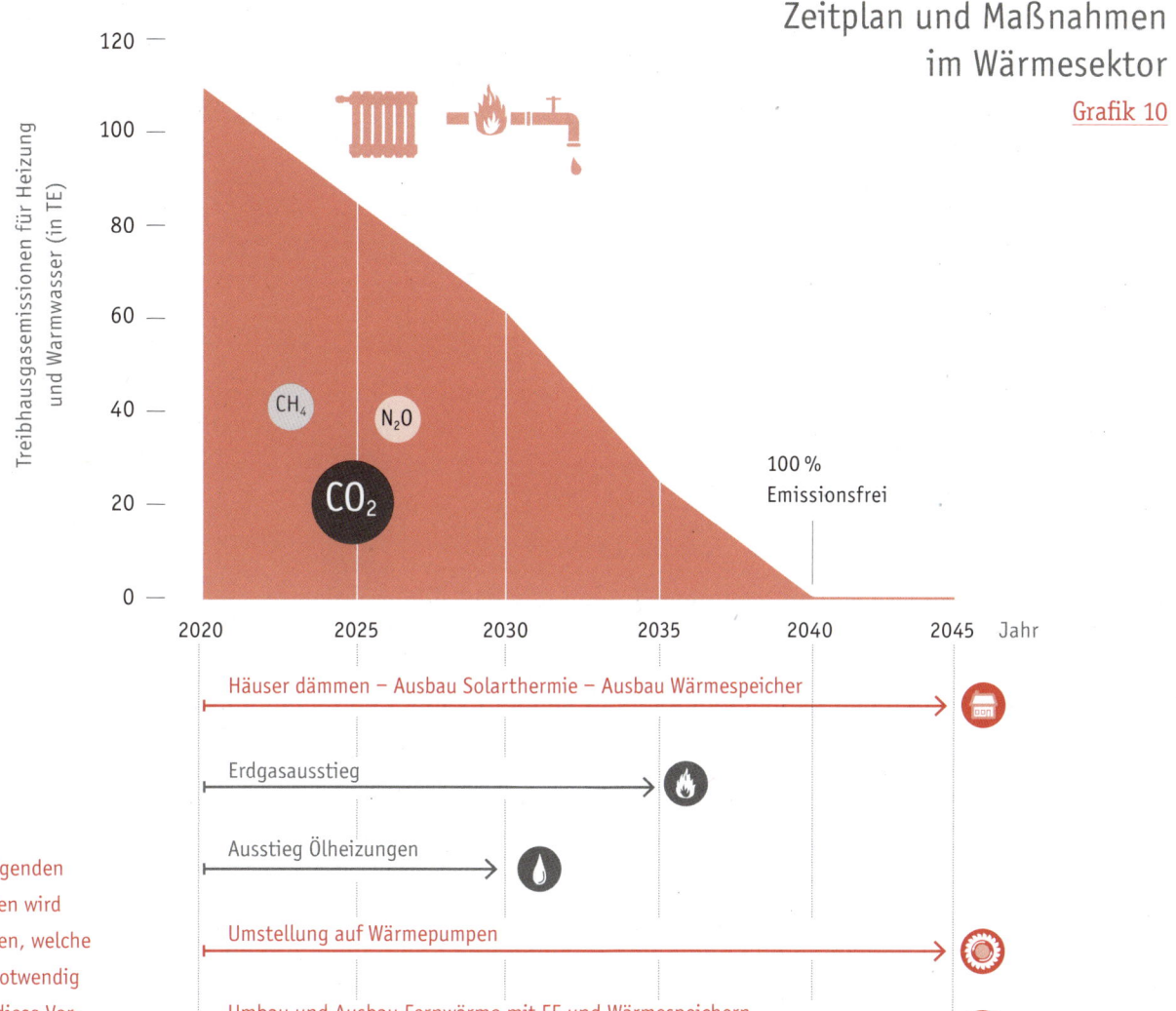

Zeitplan und Maßnahmen im Wärmesektor
Grafik 10

In den folgenden Abschnitten wird beschrieben, welche Schritte notwendig sind, um diese Vorhaben umzusetzen.

Austausch der Heizungen

Die Mehrzahl aller Wohnungen wird künftig durch elektrische Wärmepumpen geheizt – wir rechnen bis 2040 mit 70 Prozent. Anstelle von elektrischen Wärmepumpen kommen auch Gaswärmepumpen infrage, die mit erneuerbarem Wasserstoff oder Methan betrieben werden.[41] Hinzu kommen als Ergänzung Sonnenwärme über Warmwasserkollektoren und Fenster. Nur in Ausnahmefällen sollten noch Öl- oder Gasheizungen eingesetzt werden, und wenn, dann nur mit E-Brennstoffen. Dämmung und Elektrifizierung zusammen können theoretisch den Energiebedarf um etwa 80 Prozent senken![42] Dies ist in der Kürze der Zeit vermutlich aber nicht zu schaffen, deshalb nehmen wir für unser Szenario vorsichtig etwa eine Halbierung an.

Da Heizungen in der Regel alle 20 bis 30 Jahre erneuert werden, sollten ab sofort alte Heizungen nur noch durch Wärmepumpen und Solarthermie oder Fernwärme ersetzt werden. Denn jede neu eingebaute Öl- oder Gasheizung muss bereits in wenigen Jahren wieder ausgetauscht werden.

Damit Wärmepumpen optimal funktionieren, ist es von Vorteil, wenn das Haus bereits gut gedämmt ist. Deshalb sollten die Maßnahmen – Dämmung und Einbau neuer Heizungssysteme – möglichst gleichzeitig stattfinden. Auch die Umstellung der Heizungen auf Niedertemperatursysteme (z. B. Wand- oder Fußbodenheizungen) steigern den Wirkungsgrad der Heizungen erheblich. Vorrang sollte jedoch der Austausch der Ölheizungen haben, da diese besonders viel Treibhausgase freisetzen.

Rechnerisch müssen jedes Jahr ca. 650.000 Wärmepumpen in Wohngebäuden und 3,4 Mio. Quadratmeter Solarthermieanlagen installiert werden. Zum besseren Verständnis: Bei einem Dorf mit 100 Häusern müssten jedes Jahr auf 2 Dächern je 7 m² Solarthermieanlagen installiert werden.[43] Dies ist durchaus realistisch, da jedes Jahr etwa 3 Prozent aller Heizungen erneuert werden. 30 Prozent der Heizungen – insbesondere die Ölheizungen – sind älter als 20 Jahre und müssen ohnehin ausgetauscht werden.[44]

Auf Dauer rechnen sich die Dämmung und Umstellung der Heizungen auch ökonomisch, da Energiekosten eingespart werden können. Dies gilt besonders dann, wenn Renovierungsarbeiten ohnehin notwendig sind. Auch ein steigender Treibhausgaspreis macht die Umstellung rentabel.

Dämmung der Häuser

Theoretisch könnten fast alle Häuser mit Wärmepumpen klimaneutral geheizt werden. Allerdings wäre die Menge an erneuerbarem Strom, der dafür benötigt würde, viel zu groß. Wenn statt Wärmepumpen Öl- und Gasheizungen weitergenutzt und mit E-Brennstoffen betrieben werden sollten – was ebenfalls klimaneutral wäre –, würde noch einmal mehr Strom benötigt. Denn Wärmepumpen sind effizienter als Öl- und Gasheizungen. Bei der Erzeugung von erneuerbarem Gas und Öl auf Basis von grünem Strom gibt es auch große Umwandlungsverluste.

Daher müssen zusätzlich zum Heizungsaustausch alle Häuser so gedämmt werden, dass sie möglichst wenig Energie verbrauchen. Dies erfordert sehr große Investitionen, die sich erst über einen längeren Zeitraum rechnen.

Je nach Gebäudeart gibt es unterschiedliche Ziele:

→ Bei Neubauten ist es technisch sehr leicht, gut zu dämmen. Es ist auch nicht wesentlich teurer als der entsprechende Bau ohne Dämmung. Es sollten deshalb in Zukunft nur noch hocheffiziente Häuser (Passivhäuser) errichtet werden.[50] Außerdem sollte dabei darauf geachtet werden, dass überwiegend ökologische Dämm- und Baumaterialien sowie Holzbauweise zum Einsatz kommt und die Flächenversiegelung minimiert wird.

→ Einige Häuser können meist aus Denkmalschutzgründen nicht auf Niedrigenergiestandard saniert werden (ca. 9 Prozent). Trotzdem sollten geeignete Maßnahmen wie der Austausch der Fenster oder eine Dachdämmung ergriffen werden.

→ Einige Häuser sind bereits gut saniert oder neu gebaut (ca. 11 Prozent).

→ Alle anderen Häuser (ca. 70 Prozent) müssen innerhalb der nächsten 25 Jahre saniert werden.[51] Um das zu erreichen, müssen pro Jahr etwa 3 Prozent der Häuser gedämmt werden (heute ist es nur 1 Prozent).[52] Der größte Handlungsbedarf besteht im Bereich der Ein- und Zweifamilienhäuser, denn hier sind die Wohnflächen pro Person am größten und der Energieverbrauch am höchsten.[53]

2040 soll dadurch ein durchschnittlicher Energiebedarf von 50 kWh pro Quadratmeter im Jahr erreicht werden (gegenüber ca. 130 kWh heute). Mehrfamilienhäuser können einen etwas besseren Wert erreichen, bei Einzelhäusern wird das voraussichtlich jedoch nicht immer erreicht werden. Um diese Werte einzuhalten, muss in der Regel die gesamte Gebäudehülle gedämmt werden: Dach, Fenster, Wände und Keller. Welche Dämmmaßnahmen im Einzelnen sinnvoll sind, ist von Haus zu Haus verschieden, darüber hinaus gibt es sehr unterschiedliche Schätzungen der Kosten.[54]

Es ist seit Jahren bekannt, dass die Sanierungsquote stark gesteigert werden muss. Allerdings gibt es Gründe, warum dies bisher nicht erfolgt ist:[55]

→ Hausbesitzer*innen sind im Schnitt 58 Jahre alt.[56] Ältere Menschen wollen oft nicht langfristig investieren.

→ Bei schwankenden Energiepreisen lässt sich schwer einschätzen, nach wie vielen Jahren sich Investitionen lohnen.

→ In Eigentümer*innengemeinschaften scheitern Modernisierungen oft an widersprüchlichen Interessen.

→ Förderprogramme sind oft unübersichtlich und kompliziert.[57]

→ Sanierungen sind sehr teuer.

→ Es gibt zu wenige Fachkräfte, und deren Kenntnisse über energetische Sanierungen sind oft nicht ausreichend.

→ Die bestehenden Vorgaben werden teilweise nicht umgesetzt, weil selten Kontrollen stattfinden.

Besondere Herausforderung: Ländliche Räume und Mietshäuser

In abgelegenen ländlichen Regionen mit abnehmender Bevölkerungszahl gibt es besondere Hemmnisse. Hier leben viele ältere Menschen in großen, billigen und oft schlecht gedämmten Wohnungen, es gibt keine bestehenden Gas- oder Fernwärmenetze, und eine unzureichende Dämmung erschwert den Einsatz von Wärmepumpen. Des Weiteren geben Banken nicht gern Kredite in Regionen, in denen die Bevölkerungszahl zurückgeht.

In Mietshäusern ergibt sich zudem das Problem, dass zunächst Vermieter*innen die Sanierungen zahlen, aber die Mieter*innen von der Sanierung profitieren, da die Nebenkosten durch sinkende Heizkosten geringer werden. Allerdings können Vermieter*innen viele energetische Modernisierungen auf die jährliche Kaltmiete aufschlagen, was unter dem Begriff Modernisierungsumlage läuft. In vielen Fällen ist die Steigerung der Kaltmiete höher als die Heizkostenersparnis, sodass durch die Sanierungen die Miete letztendlich steigt (die Sanierungen sind nicht warmmietneutral). Ein interessanter Lösungsvorschlag für dieses Problem ist das sogenannte Drittelmodell von BUND und IFEU, das vorschlägt, Kosten und Nutzen von Sanierungen zwischen Mieter*in, Vermieter*in und Staat aufzuteilen. Weiterhin soll das Modell gewährleisten, dass sowohl Mieter*innen (durch eine neutrale oder sogar geringere Warmmiete) wie auch Vermieter*innen (durch einen öffentlichen Zuschuss) von der energetischen Sanierung profitieren.[58]

Um auch die anderen Hindernisse für Sanierungen zu beheben, braucht es eine ausgewogene Mischung von Maßnahmen.

Energieeffizient heizen
Grafik 11

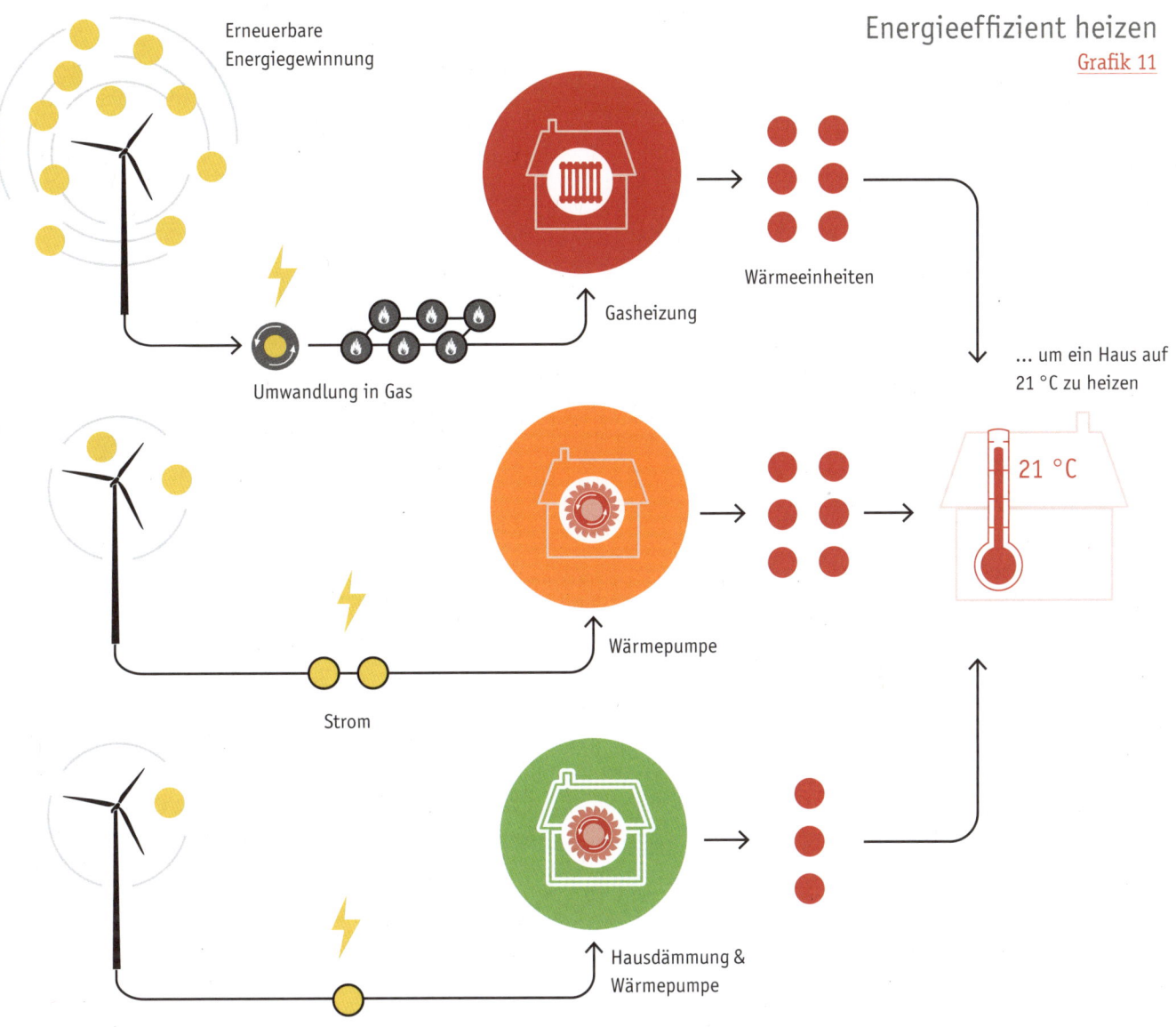

Es ist viel effizienter, mit einer Wärmepumpe zu heizen, als mit einer Öl- oder Gasheizung, vor allem wenn der Brennstoff erneuerbar erzeugt werden muss. Dennoch benötigen die Wärmepumpen noch zu viel grünen Strom – deshalb müssen die Häuser gedämmt werden.

Tabelle 3
Mögliche Entwicklung im Wärmesektor

Jahr	2017	2030	2040
Treibhausgasausstoß in TE	130[45]	60	0
Energiebedarf in TWh	836[46]	580	330
Davon Strom in TWh	37[47]	100	150
Häuser mit Niedrigenergiestandard[48]	11 %	45 %	75 %
Anzahl Wärmepumpen	1 Mio.[49]	8 Mio.	14 Mio.

Maßnahmen für Wärmedämmung und Heizung

Beratung

→ Hausverwalter*innen, Mieter*innen, Vermieter*innen und Eigenheimbesitzer*innen müssen über individuelle Maßnahmen- und Finanzierungsangebote gut informiert werden. Dafür kann die Schaffung einer eigenen Beratungsstelle auf Kreis-, Stadt- oder Gemeindeebene sinnvoll sein. Diese übernimmt dann die Planung von Quartierskonzepten, die Erstellung von individuellen Sanierungsfahrplänen und Energieausweisen sowie Beratungsangebote für Eigenheimbesitzer*innen und Mieter*innen.[59]

→ Hausverwalter*innen, Mieter*innen, Vermieter*innen und Eigenheimbesitzer*innen müssen zu Änderungen des Nutzungsverhaltens wie einer Absenkung der Heiztemperatur, optimiertem Lüften und Ähnlichem beraten werden.

Ordnungsrecht

→ Es bedarf klarer Vorschriften für Energiestandards und für die Wartung und Prüfung der Heizanlagen sowie der Wärmedämmung.

→ Für Neubauten muss das Passivhaus zum Mindeststandard werden.

→ Das Denkmalschutzrecht der Länder muss überprüft und ggf. so angepasst werden, dass im vertretbaren Rahmen Dämmungen auch für denkmalgeschützte Gebäude möglich sind.

→ Es gibt verbindliche Vorschriften für die Sanierung aller Mietobjekte, die Zustand und Alter berücksichtigen. Für jedes Haus muss ein Sanierungsplan erstellt werden.

→ Beim Austausch der Heizungen dürfen nur noch Systeme mit erneuerbarer Energie oder Fernwärme eingesetzt werden.

→ Wärmepumpen haben ein großes Potenzial, um die Lastverteilung im Tagesrhythmus dem Angebot anzupassen. Dies muss genutzt und befördert werden (siehe dazu Abschnitt »Lastmanagement« ab Seite 61).

→ Ölheizungen müssen je nach Alter bis zu einem festen Datum – spätestens 2030 – ausgetauscht werden.

Finanzielle Förderung

→ Die wärmetechnische Sanierung muss gefördert werden. Benötigt wird ein Mix aus Steuer-, Zuschuss- und Kreditförderung mit attraktiven Konditionen und unbürokratischen Verfahren.

→ Es müssen Kreditprogramme bereitgestellt werden, sodass die monatlichen Kosten für Zinsen und Tilgung plus laufende Heizkosten für Eigenheimbesitzer*innen geringer sind als die heutigen Heizkosten.

→ Entsprechende Programme für Mietshäuser müssen gewährleistet werden, damit sowohl die Mieter*innen als auch die Vermieter*innen von der Sanierung Vorteile haben, wie beim »Drittelmodell«.[60]

Sonstiges

→ Ausbildung, Umschulung und Weiterbildung für einschlägige Handwerker müssen gefördert werden.

→ Für den ländlichen Raum müssen spezielle Förderprogramme entwickelt werden, die – wenn nötig und sinnvoll – mit Rückbaumaßnahmen verbunden werden.

→ Für den Sektor Gewerbe, Handel, Dienstleistungen gelten grundsätzlich ähnliche Anforderungen wie für Wohngebäude. Allerdings sind die Gebäude (z. B. Werkshallen und Krankenhäuser) so unterschiedlich, dass jeweils spezielle Programme entwickelt werden müssen.

→ Öffentliche Gebäude haben eine Vorbildfunktion und sollten deshalb schnellstmöglichst saniert werden.

Fern- und Nahwärme

Zurzeit werden 135 TWh Fernwärme erzeugt.[61] Mit 51 TWh werden 13 Prozent der Wohnungen geheizt. Ein großer Teil der Wärme (64 TWh) geht auch an Kleinbetriebe, Geschäfte und Werkstätten (GHD) und an die Industrie.[62] Häufig wird in den Kraftwerken sowohl Wärme als auch Strom produziert, man spricht dann von Kraftwärmekopplung (siehe Infobox 8).

Daneben gibt es immer mehr kleine Nahwärmenetze. Diese werden in der Regel durch kleine Anlagen – die sogenannten Blockheizkraftwerke (BHKW) – versorgt. Das sind Heizkraftwerke, die einzelne Unternehmen, Einzelgebäude oder Siedlungen versorgen.[63] Als Brennstoff für die Fern- und Nahwärme wird noch zu einem Viertel Kohle und zu 40 Prozent Erdgas eingesetzt. Bei den restlichen Anlagen dienen Biomasse und Müll als Brennstoff.[64]

Infobox 8

Kraftwärmekopplung (KWK) und Blockheizkraftwerk (BHKW)

Produziert ein Kraftwerk sowohl Strom als auch Wärme, spricht man von Kraftwärmekopplung (KWK). Die Abwärme wird in diesem Fall zum Heizen oder zu anderen Zwecken verwendet. Ein kleines Kraftwerk mit Kraftwärmekopplung zur dezentralen Wärme- und Stromversorgung nennt man Blockheizkraftwerk (BHKW). Der große Vorteil von BHKWs ist v. a., dass sie sehr flexibel sind und Schwankungen im Wärme- und Stromsystem kurzfristig ausgleichen können.

Die Zukunft der Fernwärme

Damit Fernwärme klimaneutral ist, muss die Erzeugung umgestellt werden auf erneuerbare Energien. Hierfür kommen grundsätzlich infrage:

→ Großsolarthermie
→ Großwärmepumpen
→ Erdwärme (Geothermie): Dabei werden heiße Wasserströme im Untergrund als Wärmequelle genutzt.
→ Industrielle Abwärme: Dies ist »überflüssige« Wärme, die z. B. bei der Herstellung von Stahl anfällt.
→ BHKWs: Sie können grünen Wasserstoff, Müll, Biogas und E-Methan als Brennstoffe nutzen.
→ Tauchsieder: Diese funktionieren mit grünem Strom, ähnlich wie ein riesiger Wasserkocher.

Diese Erneuerbaren können folgendermaßen eingesetzt werden:

Das ganze Jahr über kann Wärme aus Geothermie gewonnen werden.[65] Je nach Wassertemperatur kann das Heizungswasser direkt erwärmt werden, oder die Erdwärme wird in Kombination mit Großwärmepumpen eingesetzt, um deren Wirkungsgrad zu erhöhen. Das Potenzial ist aber auf einige Regionen in Deutschland beschränkt. Eine Alternative zur Erdwärme kann auch die Nutzung der Flüsse und der Kanalisation als Wärmequelle für die Wärmepumpen sein. Ebenfalls ganzjährig können die Müllverbrennung und die Abwärme aus der Industrie genutzt werden. Hier gibt es noch große ungenutzte Potenziale.[66] Insbesondere Abwärme der Industrieprozesse kann nach einer stufenweisen Nutzung der jeweils sinkenden Temperaturen am Schluss genutzt werden, um die Fernwärmenetze zu füllen (Kaskadennutzung).

Im Sommer wird eine Kombination aus Großsolarthermie und Großwärmepumpen die Wärmenetze füllen. Die Wärme wird dann hauptsächlich für die Warmwasserbereitung benötigt, und ein Teil der Wärme kann gespeichert werden (siehe Abschnitt »Wärmespeicher« ab Seite 72). Im Winter dagegen steigt der Wärmebedarf, und die Erzeugung durch Solarthermie nimmt ab. Deswegen werden dann (Block-)Heizkraftwerke eingeschaltet, die mit grünem Wasserstoff, E-Methan oder Bioreststoffen[67] betrieben werden. Auch Brennstoffzellen sind dafür eine Option. Biogasanlagen und Biomassekraftwerke sollen in Zukunft ebenfalls Wärme und Strom gleichzeitig produzieren.

Neue BHKWs sollten möglichst flexibel gebaut sein, sodass sie Gasgemische mit unterschiedlichem Wasserstoffanteil nutzen können, damit sie auch dann noch einsetzbar sind, wenn in Zukunft mehr Wasserstoff genutzt werden wird. Gaskraftwerke werden künftig aus mehreren Heizkraftwerkblöcken bestehen anstatt aus einem einzigen großen Reaktor. Das ermöglicht flexible Einspeisungen ins Wärmenetz mit gutem Wirkungsgrad.[68] Als Alternative zur Stromerzeugung durch Motoren kommen für die BHKWs in Zukunft auch Brennstoffzellenanlagen infrage (zu Brennstoffzellen siehe Abschnitt »Brennstoffzelle« ab Seite 80).

Alle Kraftwärmekopplungsanlagen werden künftig nur noch dann in Betrieb genommen, wenn sowohl die Wärme als auch der Strom genutzt werden können. Das gilt auch für Biogasanlagen. Die Nutzung kann entweder durch direkte Verwendung von Strom und Wärme erfolgen, oder die Energie wird in einem Stromspeicher und/oder Wärmespeicher gespeichert. Kurzfristige Windspitzen können genutzt werden, indem die Wärmespeicher mit Tauchsiedern aufgeheizt werden. Denn teure Wärmepumpen lohnen sich nicht für kurzzeitige Spitzen.

Ausbau der Wärmenetze

Eine Reihe von Studien gehen davon aus, dass in Zukunft bis zu doppelt so viele Häuser mit Fernwärme geheizt werden.[69] Fernwärme hat gegenüber der Wärmeerzeugung vor Ort Vorteile, allerdings ist sie teurer, und es ist aufwendig, die Netze zu bauen. Ein wichtiges Argument für den Ausbau der Fernwärme ist jedoch, dass in Großstädten aus Platzgründen der Einsatz von Wärmepumpen und Solarthermie nicht immer möglich ist.

Gegen einen Ausbau von Fernwärme sprechen die hohen Investitionskosten und die Wärmeverluste. In welchem Umfang sich solche Investitionen schließlich lohnen, konnten wir den verfügbaren Studien nicht entnehmen. Dies hängt u. a. davon ab, wie gut die angeschlossenen Häuser gedämmt sind: Je besser die Dämmung, desto weniger lohnen sich Investitionen in Wärmenetze. In unserem Modell rechnen wir damit, dass der Anteil der Fern- und Nahwärmenetze von ungefähr 13 auf 20 Prozent der Wohnungen anwächst.[70] Letztlich müssen Kommunen entscheiden, ob Fernwärme für sie einen sinnvollen Weg darstellt.

Neben den großen städtischen Fernwärmenetzen werden künftig vermutlich auch vermehrt kleine Wärmenetze in Stadtteilen und kleineren Siedlungen oder Ortschaften eine Rolle spielen. Dort ist es oft einfacher, Netze zu bauen. Außerdem bieten kommunale Nahwärmenetze evtl. besonders für kleine Orte eine bezahlbare und attraktive Alternative zum individuellen Heizen einzelner Häuser.

Netztemperatur – Umstellung der Heizsysteme

Eine weitere Herausforderung für die Stadtwerke, die Fernwärmenetze betreiben, ist die Senkung der Betriebstemperatur.[71] Alte Wärmenetze nutzen nicht selten noch bis 200 Grad warmen Wasserdampf. Diese Netze sind mit hohen Verlusten verbunden. Auch können diese Temperaturen mit Solarthermie und Wärmepumpen nicht erreicht werden, deshalb müssen die Netze auf niedrigere

Temperaturen umgestellt werden. Auch aus Effizienzgründen werden moderne Heizanlagen in Niedrig- und Nullenergiehäusern nur noch mit sehr geringen Temperaturen geheizt. Dazu müssen völlig andere Heizkörper – am besten Fußboden- oder Wandheizungen – installiert werden. Deshalb sollten künftig die Heizanlagen in Fernwärmenetzen flächendeckend umgestellt werden. In diesem Fall muss aber mit zwei getrennten Temperaturen für Heizung und Warmwasser gearbeitet werden, da das Warmwasser aus Gründen der Hygiene mindestens eine Temperatur von 55 Grad haben muss. Fernwärme in zwei Temperaturstufen anzubieten ist allerdings sehr teuer. Eine Alternative besteht in der völligen Trennung von Heizung und Warmwasser. Warmwasser kann dann ganzjährig durch Solarthermie oder Wärmepumpen vor Ort produziert werden, während die Niedertemperatur für das Heizen über Fernwärme bezogen wird.

Wärmespeicher

Das größte Problem der zukünftigen Wärmeversorgung sind die Schwankungen im Energiesystem, die durch die Nutzung von erneuerbaren Energien zunehmen werden. Solarthermieanlagen erzeugen Wärme nur dann, wenn die Sonne scheint. Und Wärmepumpen sollten v. a. dann laufen, wenn der Strompreis günstig ist (siehe Abschnitt »Lastmanagement« ab Seite 61). Im Abschnitt »Energieversorgung, Speicher und Netze« (ab Seite 55) wurde schon dargestellt, wie der erhöhte Strombedarf für die Wärmepumpen im Winter sichergestellt werden kann. Zusätzlich werden Wärmespeicher benötigt, die die Wärme speichern können, bis sie verbraucht wird. Dies wird hauptsächlich für die Schwankungen im Stunden- und Tagesbereich möglich sein. Viele Haushalte werden deshalb kleine Wärmespeicher bekommen müssen, die aus gut isolierten Wassertanks bestehen. Es gibt bereits zwei Dutzend Großprojekte im Betrieb, während neue Speichertypen mit Metallen und Mineralien in der Entwicklung sind.[72]

Eine weitere vielversprechende Alternative sind Eisspeicher, die teilweise bereits im Einsatz sind. Sie werden stets zusammen mit Wärmepumpen eingesetzt. Diese entziehen dem Wasser die sogenannte Kristallisationswärme, wodurch dieses von oben her vereist – aber unten stets bei Temperaturen über 0 Grad bleibt.[73] Die Kristallisationswärme in einem Liter Wasser entspricht der Wärme, die man benötigt, um es auf 80 Grad zu erwärmen. Diese Speicher sorgen dafür, dass die Wärmepumpen immer im optimalen Bereich laufen können und der Wirkungsgrad bei Minustemperaturen nicht schlechter wird. Sie haben weiterhin den Vorteil, dass sie nicht gedämmt werden müssen und daher keine Verluste aufweisen. Im Gegenteil: Wenn das Eis taut, ist das ein Energiegewinn!

Die Hauptaufgabe der Speicher besteht darin, die Lastspitzen für die Wärmepumpen im Winter zu reduzieren. Der künftig aus Wärmespeichern stammende Anteil der Wärme wird von den Studien auf etwa 20 Prozent geschätzt.[74] Diese Wärmespeicher haben mehrere Funktionen: Sie können Wärme speichern, die mit Solarthermie erzeugt wird, sie können aber auch dafür sorgen, dass Wärme zu günstigen Zeitpunkten produziert wird (z. B. mit Wärmepumpen, wenn viel Strom vorhanden ist) und dann genutzt werden kann, wenn Bedarf besteht. Außerdem kann auch Strom teilweise in Form von Wärme gespeichert werden.[75]

Maßnahmen zur Fernwärme

→ Die Kommunen müssen für die Stadtteile und Siedlungen Wärmeleitpläne (Quartierskonzepte) erstellen, die die Versorgung regeln. Dort, wo es Fernwärme- oder Nahwärmeangebote gibt, muss es für die benachbarten Häuser einen Anschlusszwang geben, damit diese optimal genutzt werden können. Dabei sollten die Preise attraktiv gestaltet werden.

→ Es müssen rechtliche und finanzielle Rahmenbedingungen geschaffen werden, damit die Fernwärme- und Nahwärmenetze mit erneuerbaren Energien versorgt werden können. Das wichtigste Instrument dafür ist der Treibhausgaspreis. Weiterhin muss die Netztemperatur gesenkt werden, damit erneuerbare Energien eingespeist werden können.

→ Die Rahmenbedingungen müssen so gestaltet werden, dass bei Verbrennungsprozessen stets Wärme und Strom zugleich produziert werden und dass die kombinierten Wärmekraftwerke nur dann laufen, wenn Wärme benötigt wird. Dies gilt auch für Biogasanlagen.

→ Es sind finanzielle Anreize für den Bau von Wärmespeichern, verbunden mit Nah- oder Fernwärme, zu schaffen.

→ Benötigt werden Rahmenbedingungen, unter welchen die Heizkosten von Fernwärme nicht höher liegen als bei einer Eigenversorgung.

Anpassung an den Klimawandel

Auch wenn das 1,5-Grad-Ziel erreicht wird, wird sich in Zukunft das Wetter ändern. Die Trends der vergangenen Jahre werden sich fortsetzen, und es wird häufiger zu Stürmen, Starkregen, Hitzeperioden und anderem Extremwetter kommen. Da in den Gebäudesektor sehr viel Geld und Material investiert werden wird, ist es wichtig, von vornherein so zu bauen, dass die Gebäude an das Wetter angepasst sind. Beispiele sind:

→ Hochwasserschutz an Küsten und Flüssen
→ Fassaden- und Dachbegrünung in Städten gegen Überhitzung im Sommer
→ Solaranlagen, die auch starken Hagelkörnern und Stürmen standhalten

Außerdem ist wichtig, dass:
→ eine bundesweite Pflichtversicherung gegen Elementarschäden für alle Immobilienbesitzer*innen eingeführt wird.[76]
→ eine vorausschauende Planung für die Anpassung an den Klimawandel (Hochwasserschutz, Fassadenbegrünung) für die Kommunen sichergestellt wird.
→ Bauvorschriften für Extremwetterereignisse wie Hagelstürme und Dauerregen angepasst werden.

Fragen zum Sektor Hauswärme

→ Wie soll der Staat die Sanierung aller Häuser auf Niedrigenergiestandard fördern?
→ Wie soll der Staat die Umstellung auf Heizungen mit erneuerbaren Energien fördern, damit der Wechsel für möglichst viele Menschen attraktiv ist?
→ Wie können insbesondere ältere Menschen und Menschen auf dem Land bei der Sanierung ihrer Häuser unterstützt werden?
→ Wie sollen Beratungs- und Informationsangebote zum klimafreundlichen Heizen verbessert werden?
→ Soll zusätzlich zu günstigen Finanzierungsangeboten eine Umsetzungspflicht für den Heizungsaustausch und für Maßnahmen zum Energiesparen eingeführt werden? Wann und für wen soll diese gelten?
→ Wie können Vermieter*innen ermuntert werden zu sanieren? Wie kann gleichzeitig verhindert werden, dass Mieten noch teurer werden? Was halten Sie vom Drittelmodell? Was würde Sie als Hausbesitzer*in motivieren, Ihr Haus zu sanieren?
→ Soll eine Wohnraumsteuer oder Ähnliches für Personen eingeführt werden, die eine besonders große Wohnfläche nutzen? Ab welcher Fläche pro Person soll diese gelten?
→ Wie kann der Umzug in eine kleinere Wohnung attraktiv gemacht werden? (Gemeinde bezahlt den Umzug, Tauschbörsen für Wohnraum, Belohnungen?)
→ Sollen Firmen verpflichtet werden eine*n Energiebeauftragte*n benennen zu müssen?
→ Soll es steuerliche Vorteile für energieeffiziente Unternehmen geben?
→ Wollen Sie, dass es wie in Dänemark eine Verpflichtung gibt, sich an Fernwärme anzuschließen? Sollen Fernwärmenetze ausgebaut werden, wenn sie Kommunen statt Unternehmen gehören?
→ Sollen die Regeln für Neubauten verschärft werden (mehr Holzbau, weniger Zement, ökologische Dämmstoffe, hohe Anforderungen an Dämmniveaus)?
→ Soll der Denkmalschutz eingeschränkt werden, um Häuser besser dämmen zu können?
→ Sollen staatlich finanzierte Klimafortbildungen für das Baugewerbe und für Handwerksberufe verpflichtend eingeführt werden?

SEKTOR 3: VERKEHR

Der Ausstoß von Treibhausgasen im Verkehrssektor ist seit Jahrzehnten nicht gesunken, denn das Verkehrsaufkommen steigt stetig an. Das betrifft nicht nur den Verkehr auf der Straße, sondern auch auf dem Wasser und in der Luft. Dieser Trend muss sich umkehren. Städte brauchen attraktive Radwege und einen gut funktionierenden öffentlichen Nahverkehr. Damit ein Teil des Verkehrs auf die Schienen verlagert werden kann, müssen die Bahnstrecken ausgebaut und in dichterem Takt befahren werden. Der künftige Verkehr muss außerdem klimaneutrale Antriebe nutzen: Das Elektroauto kann den Verbrennermotor ersetzen, Autobahnen werden mit Oberleitungen für elektrische LKWs versehen, und Schiffe und Flugzeuge werden mit E-Brennstoffen betankt.

Die Ausgangslage

Der Verkehrssektor ist für mehr als ein Fünftel der Treibhausgasemissionen verantwortlich. Seit 1990 haben die Emissionen im Verkehrssektor nur geringfügig abgenommen, zwischen 2012 und 2017 sind sie sogar deutlich gestiegen.[77] Erst 2018 erfolgte ein Rückgang um 5,6 TE. Den Grund hierfür vermutet das Umweltbundesamt in gestiegenen Kraftstoffpreisen.[78]

Alle anderen Einsparungen durch verbesserte Technik wurden durch ein Mehr an Verkehr und größeren Fahrzeugen (insbesondere SUVs) wieder aufgehoben. Dadurch stieg der Anteil des Verkehrs an den gesamten deutschen Treibhausgasemissionen auf etwa 22 Prozent.[79] Fast die Hälfte davon wird durch PKWs verursacht. Auch der Gütertransport durch LKWs spielt eine wichtige Rolle. Die dritte große Treibhausgasquelle ist der Flugverkehr, der neben den Treibhausgasen auch Kondensstreifen und andere negative Klimaeffekte verursacht. Sein Anteil an der Erderwärmung ist damit höher als 3 Prozent.

Das Ziel

Um das 1,5-Grad-Ziel zu erreichen, müssen die Treibhausgasemissionen im Verkehr bis 2035 um über 90 Prozent reduziert werden.[80] Ob dies gelingt, hängt auch davon ab, wie viel Verkehr es in Zukunft geben wird. Die Vorhersagen der Wissenschaft gehen hierbei weit auseinander: Viele Studien sagen, dass es in Zukunft deutlich weniger Verkehr geben muss.[81] Gleichzeitig gehen die meisten davon aus, dass insbesondere der Güterverkehr weiter wachsen wird und es bereits ein Erfolg ist, wenn das Wachstum gestoppt werden kann.

Die größten Veränderungen hin zur Klimaneutralität werden im Straßen- und Flugverkehr notwendig sein. Die meisten Studien schlagen drei Lösungsschritte vor:

→ **Vermeiden:** Je mehr Verkehr vermieden wird, desto leichter fällt die Umstellung. Denkbar ist, dass Trends wie Homeoffice oder die »Stadt der kurzen Wege«, in der Arbeitsplätze, Einkaufsmöglichkeiten etc. in der Nähe der Wohnungen liegen, dazu beitragen können, dass weniger Verkehr herrscht. Außerdem könnten regionale Handels- und Wertschöpfungsketten zu einer Vermeidung des Güterverkehrs führen. Es ist bisher aber oft nicht klar, wie sich diese Ideen verwirklichen lassen.

→ **Verlagern:** Überall, wo möglich, sollte der Verkehr auf energie- und klimafreundlichere Verkehrsmittel verlagert werden, z. B. vom Auto auf die Bahn oder vom LKW auf das Schiff.

→ **Umstellen auf klimaneutrale Antriebe:** Der übrige Verkehr muss klimaneutral werden, indem die Technik umgestellt wird. Dabei geht es vor allem um Elektrifizierung.

Tabelle 4

Treibhausgasanteile im Verkehr

Flugverkehr (davon 0,2 % inländisch)	3 %
Schifffahrt (davon 0,2 % inländisch)	1 %
Schienenverkehr (ohne Strom)	0,1 %
PKWs (5 % Benzin, 5 % Diesel)	10 %
Leichte Nutzfahrzeuge	1 %
Schwere LKWs und Busse	5 %
Raffinerien	2 %
Gesamt	**22 %**

Zeitplan und Maßnahmen im Verkehrssektor
Grafik 12

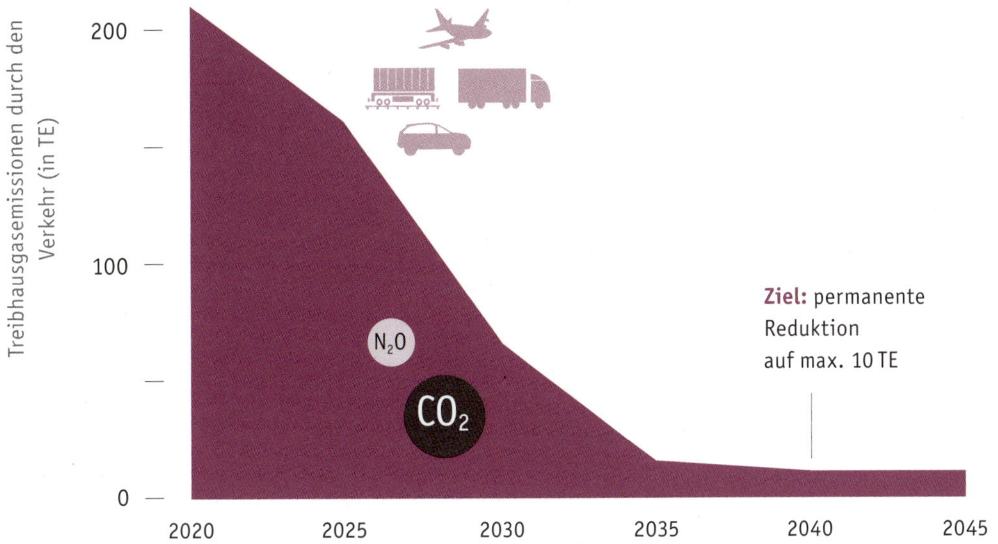

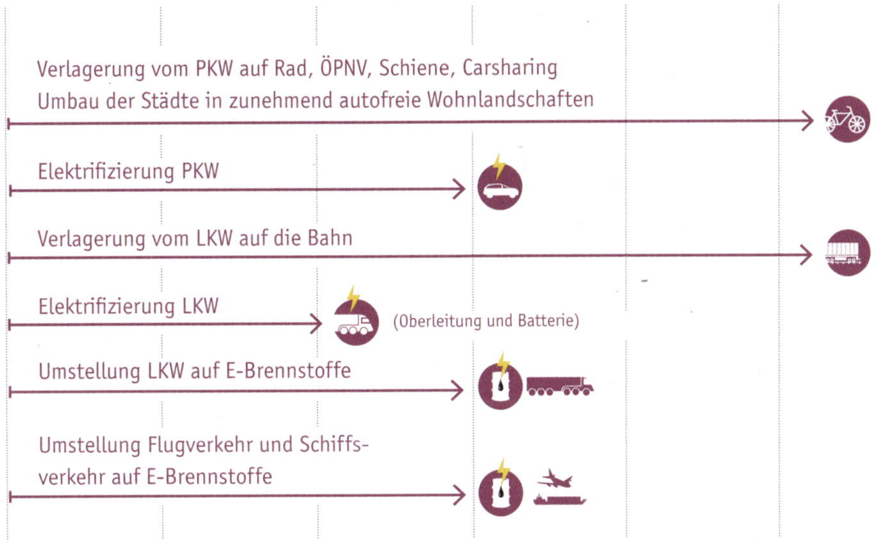

In der Grafik sind auch die wesentlichen Maßnahmen dargestellt. Diese werden in den folgenden Abschnitten beschrieben.

- Verlagerung vom PKW auf Rad, ÖPNV, Schiene, Carsharing / Umbau der Städte in zunehmend autofreie Wohnlandschaften
- Elektrifizierung PKW
- Verlagerung vom LKW auf die Bahn
- Elektrifizierung LKW (Oberleitung und Batterie)
- Umstellung LKW auf E-Brennstoffe
- Umstellung Flugverkehr und Schiffsverkehr auf E-Brennstoffe

Ziel: permanente Reduktion auf max. 10 TE

Verkehrsentwicklung

Entwicklungen im Personenverkehr

Die herangezogenen Studien schätzen die Entwicklung im Personenverkehr sehr unterschiedlich ein. Die Mehrzahl glaubt, dass die Menschen im Jahr 2050 etwa genauso viel unterwegs sein werden wie heute.[82] Uneinig sind sich die Studien bei der Frage, welche Verkehrsmittel benutzt werden. Eindeutig besagen sie, dass Schritte unternommen werden müssen, um den Verkehr zu reduzieren oder zumindest das Wachstum zu stoppen.

Einige Städte wie Amsterdam und Kopenhagen oder auch Freiburg und Münster haben bereits über die Hälfte des Verkehrs verlagert. Auch in anderen Städten hat der Wandel im Nahverkehr bereits begonnen: Es gibt mehr Busse und Stadtbahnen, gute und sichere Fahrradwege, und Fahrradstraßen und Spielzonen machen ein Leben ohne Auto attraktiver. Carsharing ersetzt einen Teil der privaten PKWs und spart Parkraum und Ressourcen, da weniger Autos gebaut werden müssen. Für manche Wege sind Elektrofahrräder eine Alternative.[83] Insgesamt haben heute PKWs einen Anteil von fast 80 Prozent am Personenverkehr.

Im Regional- und Fernverkehr kann ein Teil der Reisenden vom Auto auf die Bahn umsteigen. Damit dies für Fahrgäste attraktiv ist, müssen Bahnen regelmäßig fahren, bequem sein und wenig kosten. Anders sieht es beim Flugverkehr aus. Zwar wird auf kurzen Strecken unter 800 km von vielen Studien eine Verlagerung vom Flugzeug auf die Schiene für möglich und sinnvoll erachtet, problematisch bleibt jedoch der internationale Flugverkehr, der nach den Prognosen weiter zunehmen wird.

Insgesamt sehen die Studien die Entwicklung jedoch sehr unterschiedlich: Nach einer Studie des Wuppertal Instituts geht der Anteil des PKWs bis 2035 auf 52 Prozent zurück, während Bahn und Bus ihren Anteil an der Transportleistung mehr als verdoppeln. Das Fahrrad verdreifacht währenddessen seinen Anteil auf 8 Prozent. Andere Quellen bewerten die Umsteigeeffekte viel geringer – so rechnet Prognos lediglich mit einer Verlagerung vom PKW auf die Bahn von 7 Prozent.[84]

Maßnahmen zur Reduzierung des städtischen PKW-Verkehrs

→ Einrichtung von Fußgängerzonen, Beruhigung der Stadtviertel durch Ausschluss des Durchgangsverkehrs, (höhere) Gebühren für (Anwohner*innen-)Parkplätze, mehr Ampeln und Zebrastreifen zur Förderung des Fußverkehrs

→ Einrichtung von Straßen, Wegen und Abstellmöglichkeiten für Fahrräder

→ Reduzierung des Gehwegparkens: Einige Kommunen reduzieren bewusst den Parkraum oder räumen Carsharing-Autos Vorrang ein, um die Einwohner*innen zum Umstieg anzureizen. Eine Möglichkeit ist die Reservierung von Fahrspuren oder Freigabe von Busspuren für Fahrzeuge, die mindestens drei Insassen haben.

→ Tempo 30 als Regelgeschwindigkeit innerorts, Ausweisung von Wohnvierteln als Spielstraßen: Dementsprechend müssen die Straßenverkehrsordnung und das Parkmanagement in den Städten angepasst werden.[85]

→ Diskutiert wird die Abschaffung der Pendlerpauschale, da diese dazu beiträgt, dass Vielfahren attraktiv ist. Allerdings würde das besonders Familien belasten, die wenig Geld besitzen und aufs Land gezogen sind, um eine geringere Miete bezahlen zu müssen oder billigere Grundstücke kaufen zu können. Sozialverträglicher erscheint daher ein zu versteuerndes Pendlergeld pro Kilometer, da dies vor allem niedrige Einkommen entlastet (siehe Abschnitt »Treibhausgaspreise« ab Seite 49). Langfristig könnte dieses dann auslaufen.

→ Die Anbindung des Umlands an die Städte durch Busse, Bahnen und Radschnellwege sollte verbessert werden. Ein attraktives Liniennetz, auf dem öffentliche Verkehrsmittel in kurzen Abständen verkehren, ist entscheidend, um Autofahrer*innen zum Umsteigen zu bewegen.

→ Die Investitionsmittel von Bund und Ländern müssen aufgestockt bzw. in klimafreundliche Projekte umverteilt werden.

→ Die Arbeitswelt wird zunehmend sauberer und leiser. Dies ermöglicht es, dass die heute übliche Trennung von Gewerbegebieten und Wohngebieten wieder schrittweise zurückgenommen werden kann. Dies sollte bei gesetzlichen Vorgaben, finanziellen Anreizen und der Stadtplanung berücksichtigt werden.

→ Um die Nutzung des ÖPNV zu erleichtern, sollten Städte und Länder ein verkehrsmittelübergreifendes Mobilitätsmanagement organisieren. Menschen können dann mit einer Fahrkarte Bahnen, ÖPNV, Carsharing, Leihfahrräder etc. benutzen.

→ Firmen ab 100 Mitarbeiter*innen sollten ein Mobilitätsmanagement einrichten, damit nicht jede*r individuell anfahren muss.

→ Die Städte fördern Car- und Ridesharing sowie Pendlernetze durch Initiativförderungen, Parkplätze und Privilegien. Dies führt auch zu einer stärkeren Nutzung von Fahrrad und ÖPNV, da kein eigenes Auto vor der Tür steht. Die Zahl der Autor reduziert sich um zwei Drittel, weil die tägliche Nutzungsdauer eines PKWs ansteigt. Die Angebote von Pendlernetzen können durch Stellplätze und kombinierte Ticketsysteme mit dem ÖPNV unterstützt werden.

Infobox 9

Fachbegriffe aus dem Bereich Verkehr

Carsharing: Mehrere Menschen teilen sich den Besitz eines Autos, bzw. ein Auto befindet sich im Besitz eines Unternehmens und wird nur bei Bedarf für einen kurzen Zeitraum oder eine Fahrt gemietet.

Ridesharing: Eine Person mit Auto nimmt für eine Fahrt eine andere Person mit. Dies kann z. B. über Apps koordiniert werden.

Pendlernetz: Mehrere Pendler*innen fahren regelmäßig gemeinsam zur Arbeit oder zur Bahn und koordinieren sich flexibel per App.

Pendlerpauschale: Nach der geltenden Regelung kann ein*e Arbeitnehmer*in für die Fahrt zur Arbeit eine Pauschale pro Kilometer Entfernung steuerlich absetzen.

→ Dabei werden gesetzliche Regelungen erforderlich, um einen Missbrauch und Social Dumping (z. B. durch Internet-taxianbieter) zu verhindern und Sicherheit zu gewährleisten.

Maßnahmen für die Verbesserung des ÖPNV

→ Der Fernbusverkehr sollte wie LKWs auf Oberleitungen mit Zusatzbatterie umgestellt werden. Daneben kann der regionale Busverkehr sowohl mit Batterie als auch mit Oberleitung oder dynamischem Laden stattfinden.[86]

→ Der öffentliche Nahverkehr sollte Vorrang auf den Straßen haben. Busse brauchen auf viel befahrenen Straßen eigene Busspuren.

→ Die Investitionsmittel für Stadtbahn, Straßenbahn, U-Bahn und S-Bahn müssen deutlich angehoben werden.

→ Vorgeschlagen werden neue Tarifsysteme für den ÖPNV. Dazu gehören Firmentickets, Semestertickets, Flatratesysteme (z. B. »Ein-Euro-pro-Tag«) bis hin zum kostenlosen ÖPNV.

→ Wichtig ist dabei, dass günstigere Fahrkarten eine Verlagerung von Straßenverkehr zum ÖPNV bringen und nicht zu schlechterer Qualität im ÖPNV führen.

Allgemeine Maßnahmen für den Straßenverkehr

→ Als kostengünstige Sofortmaßnahme wird eine Geschwindigkeitsbeschränkung auf Autobahnen auf 120 km/h vorgeschlagen.[87] Das erspart jährlich ca. 2,6 TE und hat weitere positive Effekte, etwa für die Verkehrssicherheit. Auch könnte ein Tempolimit für Landstraßen von 80 km/h und für Ortschaften von 30 km/h eingeführt werden.

→ Oft wurde eine Maut für PKWs vorgeschlagen. Mautsysteme sind sinnvoll in Städten über 100.000 Einwohner*innen mit einer Staffelung nach Größe und Energieeffizienz. Eine allgemeine Maut wird mit zunehmender Zahl von E-Autos wahrscheinlich wieder auf die Tagesordnung kommen, um die Straßenerhaltung zu finanzieren. Denn diese wird bisher zu großen Teilen aus der Mineralölsteuer finanziert, die bei E-Autos wegfällt.

→ Auch die Kfz-Steuern sollten nach Energieverbrauch pro Sitzplatz progressiv gestaffelt werden, um den Trend zu immer mehr SUVs zu stoppen.

Selbstfahrende Autos

Es gibt eine Vielzahl von Studien, die übereinstimmend zu dem Ergebnis kommen, dass die Technik der selbstfahrenden Autos[88] (autonomes Fahren) im kommenden Jahrzehnt praxisreif wird. Die Prognosen unterscheiden sich, die Entwicklung könnte aber so aussehen:

Zunächst können Carsharing-Fahrzeuge als Abholdienst programmiert werden, sodass sie autonom zu ihren Kund*innen fahren, welche danach selbst das Fahrzeug lenken. Bis 2035 könnte bereits ein Drittel der Fahrten in autonomen Taxis (Robo-Taxis) oder autonomen Bussen und Bahnen erfolgen. In Folge davon sinken die Kosten für Fahrdienstleistungen stark. Der Nahverkehr wird sich dadurch grundlegend verändern.

Die Automobilindustrie wird ein völlig neues Geschäftsmodell finden müssen. Die Zahl der Autos nimmt ab, da immer weniger Menschen eigene Autos kaufen. Die Fahrleistungen dagegen nehmen vermutlich sogar zu. Mit selbstfahrenden Autos können auch Kinder oder alte Menschen ohne Begleitung Strecken zurücklegen. Zudem werden die Grenzen zwischen ÖPNV, Taxis und Carsharing verschwimmen. Möglicherweise werden die Automobilkonzerne das Geschäft des autonomen Fahrens übernehmen, um die großen Umsatzeinbußen zu kompensieren.

Die Auswirkungen auf den Verkehr werden dabei sehr unterschiedlich eingeschätzt.[89] Während einige Studien eine erhebliche Zunahme des Autoverkehrs prognostizieren, kommen andere zum gegenteiligen Ergebnis. Einige gehen davon aus, dass Robo-Taxis den öffentlichen Verkehr völlig verdrängen – andere glauben, dass der öffentliche Verkehr vom autonomen Fahren profitiert.

Für den Güterverkehr ist jedenfalls mit großen Kosteneinsparungen zu rechnen. Es wird nicht nur weniger Personal benötigt, sondern auch weniger Treibstoff. Die Zahl der Fahrzeuge wird im Güterverkehr eher zunehmen.

Die Auswirkungen auf Umwelt, Treibhausgasemissionen und den Energieverbrauch sind noch nicht klar abzusehen. Da weniger Autos gebaut werden, werden Energie und Rohstoffe eingespart. Die parkenden Autos an den Straßenrändern werden weitgehend verschwinden und die Städte dadurch lebenswerter. Aber auch das Leben auf dem Land kann wieder attraktiver werden, da die Verkehrsanbindung besser wird. Durch den gleichmäßigeren Verkehr können erheblich mehr Autos auf einer Straße fahren, ohne dass es zum Stau kommt. Dies kann aber auch dazu führen, dass der Verkehr noch mehr zunimmt.

Die tatsächliche Entwicklung hängt mit Sicherheit in hohem Maße von den politische Rahmenbedingungen ab. Hier kommt insbesondere auf die Städte, Kommunen und Landkreise eine große Aufgabe zu.

Maßnahmen zum autonomen Fahren

→ Die Städte und Kommunen sind gefordert, Konzepte für den künftigen Personen- und Güterverkehr zu entwickeln, die den Verkehr in den Städten völlig neu organisieren können.

→ Dazu benötigen die Kommunen gesetzliche Rahmenbedingungen durch Bund und Länder.

→ Die Einführung des autonomen Fahrens sollte u. a. aus Sicherheitsgründen mit der Reduzierung der Regelgeschwindigkeit innerhalb von Ortschaften auf 30 km/h, in Wohngebieten auf 20 km/h verbunden werden.

→ In den Kernstädten sollte ein flexibles und attraktives Bus- und Bahnsystem – ergänzt durch Sammeltaxis – eingerichtet werden. Dort sollten nur noch öffentlich lizenzierte Fahrangebote für Personen zugelassen werden.

→ Für Individualfahrzeuge sollte die Nutzung der Straßen gebührenpflichtig werden. Dies ist insofern nötig, als mit dem Wegfall der Mineralölsteuer eine neue Finanzierung des Straßenunterhalts benötigt wird.

Entwicklungen im Güterverkehr

Der Güterverkehr unterscheidet sich vom Personenverkehr erheblich: Die vorliegenden Studien gehen davon aus, dass er bis 2035 um ein Drittel wächst.[90]

Die mengenmäßig wichtigsten Verkehrsmittel für Gütertransporte sind Schiffe.[91] Dies gilt nicht nur für Transporte von und zu anderen Kontinenten, auch 40 Prozent des Güterverkehrs innerhalb der EU erfolgen über das Meer. Binnenschiffe spielen dabei nur eine geringe Rolle. Obwohl Schiffe die meisten Güter transportieren, stoßen sie vergleichsweise wenige Treibhausgase aus.[92] Trotzdem müssen sie auf E-Brennstoffe umgestellt werden (siehe Abschnitt »Schiffsverkehr« ab Seite 83).

Das zweitwichtigste Verkehrsmittel für Güter sind LKWs, die deutlich mehr Treibhausgase freisetzen als Schiffe. Ein Teil des LKW-Verkehrs kann verlagert werden: Hauptsächlich bietet sich hierfür die Bahn an, da deren Energieverbrauch und Treibhausgasausstoß viel geringer ist.[93] Allerdings müssen die Waren zur Verlagerung auf die Bahn 1- bis 2-mal zusätzlich umgeladen werden, daher ist der Bahngüterverkehr erst ab etwa 300 km rentabel.[94]

Das Wuppertal Institut hält es für möglich, dass der Güterverkehr auf der Schiene bis 2035 um das 2,5-Fache zunimmt und sich bis 2050 sogar vervierfacht.[95] Länder wie Japan oder die Schweiz beweisen, dass dies grundsätzlich möglich ist.[96] Dabei kommt es darauf an, einen Containerzuglinienverkehr mit zahlreichen Umladebahnhöfen zwischen Zug und LKW aufzubauen.

Für geeignete Verbindungen halten die Studien eine weitere Verlagerung vom LKW-Langstreckenverkehr auf die Seeschifffahrt für möglich. Daneben wird die Verlagerung auf Binnenschiffe eher als gering eingeschätzt.

Maßnahmen zur Vermeidung und Verlagerung des Güterverkehrs

→ Die EU will den Güterverkehr über längere Strecken vom LKW auf die Bahn und das Schiff verlagern. Bis 2030 sollen 30 Prozent aller Transporte über 300 km mit diesen beiden Verkehrsmitteln erfolgen. Bis 2050 sollen es 50 Prozent sein. Dies soll durch Güterverkehrskorridore erreicht werden. Der BUND schlägt dazu vor, dass die LKW-Mautgebühr pro Kilometer umso höher wird, je weiter ein LKW fährt. Künftig werden Speditionen verkehrsmittelübergreifend die jeweils optimalen Transportwege anbieten – egal ob mit LKW, Bahn, Binnen- oder Seeschiff. Auch wenn der Internethandel im Vergleich zum privaten Einkaufen Wege erspart, sollte das Rücksenden vom Empfänger bzw. von der Empfängerin bezahlt werden, um unnötige Transportwege zu umgehen. Das Vernichten von zurückgeschickten Waren, das heute üblich ist, sollte verboten werden (siehe Abschnitt »Kreislaufwirtschaft« ab Seite 42).

Bahn

Eine zentrale Rolle bei der Verlagerung von Verkehr spielt der Ausbau der Bahn. Der öffentliche Personenverkehr bewältigt heute 8 Prozent der Beförderungsleistung auf Schienen und 7 Prozent per Bus.[97] Eine Verdoppelung oder gar Verdreifachung des

Bahnverkehrs wäre mit entsprechenden Ausbaumaßnahmen bis 2035 möglich.[98]

Aber auch auf dem bestehenden Schienennetz könnte schon mehr Verkehr stattfinden. Dafür müssten die Geschwindigkeiten der Züge einander angeglichen werden.[99] Heute warten die Güterzüge oft auf vorbeifahrende ICEs und kommen dadurch nur langsam voran. Würden alle Züge gleich schnell und dafür in dichteren Abständen fahren, könnte insbesondere mehr Güterverkehr auf die Schiene gebracht werden. Dazu müssen die Güterzüge schneller und der Fernverkehr langsamer fahren. Für die meisten Fahrgäste sind aber ein dichter Takt und Pünktlichkeit vermutlich wichtiger als die Höchstgeschwindigkeit.

Maßnahmen zum Ausbau des Bahnverkehrs

→ Um den Bahnverkehr in 15 Jahren zu verdreifachen, müssten die Züge auf den Hauptstrecken im 10-min-Takt, teilweise sogar im 5-min-Takt fahren. Dies ist möglich, wenn die Geschwindigkeit von Güter- und Personenzügen aneinander angepasst wird. ICEs können künftig nur dann hohe Geschwindigkeiten fahren, wenn sie eigene Gleise benutzen.

→ Die Geschwindigkeitseinbußen werden für die Fahrgäste durch bessere Anschlüsse und eine höhere Taktung ausgeglichen: Wenn die Zuglinien mindestens alle 20 min fahren, dann braucht kein Zug mehr auf den anderen zu warten, und alle Fahrgäste können ohne lange Wartezeiten umsteigen.

→ Es sollte ein Nachtzugverkehr zwischen den europäischen Zentren eingerichtet werden. Die Nachtzüge könnten im Regionalzugtempo fahren.

→ Die Trassengebühren, das ist die Maut für Regional- und Güterzüge, können bei dichterem Verkehr deutlich gesenkt werden, da die Trassen besser ausgelastet sind. Dies führt zu Preissenkungen, da die Trassen einer der Hauptkostenfaktoren sind.

→ Damit die Deutsche Bahn nicht weiter Konkurrenz durch überhöhte Trassengebühren behindern kann, sollten der Betrieb des Bahnnetzes und der darauf fahrende Zugverkehr strikt getrennt werden. Zugleich sollen alle Anbieter die gleichen Rechte bei der Benutzung der Schienen haben. Nur so kann privater Güterverkehr von Speditionen auf der Schiene konkurrenzfähig werden. Lediglich im S-Bahn-Verkehr macht das System aus einer Hand Sinn – wegen der hohen Integration von Gleisen, Bahnhöfen und Fahrzeugen.

→ Für den Güterverkehr müssen Pünktlichkeit und Geschwindigkeit verbessert werden, um einen Just-in-time-Betrieb zu ermöglichen. Eine Beschleunigung des Güterverkehrs ermöglicht eine erhebliche Steigerung der Transportleistung ohne zusätzliches Personal und hinzukommende Züge und damit einen kostengünstigeren Betrieb.

→ Über die EU müssen die Bedingungen für die rasche Steigerung des transnationalen Güterverkehrs geschaffen werden: Die sogenannten nationalen Barrieren (unterschiedliche Strom-, Signal- und Bremssysteme) müssen beseitigt werden.

→ Es wird ein einheitliches europäisches Ticket- und Buchungssystem für alle Anbieter eingeführt, bei dem allerdings unterschiedliche Preise möglich sind.

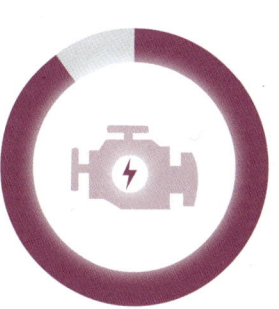

90%

des Stroms, den ein Elektromotor verbraucht, werden in Bewegungsenergie umgewandelt. Verbrennungsmotoren schaffen nur zwischen 20 und 45 Prozent, der Rest ist Verlust.

→ Zur Erreichung dieser Ziele müssen die Investitionen im Bahnsystem mindestens auf das Vierfache – also auf das Niveau der Schweiz – gesteigert werden.

→ Bei Investitionen müssen die Beseitigung von Engpässen, der Ausbau der ausgelasteten Bahnhöfe und der Bau von Verladeeinrichtungen für den kombinierten Güterverkehr Vorrang haben. Erst danach folgen der Bau von Überhol- und Parallelgleisen für den Hochgeschwindigkeitsverkehr.

→ Daneben können durch technische Verbesserungen bis zu 15 Prozent der Energie eingespart und zugleich der Lärm drastisch reduziert werden. Das erhöht auch die Akzeptanz von neuen Gleisanlagen.

Technische Umstellung: Welcher Motor ist der beste fürs Klima?

Neben Vermeidung und Verlagerung von Verkehr ist es zentral, dass die Fahrzeuge klimaneutral betrieben werden. Es gibt in der Öffentlichkeit und in der Wissenschaft viele Diskussionen darüber, welcher Motor und welcher Treibstoff sich in Zukunft durchsetzen werden. Grundsätzlich gibt es drei Möglichkeiten: Verbrennungsmotor, Brennstoffzelle und Elektromotor.

Verbrennungsmotor

Bisher laufen fast alle Fahrzeuge mit Verbrennungsmotoren. Dies wäre theoretisch auch in Zukunft möglich – aber nur, wenn statt fossiler Stoffe wie Benzin oder Kerosin E-Brennstoffe verbrannt würden. Der große Vorteil dieser Option besteht darin, dass die Fahrzeuge und die Infrastruktur wie z. B. Tankstellen die gleichen bleiben könnten. Es wird keine neue Technik benötigt. Der große Nachteil besteht aber im Energieverbrauch. Um 1 KWh E-Kerosin zu erzeugen, werden 3 KWh grüner Strom benötigt. Verbrennungsmotoren haben außerdem keinen hohen Wirkungsgrad. Nur ein Viertel bis die Hälfte der Energie, die in den Treibstoffen steckt, wird in Bewegung umgesetzt, der Rest geht verloren. Es ist deshalb nicht möglich, auch in Zukunft die Fahrzeuge mit Verbrennungsmotoren laufen zu lassen, da dann zu viel Energie für die Herstellung der E-Brennstoffe benötigt würde. Künftig sollten deshalb nur die Fahrzeuge mit Verbrennungsmotoren betrieben werden, bei denen es nicht anders geht, z. B. große Maschinen in der Land- und Bauwirtschaft sowie Flugzeuge und Schiffe. Diese können aus technischen Gründen nicht auf Elektroantrieb umgestellt werden: Für Flugzeuge sind die Batterien zu schwer, und für die meisten Schiffe reicht die Reichweite der Batterien nicht aus. Es gibt zwar erste Versuche mit Elektroflugzeugen, diese sind aber noch lange nicht serienreif. Allein die Erzeugung der Treibstoffe für Flugzeuge und Schiffe wird zukünftig ein Viertel des insgesamt erzeugten Stroms verbrauchen.

Heute liegt der Preis von E-Brennstoffen, die mit erneuerbarem Strom erzeugt werden, bei 4,50 Euro pro Liter. Nach neuesten Schätzungen wird der Preis für großindustriell produzierten importierten E-Diesel aber rasch auf 0,70 bis 1,40 Euro pro Liter fallen.[100] Damit die Umstellung rasch gelingt, sollte sofort ein Markt für E-Brennstoffe geschaffen werden (siehe Abschnitt »Importe« ab Seite 41).

Maßnahmen zur Umstellung auf E-Kraftstoffe

→ Es sollte eine Quote von E-Kraftstoffen bei allen Kraftstoffen eingeführt werden. Ab 2035 sollte nur noch E-Kraftstoff verkauft werden.

→ Damit wird der Markt für die Erzeugung und Vermarktung der E-Kraftstoffe geschaffen. Dadurch wird es sehr schnell zu großen Investitionen in Afrika, Nahost oder Russland kommen, um mit erneuerbarem Strom aus Wind oder PV-Anlagen E-Kraftstoffe günstig zu produzieren.

→ Dieser Prozess wird international abgestimmt. So können negative Ausweicheffekte (Tanken im Ausland, Ausweichen auf andere Häfen) vermieden werden. Dafür wäre bereits eine Vereinbarung für Europa ausreichend.

Brennstoffzelle

Brennstoffzellen verbrennen Wasserstoff und erzeugen auf diese Weise Strom, mit dem die Fahrzeuge angetrieben werden. Wasserstoff muss wie E-Brennstoffe mit grünem Strom und Wasser hergestellt werden, die Umwandlungsverluste sind aber geringer. Die Herstellung von 1 KWh Wasserstoff benötigt etwa 1,3 KWh Strom. Bei der Verflüssigung des Wasserstoffs in der Brennstoffzelle geht dann aber noch mal über die Hälfte der Energie verloren.[101] Das Brennstoffzellenauto braucht im Vergleich zum Elektroauto eine viel kleinere Batterie und hat trotzdem eine größere Reichweite. Aber die Infrastruktur für Transport und Tanken ist vergleichsweise aufwendig. Daher kommen die meisten Studien zu dem Ergebnis, dass die Brennstoffzellentechnologie von den drei Alternativen mit

Abstand die teuerste Variante ist und daher nur in einigen Nischen – evtl. im Bahnverkehr – eine realistische Chance hat.[102] Die meisten Studien befürworten aus Gründen der Technologieoffenheit den Aufbau eines Netzes von Wasserstofftankstellen. Nach der neuesten Studie des UBA macht das wahrscheinlich aber keinen Sinn.[103]

Elektromotor

Der Elektromotor wird direkt mit Strom betrieben, der in einer Batterie gespeichert wird. Ein Elektroauto fährt mit der gleichen Energiemenge 5-mal so weit wie ein Fahrzeug mit Verbrennungsmotor – und 3-mal so weit wie ein Auto mit einer Brennstoffzelle. Ein Nachteil waren bisher die teuren Batterien und die geringe Reichweite. Durch die schnelle technische Entwicklung werden die Batterien aber immer günstiger und leistungsstärker, wodurch sich die Reichweite der Fahrzeuge erhöht. Nachdem VW angekündigt hat, dass Elektroautos der nächsten Generation günstiger sein sollen als die vergleichbaren fossilen Modelle, ist es wahrscheinlich, dass sich das Elektroauto in einigen Jahren durchsetzen wird.

Alle Studien sind sich einig, dass der Elektromotor der Motor der ersten Wahl ist. Er kommt zum Einsatz bei PKWs, bei der Bahn und künftig wohl auch bei den meisten LKWs.

Bahnen

Schon heute sind in Deutschland mehr als 60 Prozent der Bahnstrecken elektrifiziert. Auf den anderen Strecken verkehren noch Dieselloks. Der Anteil der Elektrotriebwagen soll in Zukunft noch weiter erhöht werden. Dort, wo sich Oberleitungen nicht lohnen, werden sich vermutlich Batterietriebwagen durchsetzen. Einige Studien rechnen auch mit dem Einsatz von Brennstoffzellen, da sich für die Bahn eine eigene Wasserstoffinfrastruktur eher rechnet als im Straßenverkehr.

Elektroautos

Der PKW-Verkehr verursacht heute die Hälfte aller Verkehrsemissionen. Über den Weg zur Reduzierung sind sich die neueren Studien weitgehend einig: Bei den PKWs wird sich der Elektromotor aufgrund der höheren Effizienz und der geringeren Kosten relativ rasch durchsetzen.

Allerdings bedeutet das: Wenn die 1,5-Grad-Marke nicht überschritten werden soll, muss bis 2035 ein möglichst hoher Anteil der PKWs bereits elektrisch fahren. Da PKWs weit über 10 Jahre genutzt werden können, sollten daher möglichst bereits ab 2025 alle Neuwagen mit Elektromotoren ausgestattet sein. Der kritische Faktor, damit dies gelingt, dürfte nicht die Umstellung der Automobilindustrie sein. Kritisch ist vielmehr die Bereitstellung von genügend erneuerbarem Strom, damit die Autos nicht mit Kohlestrom betrieben werden.[104] Wenn es gelingt, dafür die Weichen zu stellen, dann ist der Weg frei für eine Entscheidung, dass ab 2025 nur noch Fahrzeuge, die treibhausgasfrei fahren können, zugelassen werden. Laut einer Untersuchung des Instituts Agora sind E-Autos aber auch beim heutigen Strommix schon besser als Verbrenner.[105]

Mit der Umstellung verbunden sind noch weitere Herausforderungen: Der Ausbau der Ladestationen muss zügig angepackt werden. Außerdem muss die Versorgung der Hersteller mit nachhaltig produzierten Rohstoffen gesichert sein (siehe Abschnitt »Rohstoffe und Kreislaufwirtschaft« ab Seite 42). Dazu gehört auch, dass das Recycling der Fahrzeuge gesetzlich geregelt werden muss.

Maßnahmen zur Elektrifizierung des PKW-Verkehrs

→ Die Planungen sollten darauf abgestimmt werden, dass E-Mobile ab 2025 technisch ausgereift und preisgünstiger als fossil angetriebene PKWs sind und damit der Kipppunkt erreicht wird.

→ Spätestens ab 2030 sollten PKWs mit Verbrennungsmotor nur noch ein Nischenprodukt sein und nicht mehr neu zugelassen werden.

→ Um die Initialzündung zu beschleunigen, sollte beim Neuwagenkauf eine Quote für Elektroautos eingeführt werden.

→ Vorgeschlagen wird auch eine Bonus-Malus-Regelung: Fahrzeuge mit Emissionen von über 95 g CO_2 pro km werden beim Kauf mit 50 Euro pro Gramm belastet, Fahrzeuge mit weniger Emissionen werden entlastet. Reine E-Autos bekommen dann einen Bonus von 5000 Euro.[106]

→ Sobald die E-Autos günstiger sind als die fossilen, kann die Förderung wegfallen. Dann sollte aber die Kfz-Steuer abhängig vom Energieverbrauch überproportional wachsen, um den Trend zu immer größeren SUVs zu stoppen.

→ Der Ausbau der Infrastruktur beinhaltet die notwendige Verstärkung der Stromnetze in den Stadtteilen, die Ausstattung der öffentlichen Parkplätze mit Ladesteckdosen und die Förderung von Ladestationen auf privaten Parkplätzen.

→ Mieter*innen müssen einen Anspruch darauf haben, Ladestationen für E-Autos in Miethäusern installieren zu dürfen.

→ Die Ladekosten werden in zeitabhängige Parkplatzgebühren integriert (Oslo tat dies bereits für 1300 öffentliche Parkplätze).

→ Für den Fernverkehr sollten alle Autobahnraststätten und zentralen Lade-

plätze in den Städten mit Schnellladestationen ausgestattet werden.
→ Zur Umstellung der PKW-Herstellung müssen die Energieversorgung und die Zulieferer der Autoindustrie treibhausgasfrei werden.

LKW-Oberleitungen

Die gefahrenen Entfernungen der LKWs sind in der Regel viel größer als die bei PKWs. Elektro-Batterie-LKWs eignen sich deshalb nicht, da die Reichweite der Batterien zu klein ist. Darum empfehlen nahezu alle Studien, mindestens ein Drittel der Autobahnen (4000 km) mit Oberleitungen zu versehen.[107] Diese funktionieren wie Oberleitungen für elektrische Bahnen: Der LKW klappt auf dem Dach einen Stromabnehmer auf und fährt dann elektrisch mit dem Strom aus den Oberleitungen. Die BDI-Studie empfiehlt sogar, 8000 km der Autobahnen mit Oberleitungen auszustatten.[108] Zusätzlich sollten die LKW mit Batterien für eine Reichweite zwischen 100 und 250 km ausgestattet sein, damit Lücken auf technisch schwierigen Abschnitten überbrückt werden können und die LKW abseits der Autobahnen fahren können. Alternativ zur Oberleitung wird das dynamische Laden über Stromspulen in der Fahrbahn erprobt.[109]

In einer Studie des Öko-Instituts wurde errechnet, dass Oberleitungs-LKWs (O-LKWs) bereits 2025 wirtschaftlich vorteilhaft im Vergleich zu Verbrennungsmotoren sein können. Die Mehrkosten von O-LKWs mit einer 100-km-Batterie amortisieren sich im Vergleich zu LKWs mit Verbrennungsmotoren bereits nach 1,5 Jahren. Auch E-LKW ohne Oberleitung, aber mit einer Batteriekapazität für 800 km, sind dann genauso wirtschaftlich wie fossil betriebene LKWs.

Sie sind in der Anschaffung teurer, aber im Betrieb billiger. Allerdings können sie nur kleinere Lasten transportieren, und ihr Energieverbrauch ist bei gleicher Ladung höher.

Wenn es zu einer schnellen Weiterentwicklung der Batterien kommt, könnten auch Langstrecken-LKW voll auf Batteriebetrieb umgestellt werden. Dann wäre eine Elektrifizierung der Autobahnen nicht notwendig. Diese Frage muss rasch geklärt werden, da es sich um eine Grundsatzentscheidung handelt.

Daneben sind Brennstoffzellen-LKW voraussichtlich wirtschaftlich nicht konkurrenzfähig. Für den Regionalverkehr wird der Einsatz von LKWs mit Batterien für ca. 400 km Reichweite empfohlen. Mit O-LKWs mit 250-km-Batterien und 4000 km Oberleitung für die Autobahnen könnten 60 Prozent des LKW-Verkehrs elektrisch funktionieren. Wird auch die Auslieferung elektrifiziert, kann dies auf 80 Prozent gesteigert werden.

Ob der internationale Transit-LKW-Verkehr ebenfalls elektrifiziert wird, hängt vom Ausbau der Oberleitungen (oder Strecken für dynamisches Laden) in den benachbarten Staaten ab – bzw. von der Entwicklung von hocheffizienten Batterien und damit ausgerüsteten konkurrenzfähigen LKWs für Langstrecken. Ansonsten werden wahrscheinlich noch herkömmliche LKWs mit Verbrennungsmotor eingesetzt, die mit E-Diesel oder E-Methanol betankt werden. Der Einsatz von E-Methan als Treibstoff von LKWs ergibt wegen der schwer vermeidbaren Methanreste im Abgas vermutlich keinen Sinn.

Maßnahmen zur Elektrifizierung des LKW-Verkehrs

→ Es muss kurzfristig eine Grundsatzentscheidung gefällt werden, ob die Autobahnen teilweise elektrifiziert werden oder mit einer schnellen Entwicklung von konkurrenzfähigen Langstrecken-LKWs zu rechnen ist. Dabei müssen die LKW-Hersteller, die Speditionen und die Forschungsinstitute eingebunden sein.
→ Wenn die Entscheidung für die Elektrifizierung der Autobahnen fällt, sollten bis 2025 die sechsspurigen Hauptstrecken des Autobahnnetzes (ca. 2500 km) bereits mit Oberleitungen versehen sein. Ab dann wird der Einsatz von LKWs mit Oberleitung auf diesen Strecken wirtschaftlich vorteilhaft.
→ Bis 2030 sollten mindestens 4000 km der Autobahnen elektrifiziert sein. Das kostet 12 Milliarden Euro und kann durch eine Anhebung der LKW-Maut um 12 Prozent gegenfinanziert werden.[110]
→ Die Stromkosten sollten in die Mautgebühr integriert werden.
→ Zuschüsse für die Anschaffung von LKWs sollten nur noch für E-LKWs gewährt werden.
→ Bis 2035 sollen mindestens 60 Prozent des LKW-Verkehrs elektrisch fahren, der Rest wird auf E-Brennstoffe umgestellt. LKW-Diesel wird über eine wachsende Quote mit E-Diesel gemischt – ab 2035 wird dann nur noch E-Diesel verkauft.

Flugverkehr

Flugzeuge können mittelfristig nicht auf Elektroantrieb umgestellt werden,[111] sondern werden in Zukunft fast ausschließlich mit

E-Kerosin oder einem anderen E-Brennstoff fliegen. Flüge über relativ kurze Strecken können auf die Bahn verlagert werden.

Auch wenn der Luftverkehr bis 2035 komplett auf erneuerbare Brennstoffe umgestellt wird, wird er nicht gänzlich klimaneutral werden. Aufgrund der großen Flughöhe entstehen zusätzliche Klimaeffekte, wie z. B. die Kondensstreifen aus Wasserdampf. Diese bilden sich um Rußpartikel und größere Moleküle, die von den Turbinen zusammen mit CO_2 ausgestoßen werden, und bewirken eine Klimaerwärmung. Damit bleibt nach 2040 der Luftverkehr die einzige relevante Quelle von Treibhausgasen im Verkehrssektor.[112] Es gibt allerdings Studien, wie diese Effekte teilweise vermieden werden können. Wenn das E-Kerosin sehr sauber ist, könnten die Kondensstreifen mehr als halbiert werden.[113] Dieser Effekt wird verstärkt, wenn die Flugzeuge niedriger fliegen. Das lohnt sich heute jedoch noch wenig, da dann mehr Treibstoff verbraucht wird.[114]

Die Preise für den Flugverkehr werden aufgrund der höheren Kosten für E-Kerosin (oder andere E-Kraftstoffe) steigen. Dies gilt umso mehr, wenn sie angemessen besteuert werden. Trotz der Verlagerung der Kurzflüge auf die Bahn und trotz höherer Preise für Bio- oder E-Kraftstoffe wird der Flugverkehr voraussichtlich weiter zunehmen. Allein um das E-Kerosin dafür zu erzeugen, werden künftig 300 TWh Strom pro Jahr erforderlich sein.

Luftfracht spielt heute mengenmäßig keine relevante Rolle. Dies wird nach übereinstimmender Auffassung aller Studien auch künftig so bleiben, da nur wenige Güter so klein und leicht sind, dass sich Luftfracht rentiert.

Maßnahmen zur Umstellung des Luftverkehrs

→ Zur Einführung von E-Kerosin wird eine Quote vorgeschrieben, die bis 2035 auf 100 Prozent anwächst. Außerdem soll durch Besteuerung E-Kerosin möglichst schnell günstiger als fossiles Kerosin sein. Dazu schlägt das UBA neben dem CO_2-Preis eine Kerosinsteuer von 33 Cent pro Liter vor.[115] Spätestens ab 2035 soll kein fossiles Kerosin mehr zum Verkauf angeboten werden.

→ Auch im Flugverkehr werden Mineralölsteuer und Mehrwertsteuer erhoben. Bisher ist er steuerbefreit.

→ Dieser Prozess wird international abgestimmt. So können negative Ausweicheffekte (Tanken im Ausland, Ausweichen auf andere Flughäfen) vermieden werden. Dafür wäre bereits eine Abstimmung in Europa ausreichend.

→ Die Mehrzahl der Studien schlägt eine Verlagerung von Inlands- oder kurzen Auslandsflügen auf die Bahn vor, z. B. durch Einstellung aller Flüge, wenn es eine Bahnverbindung unter 4 Stunden gibt. Die Inlandsflüge machen allerdings nur 0,2 Prozent der deutschen Treibhausgasemissionen aus.

→ Es gibt aber auch die gegenteilige Position:[116] Wenn der ICE-Verkehr auf Inlandsflüge verlagert würde, könnten wesentlich mehr Züge pro Stunde fahren und mehr Verkehr, v. a. Güterverkehr, von der Straße auf die Bahn verlagert werden.

Schiffsverkehr

Schiffe werden auch künftig überwiegend mit flüssigen Brennstoffen fahren. Dabei wird der fossile Schiffsdiesel durch E-Diesel oder andere flüssige E-Kraftstoffe ersetzt.[117] Insbesondere Methanol scheint eine gute Option zu sein:[118] Es ist leicht zu verflüssigen und ermöglicht einen besseren Wirkungsgrad der Schiffsmotoren.[119] Schiffe mit Dieselantrieb können mit begrenztem Aufwand so umgebaut werden, dass sie sowohl mit Diesel als auch mit Methanol fahren können.[120] Mittlerweile arbeiten eine Reihe von Firmen daran, die Kosten für die Herstellung von grünem Methanol zu senken.[121]

Dagegen erwiesen sich die Bestrebungen der Internationalen Meeresorganisation (IMO), von Schweröl oder Diesel zu flüssigem Erdgas zu wechseln, bislang als kontraproduktiv.[122] Vor allem die Methanemissionen der Motoren machen den Vorteil durch die CO_2-Reduzierung mehr als zunichte.

Kurze Strecken im Fährbetrieb oder Regionalverkehr können auch mit Batteriestrom betrieben werden. Alternative Windantriebe wie Drachensegel oder der Flettnerrotor (eine Art rotierendes Segel) haben sich bislang nicht durchsetzen können. Das kann sich aber bei steigenden Kosten für E-Kraftstoffe ändern.

Daneben wird der Seeschiffsverkehr nach den verschiedenen Studien selbst bei höheren Kosten durch die Umstellung auf dem heutigen Niveau bleiben.

Die Binnenschifffahrt spielt im Gegensatz zum Seeverkehr nur eine geringe Rolle.[123] Sie transportiert heute 8 Prozent der inländischen Güter – 80 Prozent davon sind Massengüter wie z. B. Kies. Die Verlagerung von Verkehr vom LKW auf die Binnenschifffahrt wird keine relevante Rolle spielen – auch deshalb, weil die Flüsse in Deutschland in heißen Sommern zu wenig Wasser führen und dann nicht mehr befahrbar sind.

Der Personenverkehr spielt mit 5 Prozent aller Schiffe weltweit nur eine kleine Rolle.

Davon gehören 500 Schiffe (0,5 Prozent) zu der wachsenden Zahl an Kreuzfahrtschiffen. Auch sie müssen auf E-Kraftstoffe umgestellt werden. Wegen des extrem hohen Stromverbrauchs sollten sie in den Häfen mit Landstrom versorgt werden.

Maßnahmen für den Schiffsverkehr

Der Schiffsverkehr wird bis 2035 überwiegend auf E-Kraftstoffe umgestellt:

→ Durch entsprechende Besteuerung soll E-Schiffsdiesel günstiger sein als fossiler. Alternativ wird dem Schiffsdiesel schrittweise eine wachsende Quote E-Diesel zugemischt. Ab 2035 wird in Europa nur noch E-Kraftstoff verkauft. Dieser Prozess wird international abgestimmt. So können negative Ausweicheffekte (Tanken im Ausland, Ausweichen auf andere Häfen) vermieden werden. Dafür ist bereits eine Abstimmung in Europa ausreichend, da auch Schiffe nach Asien oder Amerika in Europa tanken müssen.

→ In allen Häfen wird die Nutzung von Landstrom Pflicht. Das bedeutet, dass die Schiffe, die im Hafen liegen, nicht mehr ihre Dieselmotoren laufen lassen dürfen, um den benötigten Strom zu produzieren.

→ Es werden Mittel für die Forschung und Erprobung von alternativen Antrieben für See- und Binnenschifffahrt bereitgestellt.

Fragen zum Sektor Verkehr

→ Sollte der Flugverkehr genauso besteuert werden wie der Straßenverkehr, auch wenn dann Urlaubsreisen mit dem Flugzeug teurer werden?

→ Sollten ICEs langsamer fahren, wenn mehr Güter von LKWs auf die Schiene verlagert werden können und mehr Regionalzüge fahren?

→ Was würde den ÖPNV für Sie attraktiv machen (günstige Preise, höhere Taktung, Pünktlichkeit oder andere Faktoren wie z. B. Sicherheit, einfacher Ticketkauf usw.)?

→ Sollte eine Besteuerung von Fahrzeugen in Abhängigkeit von ihrem Energieverbrauch eingeführt werden?

→ Sollten Städte gut ausgebaute, sichere Radwege erhalten, auch wenn dafür Straßen und Parkplätze für Autos wegfallen?

→ Sollten auf dem Land, wo der öffentliche Verkehr nicht hinkommt, von den Kommunen Anruftaxidienste zu Buspreisen angeboten werden?

→ Sollten Grundstücke für den Neubau von Bahnstrecken leichter enteignet werden dürfen?

→ Sollten Dieselautos wie Benziner besteuert werden, statt wie bisher bevorzugt zu werden?

→ Sollte eine Geschwindigkeitsbegrenzung auf Autobahnen, Landstraßen und in Ortschaften (z. B. Tempo 120/80/30 km/h) eingeführt werden?

→ Sollten die Straßen und Parkplätze in den Städten zurückgebaut werden, um den Verkehr stärker auf das Fahrrad und den ÖPNV zu verlagern?

→ Wie weit dürfte ein Carsharing-Auto entfernt sein, damit Sie es regelmäßig nutzen? Würden Sie es nutzen, wenn es vor die Tür gefahren kommt?

→ Was wünschen Sie sich, um weniger Auto und mehr Rad und Bahn zu fahren?

→ Sollten Fahrverbote oder -einschränkungen in Wohngebieten eingeführt werden?

→ Welche Vorgaben sollten Gemeinden den autonom fahrenden Diensten machen, damit diese eine sinnvolle Ergänzung von Bahn und Bus werden und nicht stattdessen zu einem Mehr an Autoverkehr in den Städten führen?

→ Halten Sie es für akzeptabel, dass der autonome Verkehr und der ÖPNV in den Kernstädten und Siedlungen Vorrang bekommen und private Autos eingeschränkt werden?

→ Was halten Sie von einer PKW-Maut auf Autobahnen?

→ Sollten Versandhändler*innen verpflichtet werden, Retourangebote kostenpflichtig zu machen, um den unnötigen Warenverkehr zu reduzieren?

SEKTOR 4: INDUSTRIE

Die Industrie verursacht 22 Prozent der Emissionen in Deutschland. Zwei Drittel davon sind bedingt durch den Energieverbrauch und können durch Elektrifizierung und Verwendung grüner Brennstoffe vermieden werden. Problematisch sind jedoch Emissionen, die durch chemische Prozesse entstehen: Die Zementherstellung kann beispielsweise nur klimaneutral werden, wenn weniger Zement verbaut wird. Die Chemieindustrie verbraucht bisher große Mengen an fossilen Rohstoffen, die durch elektrisch erzeugte grüne Rohstoffe ersetzt werden müssen. Die notwendigen Investitionen für die Umstellung werden aber nur erfolgen, wenn verlässliche politische Rahmenbedingungen geschaffen werden. Dazu zählen ein Preis auf Treibhausgase und eine Umstellungsförderung.

Die Ausgangslage

Nach Auswertung der Studien können die Emissionen insgesamt von 190 TE im Jahr 2020 auf etwa 15 TE im Jahr 2040 reduziert werden.[126] Die wichtigsten Maßnahmen betreffen die Herstellung von Stahl, Kunststoff und Zement sowie die Kraftwerke und Maschinen. Problematisch sind weniger die technischen Fragen als die hohen Kosten der Umstellung.

Kosten der Umstellung

Die Umstellung der Industrie erfordert in einigen Industriezweigen erhebliche Investitionen. Die Kosten dafür werden auf bis zu 200 Milliarden Euro geschätzt.[127] Einen wesentlichen Teil davon können die Unternehmen alleine tragen und sogar auf die Preise ihrer Produkte umlegen, insbesondere wenn die Klimapolitik international koordiniert wird.[128] In manchen Bereichen ist Klimaschutz aber mittelfristig noch deutlich teurer als die bisherigen Optionen. So stellt die Chemieindustrie fest, dass die meisten neuen Verfahren abhängig vom CO_2-Preis erst nach 2030, teilweise auch erst nach 2040 wirtschaftlich und marktfähig sein werden. In einigen Industriezweigen, die diese Belastungen nicht selbst tragen können, ist daher staatliche Unterstützung nötig.

Das aktuelle Dilemma

Der Löwenanteil der Emissionen wird durch die Grundstoffindustrien – insbesondere Eisen und Stahl, Zement, Kalk und Chemie – verursacht. Diese Industrien haben bereits Pläne erarbeitet, wie sie treibhausgasneutral werden können: Sie müssen in den kommenden 10 Jahren die Hälfte der Anlagen erneuern.[129] Dies erfordert allerdings erhebliche Investitionen, die sich beim gegenwärtigen CO_2-Preis nicht lohnen. Da die Lebensdauer solcher Produktionsanlagen zwischen 50 und 70 Jahren liegt, wollen die Unternehmen aber auch nicht in fossile Technik investieren, da diese Investitionen verloren sein werden, sobald höhere Treibhausgaspreise eingeführt werden. Dieses Dilemma führt zu einem Investitionsstau. Daher warten die Unternehmen auf Entscheidungen der Politik. Um dieses Problem zu lösen, wurde das Modell »Carbon Contract for Difference« (CFD) entwickelt.[130] Danach schließt der Staat mit einem Konzern einen Vertrag, in dem der Staat Zuschüsse zahlt, solange der Preis für Treibhausgase zu niedrig ist. Wenn der Preis schließlich ansteigt, zahlt der Konzern zurück. Auf diese Weise könnte sofort mit dem Umbau der Grundstoffwirtschaft begonnen werden.

Tabelle 5

Treibhausgasanteile der Industrie[124]

Metallherstellung (fast nur Eisen)	6 %
Industriekraftwerke, Maschinen	8 %
Zement, Kalk u. a.	4 %
Chemische Industrie	1 %
Kältemittel	1 %
Sonstige	2 %
Gesamt	**22 %**
(Rohstoffe der chemischen Industrie)*	(6 %)

Diese Emissionen werden nicht bei der Industrie ausgewiesen, sondern bei der Entsorgung.[125]

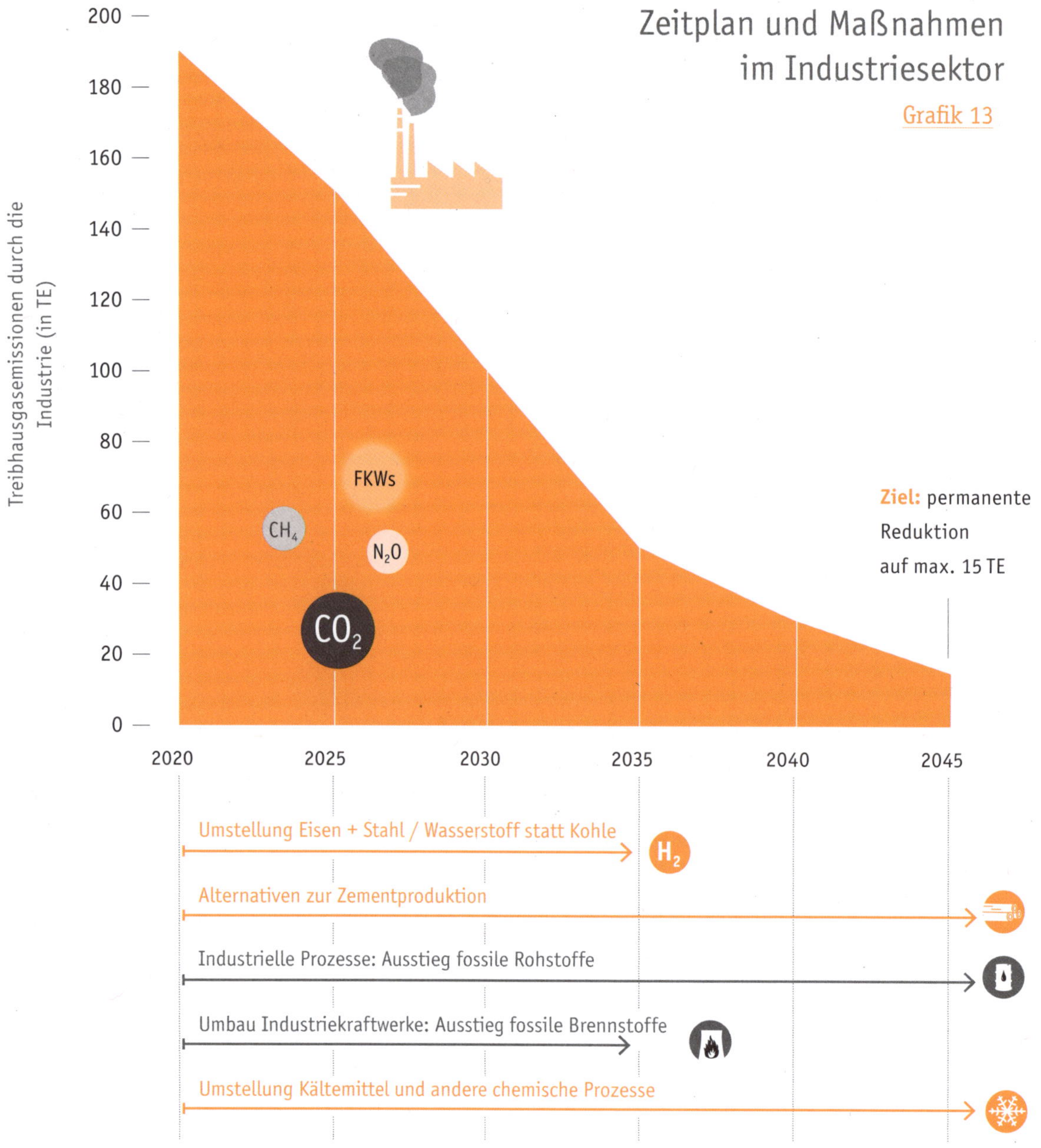
Zeitplan und Maßnahmen im Industriesektor
Grafik 13
Treibhausgasemissionen durch die Industrie (in TE)
200
180
160
140
120
100
80
60
40
20
0
FKWs
CH₄
N₂O
CO₂
Ziel: permanente Reduktion auf max. 15 TE
2020
2025
2030
2035
2040
2045
Umstellung Eisen + Stahl / Wasserstoff statt Kohle
H₂
Alternativen zur Zementproduktion
Industrielle Prozesse: Ausstieg fossile Rohstoffe
Umbau Industriekraftwerke: Ausstieg fossile Brennstoffe
Umstellung Kältemittel und andere chemische Prozesse

Grüner Wasserstoff oder E-Methan?

Abgesehen vom Einsatz von erneuerbarem Strom, wird künftig in vielen Prozessen grüner Wasserstoff oder E-Methan als Energieträger und Rohstoff zum Einsatz kommen. Grüner Wasserstoff wird mit einem Wirkungsgrad von bis zu 80 Prozent durch Elektrolyse erzeugt.[131] Heute kostet er 6 Dollar/kg, während der fossil erzeugte graue Wasserstoff für 1,50 Dollar/kg produziert wird. Man rechnet aber damit, dass der Preis für grünen Wasserstoff bis 2030 auf 1 bis 1,50 Dollar fallen wird, wenn er mit Solar- oder Windenergie in Nordafrika produziert wird.[132] Zum Vergleich: Wasserstoff mit dem gleichen Energiegehalt wie ein Liter Benzin kostet dann 35 Cent.

»Grünes« E-Methan wird aus Wasserstoff und Kohlendioxid hergestellt. Es ist ebenfalls treibhausgasneutral. Für die Herstellung sind jedoch etwa 20 Prozent mehr erneuerbarer Strom erforderlich als für grünen Wasserstoff. In den meisten Anwendungen wäre der Einsatz von Wasserstoff daher effizienter und energiesparender als der von Methan. Voraussetzung dafür ist, dass ein Wasserstoffnetz existiert, das den Wasserstoff zu den Produktionsanlagen bringen kann.

Der Einsatz von E-Methan hat einen zweiten Nachteil gegenüber Wasserstoff: Wie bei herkömmlichem Erdgas besteht die

Gefahr, dass beim Transport oder bei der Nutzung ein Teil des Gases, z. B. durch Löcher in Pipelines, entweicht. Da Methan ein hochwirksames Treibhausgas ist, verschlechtert sich die Klimabilanz dadurch erheblich. Daher halten Fachleute den Einsatz von E-Methan nur dann für akzeptabel, wenn sichergestellt ist, dass die Transportsysteme dicht sind und dass bei der Nutzung die Abluft »nachverbrannt« wird, sodass kein Methan freigesetzt wird. Dies ist aber insbesondere beim Einsatz in Motoren (bei LKWs, Schiffen und Flugzeugen) schwer möglich. Die Verwendung von E-Methan ist deshalb hochumstritten.

Industrieeigene Kraftwerke

Der Energieverbrauch der industrieeigenen Kraftwerke und der Maschinen ist heute noch die größte Quelle von Treibhausgasen in der Industrie. Ein Viertel dieser Kraftwerke wird noch mit Kohle, der Rest überwiegend mit Erdgas betrieben. Im Prinzip gilt für die Umstellung hier das Gleiche wie für die Energiewirtschaft. Die reine Stromproduktion kann künftig durch Sonne und Wind treibhausgasfrei erfolgen. Der Strom wird dann wahrscheinlich zum größten Teil aus dem öffentlichen Netz bezogen.

Industriewärme

Neben Strom brauchen die Produktionsprozesse der Industrie sehr viel Wärme. Dies ist zum einen Niedertemperaturwärme von unter 60 Grad, die z. B. auch zum Heizen von Häusern eingesetzt wird. Diese kann mit Wärmepumpen erzeugt werden. Zum anderen werden aber Mitteltemperaturwärme von mehreren 100 Grad und Hochtemperaturwärme von über 1000 Grad benötigt, z. B. bei der Herstellung von Stahl. So heiße Temperaturen können entweder durch Direkterhitzung mit Strom oder durch die Verwendung von Bio- oder E-Brennstoffen erzeugt werden. Hier bieten sich Kombinationskraftwerke an, die sowohl Strom als auch Wärme erzeugen. Beim Einsatz von Methan muss sichergestellt sein, dass das Methan vollständig verbrennt und nicht austritt.

Nutzung von Abwärme

Große Teile der Wärme verpuffen zurzeit ungenutzt – insbesondere in der Stahlindustrie und den industrieeigenen Kraftwerken. Künftig soll diese Abwärme stärker genutzt werden, etwa indem die Abwärme aus Hochtemperaturprozessen im Mitteltemperaturbereich eingesetzt wird und die aus dem Mitteltemperaturbereich im Niedertemperaturbereich. Dieser Prozess, bei dem so wenig wie möglich Energie verschwendet wird, nennt sich Kaskadennutzung. Die Abwärme kann zum Teil in der Industrie selbst genutzt werden, sie kann aber auch in die Fernwärmenetze eingespeist werden und Wohnungen in der Umgebung der Industriestandorte mit Heizwärme und Warmwasser versorgen.

Metallindustrie

Eisen und Stahl

Der Industriezweig mit den meisten Emissionen ist heute die Eisen- und Stahlindustrie – auch wenn die Stahlproduktion mengenmäßig in Deutschland seit Jahren abnimmt. Die hohen Emissionen kommen daher, dass in den Hochöfen Kohle als Reduktionsmittel verbrannt wird, um Eisen und übriges Gestein voneinander trennen zu können. Zukünftig soll die Reduktion von Eisen stattdessen mit grünem Wasserstoff erfolgen. Auch dieser kann so heiß verbrannt werden, dass sich das Eisen vom Gestein löst. An die Stelle der mit Kohle befeuerten Stahlwerke tritt die Elektrostahlerzeugung auf Basis von Schrott und Schwammeisen.

Diskutiert wird auch der übergangsweise Einsatz von Methan oder blauem Wasserstoff anstelle von Kohle. Damit würden die Treibhausgase zwar verringert, aber nicht ganz vermieden. Auch dafür müssten neue Anlagen gebaut werden. Diese könnten aber so gebaut werden, dass sie später auch mit grünem Wasserstoff betrieben werden können. Es wird damit gerechnet, dass spätestens 2030 grüner Wasserstoff günstiger ist als blauer.[133]

Schweden plant bereits den Umbau der gesamten Stahlindustrie bis 2040. Pilotprojekte sind auch in Hamburg, Salzgitter und

---

Infobox 10

Grauer, blauer und grüner Wasserstoff

Wasserstoff ist immer farblos. Die Farbbezeichnungen grau, blau und grün stehen vielmehr dafür, wie der Wasserstoff erzeugt wurde:

Grauer Wasserstoff ist Wasserstoff, der auf herkömmliche Art aus Erdgas hergestellt wird, was Treibhausgase freisetzt.

Blauer Wasserstoff wird aus fossilem Methan gewonnen. Der dabei frei werdende Kohlenstoff wird aufgefangen und weiterverwendet. Dies ist für das Klima zwar besser als grauer Wasserstoff, aber trotzdem höchstens als Übergangstechnologie denkbar, da bei der Herstellung ebenfalls Treibhausgase ausgestoßen werden.

Grüner Wasserstoff wird in einem Elektrolyseprozess treibhausgasneutral aus erneuerbarem Strom und Wasser gewonnen.

Österreich in Planung.[134] Insgesamt ist eine Reduzierung der Emissionen um bis zu 95 Prozent möglich. Bei einigen Prozessen bleiben geringe Restemissionen, die kompensiert werden müssen.

Andere Metalle

Die Emissionen bei der Herstellung und Verarbeitung der zahlreichen anderen Metalle werden fast ausschließlich durch den Energieverbrauch verursacht. Der dafür benötigte Strom stammt überwiegend aus dem öffentlichen Netz und wird daher bei der Energiewirtschaft ausgewiesen. Dies gilt insbesondere für die sehr energieintensive Herstellung von Aluminium.[135] In einer Kreislaufwirtschaft kann der Energieverbrauch bei der Herstellung von Metallen sinken, da es weniger Energie benötigt, altes Metall aufzuarbeiten, als es neu herzustellen.

Mineralindustrie

Die Umstellung der nichtmetallischen Mineralindustrie (Zement, Glas, Kalk u. a.) erweist sich am schwierigsten. Während es für alle anderen Branchen Möglichkeiten gibt, die Emissionen spätestens bis 2050 auf null zu bringen, bleiben in der Mineralindustrie Freisetzungen von Kohlendioxid im Umfang von 10 bis 15 TE übrig, für die es bislang noch keine Lösungsvorschläge gibt. Diese Emissionen sollten dann zumindest mit chemischen Verfahren eingefangen und als Rohstoff für die Chemieindustrie genutzt werden (siehe Abschnitt »Chemische Industrie« rechts).

Zement

Ein großes Problem ist die Produktion von Zement, da dieser der mit Abstand am meisten produzierte Stoff aller Industriegesellschaften ist und für die Herstellung von Beton zum Bauen benötigt wird. Etwa die Hälfte der CO_2-Emissionen stammt aus dem Einsatz von fossilen Brennstoffen bei der Herstellung und kann vollständig vermieden werden. Die andere Hälfte entsteht durch chemische Prozesse bei der Zementherstellung und kann nicht vermieden werden.

Nach Alternativen für das Bindemittel wird bereits geforscht.[136] Bis heute gibt es allerdings keinen gleichwertigen Ersatz.[137] Immerhin werden in mehreren Studien Ansätze vorgestellt, nach denen 2050 mehr als die Hälfte des Zements ersetzt werden kann.[138] Durch den Bau von langlebigeren Gebäuden können die Emissionen im Neubau künftig sinken. Auch der Einsatz von Holz und anderen Naturstoffen (z. B. Lehm) im Bausektor spart Zement ein. Wenn in Städten die Zahl der Autos zurückgeht, könnte im Neubau auf aufwendige Tiefgaragen verzichtet werden, die sehr viel Beton benötigen. Eine neue technische Möglichkeit ist es zudem, den Stahl im Stahlbeton durch Kohlefasern zu ersetzen. Dadurch können Betondecken leichter werden, was Baustoffe und Zement einspart. Es bleiben dann aber auch 2050 immer noch Emissionen bis zu 10 TE übrig.

Andere Mineralien

Die weiteren Problemfälle sind die Kalkindustrie sowie in geringerem Umfang die Glasindustrie und die Keramikherstellung. Bei der Glasherstellung können Treibhausgase durch verstärktes Recycling reduziert werden, während bei der Produktion von Kalkstein (Thermolyse) die Nutzung durch konzentrierte Solarenergie in sonnenreichen Ländern diskutiert wird.[139] Darüber hinaus wird an weiteren Alternativen geforscht, bisher gibt es allerdings keine.

Chemische Industrie

Es gibt eine Vielzahl von Chemieprodukten, deren Erzeugung und Nutzung mit Treibhausgasemissionen verbunden sind. Der größte Teil der Emissionen stammt aus dem gigantischen Energiebedarf der chemischen Industrie. Durch Einsparungen und Umstellung auf erneuerbare Energien können Treibhausgase vermieden werden. In der Produktion werden etwa ein Prozent der Emissionen in Deutschland verursacht. Die Strategien zur Vermeidung sind sehr komplex. Ein weiteres Problem stellt der Ersatz des Rohöls und des Erdgases als Rohstoff in der organischen Chemie dar. Die Chemieindustrie stellt überwiegend Kunststoffe her, die zu großen Teilen aus Kohlenstoffatomen bestehen. Als Rohstoff werden daher Öl und Erdgas benötigt. Die Produktion setzt hier zwar direkt nur wenige Emissionen frei, wenn die Kunststoffe am Ende ihrer Nutzung jedoch verbrannt werden, entstehen große Mengen Kohlendioxid. Die Chemieindustrie hat einen Plan vorgelegt, der zeigt, dass eine weitgehend treibhausgasneutrale Chemieproduktion in Deutschland technologisch möglich ist. Dabei spielen die Erzeugung von Wasserstoff aus erneuerbaren Energien und die Nutzung von CO_2 als Rohstoff eine zentrale Rolle.

Organische Chemie und das Rohstoffproblem

Der Energiebedarf der organischen Chemie (Kunststoffherstellung) ist riesig und liegt bei 160 TWh im Jahr. Hier ergeben sich drei Aufgaben, um die Energieerzeugung treibhausgasneutral zu gestalten: Erstens kann der Energiebedarf durch die Umstellung auf andere Produkte reduziert werden. Zweitens kann ein Teil der Brennstoffe durch den Einsatz von erneuerbarem Strom ersetzt werden. Und drittens können anstelle von fossilen Brennstoffen E-Brennstoffe eingesetzt werden.

Die organische Chemie benötigt aber nicht nur Energie, sondern auch in großem Umfang Erdöl und Erdgas als Rohstoffe. Diese tauchen heute in der Energie- und Emissionsstatistik der Chemieindustrie nicht auf – z. T. werden sie bei der Müllverbrennung, in der Landwirtschaft und bei den Emissionen im Verkehr erfasst, zu einem anderen Teil werden die Kunststoffe exportiert. Es ist nicht klar, ob die Statistik vollständig ist.

Treibhausgasneutral wird die organische Chemie erst dann, wenn die eingesetzten Stoffe nicht mehr aus fossilen Rohstoffen stammen. Um diese komplett zu ersetzen, würde künftig E-Methan mit einem Energiegehalt von 280 TWh erforderlich sein.[140] Die Erzeugung dieses Brennstoffs benötigt zusätzlich Strom in Höhe von 420 TWh pro Jahr.[141]

Maßnahmen zum Ersatz der fossilen Rohstoffe

→ Kunststoffe sollen fast vollständig recycelt werden.
→ Als Rohstoffe für die Chemieindustrie können verstärkt nachwachsende Biomasse, z. B. Flachs, Hanf oder Sisal, eingesetzt werden.
→ Es müssen alternative, nichtorganische Ersatzprodukte entwickelt werden.[142]
→ Übrige fossile Rohstoffe können durch E-Methan ersetzt werden. Der Kohlenstoff, der zur Herstellung des E-Methans nötig ist, wird entweder aus der Luft geholt, oder man verwendet nicht vermeidbares Kohlendioxid, z. B. aus der Zementproduktion.[143]

Recycling von Kunststoffen

Recycling bedeutet die Wiederverwendung von Abfällen für Neuprodukte. Man unterscheidet mechanisches und chemisches Recycling.

Für das mechanische Recycling müssen die Kunststoffe möglichst sortenrein gesammelt werden. In der Industrie funktioniert dies bei Verpackungen und Abfällen relativ gut, beim Hausmüll jedoch nur zu einem geringen Anteil, da für Verpackungen wie z. B. Shampooflaschen häufig mehrere unterschiedliche Kunststoffe verwendet werden und die Verbraucher*innen diese nicht trennen (können). Dies könnte durch stärkere Regulation erheblich verbessert werden.

Die Kunststoffabfälle, die nicht mechanisch recycelt werden können, werden künftig dem chemischen Recycling zugeführt. Dabei werden die Kunststoffe in organische Substanzen (Moleküle – in der Regel Kohlenwasserstoffe) zerlegt und dann durch Cracking sortiert. Auf diese Weise können danach wieder neue Kunststoffe erzeugt werden. Dieses Verfahren senkt die Kosten für die Rohstoffproduktion der chemischen Industrie um fast 60 Prozent und vermeidet die damit verbundenen Treibhausgasemissionen.

Allerdings bedarf es dazu klarer Regeln: Um zu hohen Recyclingquoten zu kommen, müssen für alle Kunststoffgegenstände und -verpackungen geeignete Pfandsysteme eingeführt werden (siehe Abschnitt »Kreislaufwirtschaft« ab Seite 42). Dazu benötigen Kunststoffe eine Zulassung, bei der das geregelte Recycling nachgewiesen wird.

Plastikteilchen, die nicht recycelbar sind, insbesondere Mikroplastik, sollen nicht mehr in den Verkehr gebracht werden dürfen.

585 TWh

an Strom wird zukünftig für erneuerbare Energie und Rohstoffe in der Kunststoffherstellung benötigt. Das ist mehr als doppelt so viel, wie alle Häuser für Heizung und Warmwasser verbrauchen.

Produktion von flüssigen Kraftstoffen und flüssigen organischen Rohstoffen

Die Rohstoffe für die Kunststoffindustrie werden künftig genauso erzeugt wie E-Brennstoffe, nämlich aus Wasserstoff und Kohlendioxid. Das CO_2 kann aus der Luft entnommen werden (Direct Air Capture) – dies ist aber sehr teuer. Soweit bei anderen Verfahren unvermeidbares Kohlendioxid anfällt – z. B. bei der Produktion von Zement und Kalk –, sollte dieses genutzt werden. Dafür wird das entstehende CO_2 aufgefangen und dann verwendet. Dies spart zwar keine Emissionen, aber in erheblichem Maße Energie und Kosten, die die Umstellung günstiger machen.[144]

Ammoniak und Stickstoff

Der größte Teil des pro Jahr erzeugten Ammoniaks geht als Vorprodukt in die Düngerproduktion, der Rest überwiegend in die Kunststoffherstellung. Ammoniak wird aus Wasserstoff und Stickstoff erzeugt, wobei bislang der Wasserstoff aus Erdgas gewonnen wird. Wenn künftig anstelle von fossilem Methan grüner Wasserstoff eingesetzt wird, wird die Ammoniakherstellung treibhausgasneutral. Erfreulicherweise wird diese Umstellung die Produktionskosten sogar um ein Viertel verringern – allerdings benötigt der großtechnische Einsatz noch eine gewisse Vorlaufzeit und große Investitionen.[145] Diese Umstellung der Produktion löst aber nicht das Problem der Lachgasemissionen in der Landwirtschaft. Dies wird im Abschnitt »Landwirtschaft« ab Seite 93 behandelt.

Andere Chemikalien

Neben Methan gibt es weitere flüchtige organische Verbindungen, die meist als Lösungsmittel, z. B. in Farben und Klebstoffen, verwendet werden. Sie wurden in ihrer Verwendung bereits deutlich vermindert und können durch gesetzliche Regelungen noch um weitere 20 Prozent reduziert werden. Es bleiben aber Effekte in der Größe von 1 TE (einem Tausendstel der deutschen Treibhausgasemissionen) übrig.[146]

Darüber hinaus sind alle bei der Anästhesie verwendeten Gase Treibhausgase. Allerdings ist die Wirkung sehr unterschiedlich. So können durch den Ersatz von Lachgas durch Sevofluran die Emissionen auf ein Hundertstel gesenkt werden. Dies sollte gesetzlich geregelt werden, sodass die hochwirksamen Treibhausgase nur noch in begründeten Ausnahmefällen zum Einsatz kommen.[147]

Fluorverbindungen

Fluorverbindungen werden überwiegend als Kältemittel eingesetzt. Nach dem Verbot der Fluorkohlenwasserstoffe, die die Ozonschicht schädigen, werden nun eine Reihe anderer Fluorverbindungen genutzt, obwohl sie eine sehr starke Treibhausgaswirkung haben. Die Emissionen entstehen nicht in der Produktion, sondern durch Leckagen in der Anwendung.[148] Es gibt seit Langem gute Alternativen wie Ammoniak oder Kohlendioxid, aber auch Wasser, diese werden aber noch nicht genügend genutzt. Die Umstellung sollte daher gesetzlich vorgeschrieben werden.[149]

Sonstige Industrien

Die Emissionen der Papierindustrie können vollständig vermieden werden. Zusätzlich kann der Bioreststoff Lignin einen erheblichen Beitrag in Höhe von 15 TWh zur Energieversorgung liefern.

Auch die Emissionen der Nahrungsmittelindustrie sind vermeidbar, indem alle Prozesse elektrifiziert werden. Die Kühlhäuser können einen wichtigen Beitrag leisten, um die Stromnachfrage zu flexibilisieren, da sie nur eine Stunde am Tag Strom benötigen und damit theoretisch einen ganzen Tag auskommen. Sie könnten also nur dann eingeschaltet werden, wenn das Angebot besonders groß ist.

Forschungsförderung

Für die Emissionen der meisten Industrieprozesse – mit Ausnahme der Mineralindustrie – gibt es bereits Alternativen und Lösungen. Bei der Vielzahl und Komplexität der Industrieprodukte in Deutschland gibt es trotzdem viele Bereiche, die noch nicht geklärt sind. Deshalb sollte die Klimapolitik auch Programme zur Forschungsförderung zur Lösung solcher Probleme umfassen. In diesem Buch wird wegen der Vielfalt der bereits bestehenden und der notwendigen Themen auf eine Auflistung verzichtet.

Kohlenstoffspeicherung

Auch nach dem Erreichen der Klimaneutralität – spätestens im Jahr 2050 – müssen wir weltweit damit beginnen, Kohlendioxid wieder aus der Atmosphäre zu entnehmen und im Boden zu speichern. Die Hoffnung, dies mit zukünftigen Technologien zu tun, darf nicht dazu verführen, dass der Klimaschutz heute vernachlässigt wird. Treibhausgase einzusparen ist auf jeden Fall günstiger und ungefährlicher, als sie später wieder zu binden. Es sollte alles darangesetzt werden, das 1,5-Grad-Ziel zu erreichen – trotzdem sollten Möglichkeiten zur Kohlenstoffspeicherung weiter erforscht werden (siehe Abschnitt »Kompensationen« ab Seite 98.)

Maßnahmen
Sofortprogramm Industrie

Im Bereich der Industrie muss der Staat nur selten direkt tätig werden, er muss aber die Umstellung begleiten und finanziell unterstützen. Dies gilt insbesondere dort, wo die Umstellungen sehr hohe Investitionen erfordern. Viele Industriezweige müssen in den nächsten Jahren große Summen investieren, deshalb sind jetzt klare Signale und Maßnahmen erforderlich, damit keine Fehlinvestitionen getätigt werden. Agora Energiewende und das Wuppertal Institut haben dazu ein Sofortprogramm vorgelegt. Zu den nötigen Maßnahmen gehören:[150]

→ Klimaschutz muss als Unternehmenszweck im Aktienrecht verankert werden.
→ Die Ausweisung der Treibhausgasemissionen im Unternehmensbericht muss vorgeschrieben und standardisiert werden. Der Bericht muss sowohl die Vorprodukte und die Produktion als auch die Endprodukte und ihre Entsorgung nach einheitlichen Kriterien umfassen.
→ Es muss ein Treibhausgaspreis mit fest kalkulierbarem Wachstumskorridor eingeführt werden – auch auf importierte Endprodukte
→ Insbesondere für die Stahl-, Zement- und Chemieindustrie sind differenzierte Fördermaßnahmen notwendig.[151]
→ Für Industriekraftwerke gelten die gleichen Regelungen wie für die Energiewirtschaft.
→ Es muss eine anwachsende Quote für grünen Wasserstoff und andere E-Brennstoffe (Rohstoffe werden später ersetzt) eingeführt werden. Dies gilt auch für fossile Rohstoffe. Ab 2035 sollten keine fossilen Brenn- und Rohstoffe mehr verwendet werden.
→ Das gesamte Baurecht muss so gestaltet werden, dass das Bauen ohne Zement bzw. mit alternativen Bindemitteln ohne Treibhausgasemissionen Vorrang hat. Dazu gehört das Bauen mit Holz, Lehm und anderen Naturstoffen.
→ Zusätzliche Mittel für die Forschung an Alternativen für die Mineralindustrie, die keine oder weniger Treibhausgase freisetzen – insbesondere alternative Bindemittel, die Zement ersetzen.
→ Es braucht eine gesetzliche Regelung für die Nutzung von Abwärme.
→ Es muss eine Einschränkung der Einleitung von ungenutzter Wärme in Luft oder Gewässer geben.
→ Es sollte eine Zulassungspflicht von allen Kunststoffen geben, die nicht natürlich abbaubar sind. Insbesondere die Chlorchemie (PVC) muss durch Alternativen ersetzt werden.
→ Es wird eine gesetzliche Regelung der vorrangigen Nutzung von treibhausgasfreien Kältemitteln und Betäubungsmitteln benötigt.
→ Ein zügiger Einstieg in die Kreislaufwirtschaft (siehe Abschnitt »Kreislaufwirtschaft« ab Seit 42) muss ermöglicht werden.
→ Es müssen die erforderlichen Importe (siehe Abschnitt »Importe« ab Seite 41) sichergestellt werden.

2070

Bis dahin müssen große Industrieanlagen laufen, wenn sie heute gebaut werden und sich rechnen sollen. Deshalb sollen schon jetzt nur noch Anlagen gebaut werden, die klimaneutral sind.

Fragen zum Sektor Industrie
→ Sollten Industriebetriebe verpflichtet werden, ihre Emissionen von Treibhausgasen öffentlich bekannt zu geben?
→ Sollten Firmen bei der Umstellung auf Prozesse mit geringeren Emissionen gefördert werden?

SEKTOREN 5 BIS 7: LANDWIRTSCHAFT, BODENNUTZUNG UND ABFÄLLE

Die Produktion von Nahrung verursacht Emissionen. Insbesondere die Tierhaltung und der Einsatz von Stickstoffdünger müssen in Zukunft reduziert werden, um Treibhausgase einzusparen. Mit der Landwirtschaft hängt die Bodennutzung im In- und Ausland eng zusammen, denn je nach Nutzung können Flächen Emissionen verursachen – oder reduzieren. Besonders Wälder können der Luft Kohlendioxid entziehen, trockengelegte Moore hingegen dünsten Treibhausgas aus. Mögliche Maßnahmen im Bereich der Flächennutzung sind, den ineffizienten Anbau von Energiepflanzen einzustellen und ehemalige Moore wieder zu vernässen. Im Abfallsektor werden die Emissionen der Altdeponien von allein zurückgehen.

In diesem Abschnitt werden alle Emissionen aus der Boden- bzw. Landnutzung und der Landwirtschaft gemeinsam betrachtet.[152]

Zusammen verursachen sie etwa 12 Prozent der Emissionen in Deutschland.[153]

Der Wald ist aktuell dagegen der einzige Bereich, der den Treibhausgasausstoß senkt. Jährlich bindet er etwa 6 Prozent der deutschen Emissionen. Darüber hinaus geht es in diesem Kapitel um den Abfallsektor, der lediglich 1 Prozent der Emissionen ausmacht und deswegen nur wenige Klimaschutzmaßnahmen benötigt.

LANDWIRTSCHAFT
(Sektor 5)

52 Prozent der Fläche Deutschlands werden landwirtschaftlich genutzt. Heute verursacht der Sektor Landwirtschaft 7 Prozent aller Treibhausgasemissionen. Diese können deutlich reduziert, aber nicht völlig vermieden werden – die Landwirtschaft wird daher langfristig zur größten Treibhausgasquelle werden. Die größten Verursacher sind die Rinder- und – in geringem Ausmaß – die Schafhaltung. Die Wiederkäuer produzieren Methangas, wenn sie Gras und anderes Futter verdauen. An zweiter Stelle steht das Lachgas, das beim Einsatz von Stickstoffdüngern auf Feldern entsteht. Relevant sind außerdem die Lagerung von Mist und Gülle, bei der Treibhausgase ausdünsten. Die vierte wichtige Quelle sind die Heizungen der Gebäude und Ställe sowie Traktoren und andere Maschinen.[154] In den folgenden Abschnitten wird beschrieben, welche Umstellungen im Bereich der Landwirtschaft nötig sind, um diese Treibhausgase zu reduzieren.[155]

Weniger Wiederkäuer

Eine veränderte Fütterung und andere Maßnahmen senken die Emissionen der Wiederkäuer nur gering. Die einzige Möglichkeit ist daher, weniger Tiere zu halten. Dies nutzt aber nur dann etwas, wenn zugleich weniger Fleisch und Milcherzeugnisse konsumiert werden, da die Produkte sonst importiert werden und die Emissionen im Ausland steigen. Um wie viel die Anzahl der Tiere reduziert werden sollte, ist nicht ganz klar. Einerseits gilt: je weniger Wiederkäuer, desto weniger Treibhausgase. Andererseits ist ein kompletter Verzicht auf Rindfleisch und Milchprodukte gesundheitlich umstritten und unpopulär. Außerdem muss die Viehhaltung gemeinsam mit der Bodennutzung betrachtet werden: Manche Flächen wie Grasland können nicht anders als zur Viehhaltung genutzt werden. Da Wiesen in geringem Maß Treibhausgase senken können, bedeutet ein Erhalt der Viehwirtschaft an manchen Stellen auch einen Erhalt des Grünlands. Wir haben uns hier an den Empfehlungen der Deutschen Gesellschaft für Ernährung orientiert. Allein aus Gesundheitsgründen sollte der Fleischkonsum um mindestens die Hälfte und der Konsum von Milchprodukten um ein Viertel reduziert werden. Zusammen ergäbe dies eine Verminderung der Methanemissionen auf fast die Hälfte.[156]

Fleischkonsum und Futtermittelimporte

In Deutschland wird jedoch hauptsächlich nicht Rindfleisch gegessen, sondern Schwein und Geflügel. Diese Tiere verursachen anders als Wiederkäuer keine direkten Treibhausgasemissionen, dennoch sind sie aus Klimaschutzsicht nicht unproblematisch. Denn für die Schweine- und Hähnchenmast werden große Mengen an Futtermitteln benötigt, die zu großen Teilen importiert werden. Für den Anbau der Futtermittel werden in den Exportländern oft Wälder gerodet und Naturräume zerstört. Die Flächen können außerdem nicht anders genutzt werden. Das Grundproblem besteht darin, dass für die Herstellung von einem Kilogramm Fleisch sehr viel mehr Wasser, Fläche und Energie benötigt werden als für die Herstellung von einem Kilogramm pflanzlicher Nahrung. Schon heute sind weltweit viele Menschen von Hunger bedroht, und durch den Klimawandel werden sich die nutzbaren Flächen weiter reduzieren. Es sollte daher nicht nur der Rindfleischkonsum, sondern der Fleischkonsum generell reduziert werden.

Tabelle 6

Treibhausgasemissionen aus Landwirtschaft, Bodennutzung und Abfallwirtschaft

Treibhausgasquelle	Treibhausgas	Anteil
Verdauung von Wiederkäuern	Methan	2,5 %
Gülleverarbeitung	Methan, Lachgas	1 %
Bodenbearbeitung (Dünger)	Lachgas	2,5 %
Heizungen, Geräte, Fahrzeuge usw.	Kohlendioxid	1 %
Landwirtschaft gesamt		**7 %**
Ackerland (trockengelegte Moore)	Methan, Stickstoff	1,5 %
Wiesen (trockengelegte Moore), Moore	Methan, Stickstoff	2,5 %
Sonstiges		1 %
Bodennutzung gesamt ohne Wald		**5 %**
Abfälle und Abwasser (ohne Müllverbrennung)		1 %
Zusammen verursachen die drei Sektoren etwa 13 Prozent der Emissionen in Deutschland.		
Wald und Holzentnahme	Kohlendioxid	− 6 %

Lagerung und Verwendung von Gülle und Mist

Misthaufen und Ausdünstungen von Gülle produzieren in erheblichem Umfang Lachgas. Dieses entsteht als Endprodukt bei der Freisetzung von Stickstoff und hat eine 290-fach stärkere Wirkung auf das Klima als Kohlendioxid. Die Möglichkeiten, die Stickstoffemissionen direkt bei der Tierhaltung, also z. B. in Ställen, zu vermindern, sind weitgehend ausgeschöpft. Jedoch können die Emissionen, die durch Vergärung bei der Lagerung entstehen, nahezu vollständig vermieden werden, wenn die Gülle in Biogasanlagen genutzt wird. Weiterhin sollen die Gärreste in Zukunft so gelagert werden, dass kein Gas austreten kann. Dies ist auch bei Festmist wie Geflügelkot möglich. Im Ergebnis können nahezu zwei Drittel der Emissionen vermieden werden.

Emissionen aus der Bodenbearbeitung

Bei den Stickstoffemissionen geht es vorrangig um Lachgas, aber auch um andere Stickstoffverbindungen wie Ammoniak und Nitrat.[157] Die Stickstoffdünger werden auf die Felder gestreut, um den Ertrag der Ernte zu erhöhen. Das Problem ist, dass der Dünger nicht vollständig von den Pflanzen aufgenommen wird, sondern große Teile liegen bleiben und Treibhausgase ausstoßen. Diese Stickstoffüberschüsse betragen derzeit fast 100 kg pro Hektar und sollen auf die Hälfte reduziert werden. Darüber hinaus kann durch eine verbesserte Düngetechnik eine Verminderung erzielt werden: Ein Beispiel ist, dass Dünger nicht mehr so lange wie bisher auf dem Feld liegen bleibt, sondern schneller gepflügt wird. Der Dünger liegt dann kürzere Zeit an der Luft und emittiert weniger. Eine weitere Reduzierung kann durch den Anbau von Stickstoff bindenden Pflanzen auf etwa 15 Prozent der konventionellen Ackerfläche erfolgen. Ein erhebliches Potenzial zur Reduzierung liegt ebenso in neuen Boden-

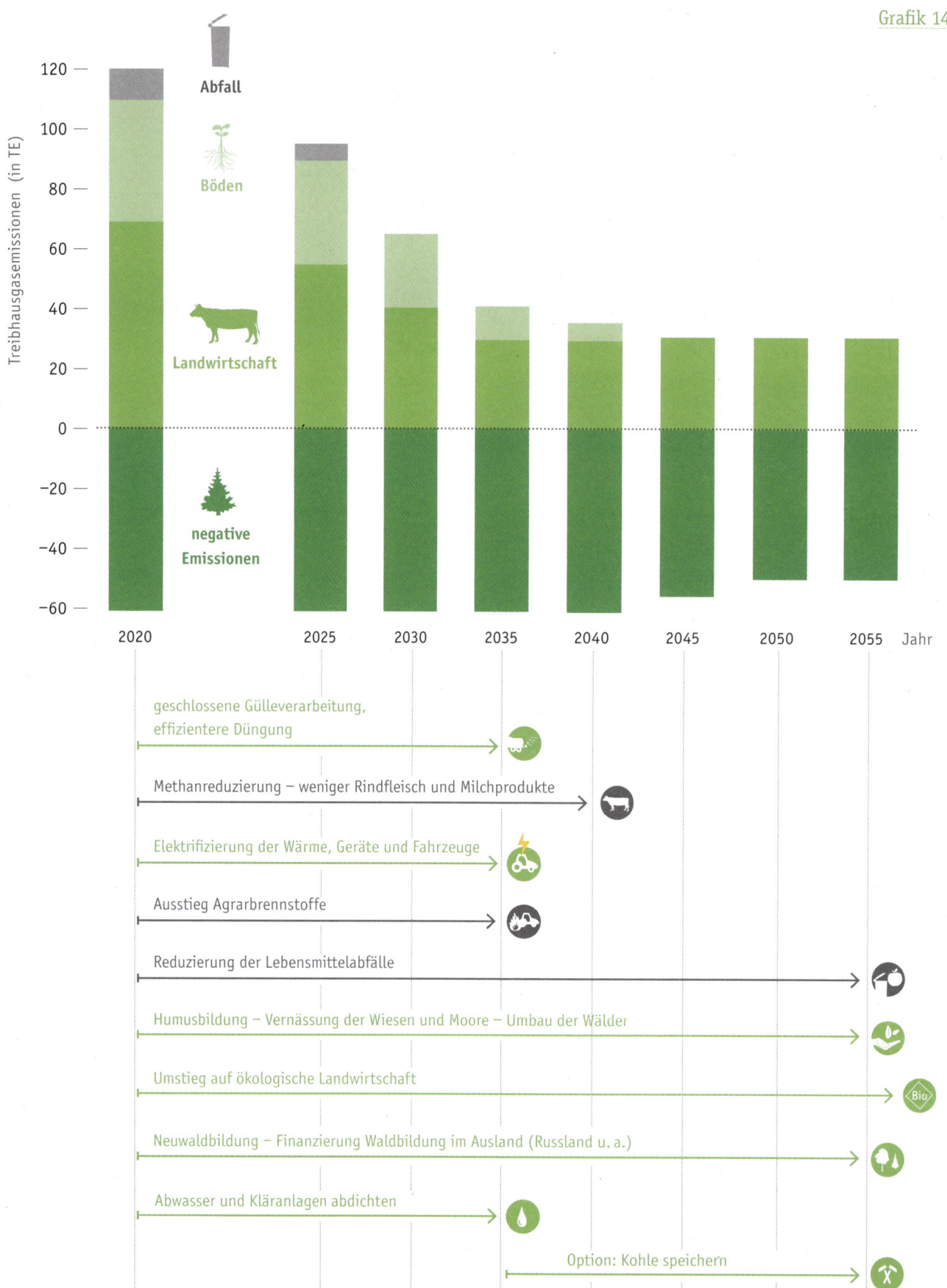

bearbeitungsmethoden. Dabei wird der Stickstoffdünger nicht mehr auf die Fläche verteilt, sondern mithilfe von Computertechnik gezielt zur Pflanze ausgebracht.[158]

Ökolandwirtschaft

Aufgrund der Quellen gehen wir davon aus, dass der Ökolandbau bis 2040 auf 30 Prozent der landwirtschaftlichen Fläche anwächst.[159] Mit dieser Umstellung sind Emissionseinsparungen verbunden durch den Verzicht auf synthetische Stickstoffdünger (weniger Lachgas), durch verstärkten Humusaufbau im Boden (Bindung von Kohlenstoff) und durch weniger Emissionen in der Kunstdüngerproduktion. Insgesamt können so bis 2040 jährliche Emissionen in Höhe von 6 bis 10 TE eingespart werden.

Maschinen, Gebäude, Geräte und Fischkutter

In der Landwirtschaft spielen die CO_2-Emissionen durch Fahrzeuge, Maschinen sowie Wohngebäude und Ställe nur eine untergeordnete Rolle und können durch den Einsatz von erneuerbarer Energie und die Elektrifizierung auf null reduziert werden. Dies gilt auch für die Emissionen der Fischerei, die quantitativ aber nicht viel ausmachen.

Keine Subventionen für Fleischexporte

Die Boston Consulting Group stellt in einer neuen Studie fest, dass die Landwirtschaft ihre Produkte nur deshalb exportieren kann, weil dies stark subventioniert wird. 1 Euro Einnahme aus dem Export erfordert bis zu 6 Euro Förderung durch den Staat bzw. die EU. Der am stärksten subventionierte Bereich ist die Rinderhaltung. Die Studie empfiehlt, alle Fleischexporte zu beenden, dann würde die Fleischproduktion halbiert. Es könnte dann auch weitgehend auf Fleischimporte verzichtet werden. Durch die Reduzierung der Rinderhaltung und den flächendeckenden Übergang zu ökologischen Produktionsweisen können die Treibhausgasemissionen dementsprechend erheblich reduziert werden:[160] Es würden 80 Prozent der direkten und indirekten Subventionen für die Fleischexporte eingespart.

Fazit: Sektor Landwirtschaft

Insgesamt können durch die geschilderten Maßnahmen bis 2050 deutlich mehr als die Hälfte der Treibhausgasemissionen vermieden werden. Dies hält auch die Klimaallianz für realistisch.[161] Die meisten Reduzierungen können sogar bereits bis 2040 erfolgen. Das bedeutet aber, dass auch danach weiterhin etwa 25 bis 30 TE jährlich freigesetzt werden.[162]

25 TE

werden durch die Rinderhaltung und Verarbeitung in Deutschland jährlich freigesetzt.

Maßnahmen Landwirtschaft

→ Treibhausgasemissionen sollten auf Lebensmitteln gekennzeichnet werden, damit Verbraucher*innen sich daran orientieren können.

→ Treibhausgaspreise sollten auch für landwirtschaftliche Produkte erhoben werden.

→ Der Konsum von Fleisch und Milchprodukten sollte entsprechend den Empfehlungen der Deutschen Gesellschaft für Ernährung durch Aufklärung und höhere Preise reduziert werden.

→ Die wesentlichen Umstellungen in der Landwirtschaft erfolgen durch die Umstellung der Regeln für die EU-Förderung:
  → Reduzierung der Stickstoffemissionen in der Düngung vorschreiben

→ Ausweitung des Ökolandbaus auf mindestens 30 Prozent bis 2040

→ Gasdichte Lagerung und Verarbeitung von Gülle und Mist vorschreiben

→ Die Förderung von landwirtschaftlicher Produktion, vor allem Fleisch und Milchprodukten, für den Export auslaufen lassen

→ Elektrifizierung oder Umstellung auf E-Brennstoffe der Geräte, Fahrzeuge, Ställe und sonstigen Gebäude der Landwirtschaft

→ Biogasanlagen sollten auf Reststoffe umgestellt werden. Außerdem sollten sie nicht mehr im Dauerbetrieb laufen, sondern nur dann, wenn Wind- und Sonnenkraftwerke alleine zu wenig Strom abgeben. So können sie zur Stabilität des Energiesystems beitragen. Hierfür muss die Förderung angepasst werden.

33.000 ha

Urwald werden jeden Tag global gerodet. Das sind ca. 46.000 Fußballfelder. Dort entstehen häufig Sojaplantagen für Futtermittel – auch zur Fütterung von Tieren in Deutschland.

Vermeidung von Lebensmittelabfällen[163]

In Deutschland werden nach Studien des WWF und des Thünen-Instituts pro Person jährlich zwischen 145 bis 240 kg Lebensmittel weggeworfen. Der größte Teil davon wird in den privaten Haushalten entsorgt, danach folgen die Lebensmittelindustrie, Gaststätten und Kantinen, die Landwirtschaft sowie der Groß- und Einzelhandel. Etwa die Hälfte der Abfälle könnte jedoch vermieden werden. In diesem Fall müssten weniger Lebensmittel produziert werden, sodass insgesamt 6 TE Emissionen eingespart werden könnten.

Maßnahmen zur Vermeidung von Lebensmittelabfällen

→ Es sollten Aufklärungsmaßnahmen für Verbraucher*innen über den bewussten Umgang mit Lebensmitteln finanziert werden.

→ Die Produktion und der Transport von Lebensmitteln sollte optimiert werden.

→ Es sollte eine gesetzliche Verpflichtung eingeführt werden, dass Lebensmittel kurz vor dem Verfallsdatum kostenlos an Verteilstellen weitergegeben und nicht mehr entsorgt werden dürfen.

→ Lebensmittel, die in Form und Gestalt nicht den genormten Standards entsprechen, sollten nicht mehr entsorgt werden, sondern kostengünstig in den Handel oder an Verteilstellen weitergegeben werden.

→ Die Restabfälle sollten weiter genutzt werden. Dafür kämen die Schweinemast, die Energieerzeugung in Biogasanlagen oder die Verwertung als Kompost infrage.

BODENNUTZUNG (Sektor 6)

Im Sektor Bodennutzung geht es darum, wie Flächen genutzt werden – für die Landwirtschaft als Äcker oder Wiesen, als Moore, Wälder oder Siedlungsflächen. Manche Böden können CO_2 aufnehmen, z. B. Wälder, intakte Moore und Wiesen. Andere stoßen Treibhausgase aus, v. a. trockengelegte Moore. Darüber hinaus können Landnutzungsveränderungen Treibhausgase verursachen, z. B. dann, wenn Wiesen mit Straßen oder Häusern bebaut werden oder Wälder gerodet und in Äcker umgewandelt werden.

Erhalt und Aufbau von Humus

Humus ist die Bezeichnung für Erde, die aus zersetztem organischen Material, also v. a. aus Pflanzenresten, besteht. Er ist reich an Bakterien und sehr fruchtbar. Äcker und Wiesen können durch die Bildung von Humus dauerhaft Kohlenstoff im Boden binden. Da diese Prozesse sehr langsam ablaufen, ist die jährliche Wirkung jedoch gering und wird auf lediglich 2 TE geschätzt. Da diese Speicherung aber bei Wiesen größer ist als bei Äckern, kann die Umwandlung von Äckern in Grünland diese Menge mehr als verdoppeln. Wichtig ist in diesem Zusammenhang der Erhalt des Dauergrünlandes, d. h., Grünland darf nicht in Äcker oder Siedlungsfläche umgewandelt werden. Auch das Tauschen von Acker- und Grünlandflächen sollte in der Regel unterlassen werden, da es zu Humusverlust führt. Humusbildung erfolgt schneller, wenn Wiesen nicht mehr so stark entwässert werden. Eine Umstellung von 50 Prozent der Wiesen von »tief entwässert« auf »schwach entwässert« würde diesen Prozess sogar erheblich beschleunigen. Insgesamt können die Emissionen durch den Humuserhalt und -aufbau um etwa 13 TE reduziert werden.

Wiedervernässung von Moorböden und Schutz der Moore

Das größte Einsparpotenzial im Bereich Bodennutzung besteht bei den trockengelegten Moorböden. Wenn alte Moore trockengelegt werden, führen biologische Prozesse dazu, dass in großem Umfang Treibhausgase ausgedünstet werden. Über eine Million Hektar landwirtschaftlich genutzter Moorflächen in Deutschland könnten wieder vernässt werden, wovon etwa 60 Prozent als Wiesen und 40 Prozent als Acker genutzt werden könnten.[164] Für diese Flächen müssen geeignete Programme entwickelt werden, um sie einer extensiven Nutzung zuzuführen oder gar als Naturschutzflächen ganz oder teilweise aus der Nutzung zu nehmen.

Das Thünen-Institut hat für die Wiedervernässung ein riesiges Einsparpotenzial von bis zu 35 TE berechnet – das entspricht alleine 4 Prozent aller Emissionen in Deutschland.[165]

Darüber hinaus sollten der Abbau der Moore und die Torfgewinnung gestoppt werden, um die Moore künftig als natürliche Treibhausgassenken zu erhalten und weitere Freisetzungen zu vermeiden.

Schutz und Ausweitung der Wälder

Hierzulande bedecken Wälder 31 Prozent der Landfläche. Damit liegt Deutschland trotz der dichten Besiedlung im europäischen Durchschnitt. Der Wald ist momentan der einzige Bereich, der in erheblichem Maße Kohlendioxid aus der Luft aufnimmt und im Holz sowie im Humus im Boden speichert. Diese »negativen Emissionen« gleichen fast 6 Prozent aller Emissionen in Deutschland aus. Wenn Wälder ausgewachsen sind, nehmen sie weniger CO_2 auf. Große Teile der Bäume in deutschen Wäldern sind nach dem Zweiten Weltkrieg entstanden und erreichen bis 2050 ihre volle Größe. Dann nimmt die Fähigkeit des Waldes, CO_2 zu speichern, etwa um die Hälfte ab. Ein wichtiger Faktor, um die negativen Emissionen zu erhalten, ist die qualitative Verbesserung der Wälder durch nachhaltige Bewirtschaftung und standortgerechte Baumauswahl. Wesentlich optimistischer ist eine Studie des Öko-Instituts, wonach die Wälder in Deutschland noch über das Jahr 2100 hinaus fast 60 TE an Kohlendioxid aus der Luft entnehmen können.[166]

Erhöhung der stofflichen Nutzung

Wenn Holz für langlebige Produkte oder als Baustoff genutzt wird, wird das CO_2 für Jahrzehnte oder länger gespeichert. Zugleich werden andere Baustoffe und Materialien, z. B. Zement, durch Holz ersetzt, was zusätzliche CO_2-Einsparungen mit sich bringt. Insgesamt rechnet das Thünen-Institut mit einer Verbesserung der Klimabilanz durch mehr Holznutzung um jährlich 17 TE.[167]

Beschleunigte Wiederbewaldung nach Waldschäden

Heute dauert es oft sehr lang, bis zerstörte Waldflächen aufgeforstet werden. Die Wiederbewaldung erfolgt dann oft nicht mit dem Ziel einer möglichst hohen CO_2-Bindung, sondern mit dem Ziel einer möglichst kostengünstigen Bepflanzung. Dagegen könnten durch eine zügige Aufforstung durch die Pflanzung geeigneter Baumarten Bodenabtrag und Humusverlust vermieden und die Bindung von Kohlenstoff in lebender Biomasse beschleunigt werden.[168]

Aufforstung und Wiederaufforstung

Wenn auf Ackerflächen neue Wälder angepflanzt werden, können große Mengen Kohlenstoff über lange Zeiträume im Holzaufwuchs eingelagert werden.

Bislang sind nur geringe Aufforstungen geplant. Wenn aber der Anbau von Energiepflanzen wie Mais und Raps schrittweise eingestellt wird, könnten mehr als 5 Prozent der landwirtschaftlichen Flächen neu aufgeforstet werden. Das wäre eine Vergrößerung der Waldfläche in Deutschland um etwa 0,9 Mio. Hektar (8 Prozent). Auf diese Weise würden nach 20 Jahren zusätzliche negative Emissionen von 15 TE pro Jahr erreicht.[169] Diese Effekte sind jedoch zeitlich auf etwa 100 Jahre begrenzt. Denn wenn der Wald erst einmal ein bestimmtes Alter erreicht hat und kein Holz entnommen wird, dann wird auch wieder CO_2 durch absterbende Bäume freigesetzt, und es bleibt nur noch eine vergleichsweise geringe Humuseinlagerung als positiver Effekt.[170]

Angepasste Flächennutzung für den Klimaschutz

Zurzeit werden auf 2,4 Mio. Hektar (13 Prozent) der landwirtschaftlichen Flächen nachwachsende Rohstoffe angebaut. Den größten Teil (2,2 Mio. Hektar) machen Raps und Mais für Biodiesel und für Biogasanlagen aus. Diese Nutzung ist ineffizient: Würde man auf die gleiche Fläche Photovoltaikanlagen bauen, könnte je nach Schätzung 5- bis 60-mal mehr Energie gewonnen werden. Würde man dann mithilfe des Stroms synthetischen E-Diesel erzeugen, käme pro Hektar immer noch mehr als die dreifache Menge Diesel heraus als beim Rapsanbau. Daher gehen wir davon aus, dass der Anbau von Energiepflanzen schrittweise eingestellt wird.

Umnutzung der Flächen

Die Flächen, die durch Einstellung des Energiepflanzenanbaus frei werden, können folgendermaßen genutzt werden:

Für Solaranlagen werden neben Hausdächern und anderen Flächen bis zu 2 Prozent der landwirtschaftlichen Fläche benötigt. Werden diese Photovoltaikanlagen hoch geständert, können die Flächen darunter auch landwirtschaftlich genutzt werden.[171] So können Pilze und eine Reihe von Pflanzen wie Kartoffeln und Sellerie darunter angebaut werden. Auch der Anbau von Getreide wie Roggen, Hafer, Gerste und Weizen sowie von Zuckerrüben wurde schon erprobt. Die Einbußen liegen nach den bisherigen Forschungsergebnissen zwischen 5 bis 20 Prozent – in besonderen Fällen wurden sogar Mehrerträge erwirtschaftet. Theoretisch können darunter auch Schafe oder Rinder weiden. In Zukunft werden diese sogenannten Agro-Photovoltaikanlagen noch sinnvoller werden, da sie den Boden in heißen Sommern vor dem Austrocknen schützen können.

Weitere 5 Prozent der landwirtschaftlichen Flächen sollten wieder vernässt werden. Dazu ist allerdings Flächenmanagement notwendig. Ein anderer Teil kann zur Neuwaldbildung genutzt werden. Die übrigen frei werdenden Flächen können schließlich für die Produktion von nachwachsenden Rohstoffen für die Industrie benutzt werden. 2018 wurden auf knapp 2 Prozent der Ackerflächen pflanzliche Rohstoffe für die Industrie angebaut. Da heute die Rohstoffe der organischen Chemie fast ausschließlich aus fossilen Quellen stammen und ersetzt werden müssen, werden künftig für den Anbau von Industrierohstoffen erhebliche zusätzliche Flächen benötigt.

Maßnahmen im Bereich Bodennutzung

→ Ehemalige Moore sollen wiedervernässt und bestehende Moorflächen geschützt werden.
→ Wo dies möglich ist, soll der Wasserstand auf Wiesen erhöht werden.
→ Es darf nicht mehr möglich sein, Dauergrünland in Acker- oder Siedlungsfläche umzuwandeln – auch wenn dafür Flächen getauscht werden.
→ Der Anbau von Energiepflanzen soll bis spätestens 2035 eingestellt werden.
→ Teile der frei werdenden Flächen werden aufgeforstet.
→ Die Bewirtschaftung von Wäldern soll so optimiert werden, dass der Wald als Kohlenstoffsenke erhalten bleibt.
→ Dazu gehört, dass weniger Waldrestholz genutzt wird.
→ Importe von Biomasse, die als Bioenergie verwendet wird, sollen komplett eingestellt werden.

Kompensationen

Wenn alle genannten Potenziale, Treibhausgase der Luft wieder zu entnehmen, genutzt werden, würden damit ab 2050 etwa 70 TE eingespart. Die Restemissionen würden damit mindestens kompensiert. Allerdings sind nicht alle Einsparungen dauerhaft. Es ist deshalb nicht sicher, ob die Kompensation durch Wald und Moore ausreicht, denn selbst wenn die Menschen keine Treibhausgase mehr freisetzen, werden im Laufe dieses Jahrhunderts nach den Rechnungen des Weltklimarats auf andere Weise Treibhausgase freigesetzt.[172] Ursachen sind das Schmelzen der Dauerfrostböden in Sibirien und andere Effekte. Es ist auch nicht sicher, ob nicht darüber hinaus Kohlendioxid aus der Luft wieder herausgeholt werden muss, um das Abschmelzen des Eises in Grönland und der Antarktis zu stoppen.

Um die nötigen Kompensationen zu bewerkstelligen, bleiben drei Möglichkeiten:

→ **Aufforstung im Ausland:** Dazu müssen in Gegenden, wo das möglich ist, auf großen Flächen Aufforstungsprojekte gestartet werden. China hat bereits damit begonnen, einen Teil der Wüste Gobi aufzuforsten. Auch in Sibirien und Kanada gibt es große Flächen, die bewaldet werden können – insbesondere, wenn die Dauerfrostböden tauen.

→ **Speicherung von Biokohle:** Hier geht es um Verfahren, bei denen organische Substanzen wie Holz oder Kohlefasern, die aus angebauten Pflanzen gewonnen werden, möglichst luftdicht in der Erde vergraben werden. Im Laufe der Zeit verwandeln diese sich zu Kohlenstoff. Man kann sogar aus organischen Stoffen Kohlefasern herstellen – was aber vermutlich sehr teuer sein wird.

→ **Speicherung von Kohlendioxid in der Erde:** Im Bericht des Weltklimarats wird diskutiert, Kohlendioxid aufzufangen, das bei der Verbrennung von Biobrennstoffen ausgestoßen wird, und es in der Erde zu verpressen.[173] Damit würde im Ergebnis ebenfalls CO_2 wieder aus der Luft entnommen. Allerdings werden die Methoden, bei denen Kohlendioxid in alte Erdgaslager verpresst wird, von fast allen Wissenschaftler*innen sehr kritisch gesehen. Es werden Schäden für das Grundwasser befürchtet, auch kann praktisch nicht sichergestellt werden, dass das Kohlendioxid auf Dauer in der Erde bleibt. In Island wird an der Verpressung von Kohlendioxid als kohlensaures Wasser in den Untergrund geforscht, wo es sich zu neuem Gestein mineralisiert. Allerdings kam es dort durch das Verpressen des Wassers zu mehreren kleinen Erdbeben.[174]

Es gibt noch eine Vielzahl weiterer Ansätze. Im Ergebnis kommen aber die Studien in Bezug auf die bisher bekannten Verfahren zu einem ernüchternden Ergebnis:[175] Es ist nicht erkennbar, dass es in absehbarer Zeit außer der großräumigen Aufforstung und der Verstärkung der natürlichen Humusbildung technische Verfahren geben wird, um Kohlendioxid in größerem Umfang ohne Risiko aus der Luft zu holen. Auch ökonomisch ergibt dies in absehbarer Zeit keinen Sinn, da Aufforstungsmaßnahmen mit gleicher Wirkung erheblich billiger sind.[176]

Weitere Maßnahmen zur Kompensation

→ Deutschland sollte sich an internationalen Aufforstungsprogrammen beteiligen. Dies sollte in einem Umfang geschehen, dass dauerhaft CO_2 wieder aus der Atmosphäre genommen und die Treibhausgaskonzentration reduziert werden kann.

→ Trotz – oder gerade wegen – der Bedenken sollten mögliche technische Maßnahmen umfassend erforscht werden, wie Kohlendioxid der Atmosphäre entzogen werden kann. Hierfür sollten genügend Gelder zur Verfügung gestellt werden.

ABFÄLLE UND ABWASSER
(Sektor 7)[177]

Zum Sektor Abfälle und Abwasser werden die Emissionen aus den Mülldeponien, der Abwasserentsorgung sowie der Entsorgung der Abfälle aus den Biotonnen und der Sammlung von anderen organischen Abfällen gezählt. Die Emissionen aus der Müllverbrennung werden im Abschnitt »Müllverbrennung« ab Seite 64 behandelt.

Die Emissionen in diesem Sektor betrugen 2017 insgesamt 10 TE – also etwa 1 Prozent der deutschen Gesamtemissionen. Der größte Teil entsteht durch die Methan- und Lachgasfreisetzungen aus Mülldeponien (8 TE). Diese werden bis 2050 von alleine auf einen Rest von 1 TE – das sind 0,1 Prozent der heutigen Gesamtemissionen – zurückgehen, denn seit 2005 darf unbehandelter Müll nicht mehr gelagert werden. Der Ausstoß der Altlasten nimmt daher kontinuierlich ab, ohne dass Maßnahmen erforderlich sind. Auch werden die Abfälle immer mehr stofflich (Mülltrennung und Recycling) und energetisch in den Müllverbrennungsanlagen genutzt. Die restlichen Emissionen entstehen je zur Hälfte durch die Abwasserbehandlung und durch die biologische Behandlung von organischen Abfällen aus der Biotonne und anderen organischen Abfällen.[178]

Bei der Abwasserbehandlung können die Emissionen nur schwer gänzlich gestoppt werden. Die wichtigste Maßnahme dabei ist der Anschluss von abflusslosen Gruben im ländlichen Raum an die Kanalisation. Dies kann den Ausstoß von Treibhausgasen um die Hälfte reduzieren. Auch eine Änderung der Ernährung kann zu weniger Stickstoff in den Abfällen und damit zu 30 Prozent weniger Emissionen führen.

Die Treibhausgase der Abfälle aus der Biotonne und anderen organischen Abfällen entstehen durch die Kompostierung und durch die Vergärung in Biogasanlagen. Durch technische und organisatorische Maßnahmen können auch diese etwa auf die Hälfte gesenkt werden.

Diese Maßnahmen führen dazu, dass die Emissionen insgesamt auf unter 2 TE im Jahr 2050 sinken.

Fragen zum Bereich Ernährung

→ Wie kann erreicht werden, dass nur noch die Hälfte (Rind-)Fleisch gegessen wird?

→ Wie kann erreicht werden, dass weniger Milchprodukte konsumiert werden?

→ Wären Sie mit einer Erhöhung der Preise für Fleisch, v. a. Rindfleisch, und Milchprodukten einverstanden? Wie sollte dies sozial ausgewogen gestaltet werden?

Fragen zur Landwirtschaft

Die Landwirtschaft muss grundlegend umgebaut werden: Der Anbau von Energiepflanzen (Raps und Mais) muss eingestellt werden, es darf nur noch ein Drittel der bisherigen Düngermittelmenge verwendet werden, und die Erzeugung von Rindfleisch und Milchprodukten sollte halbiert werden:

→ Wie können diese Umstellungen durchgeführt werden? (Durch Verordnungen, durch finanzielle Anreize für Bauern und Bäuerinnen, durch Abgaben auf die Produkte? Haben Sie andere Vorschläge?)

Fragen zur Bodennutzung und Kompensation

→ Sollen Bund und Länder die Möglichkeit bieten, dass Bürgerinnen und Bürger sich finanziell an der Wiedervernässung von Mooren oder dem Pflanzen neuer Wälder beteiligen?

→ Sollen die Forschungsgelder und -möglichkeiten für Kompensationsmaßnahmen erhöht werden?

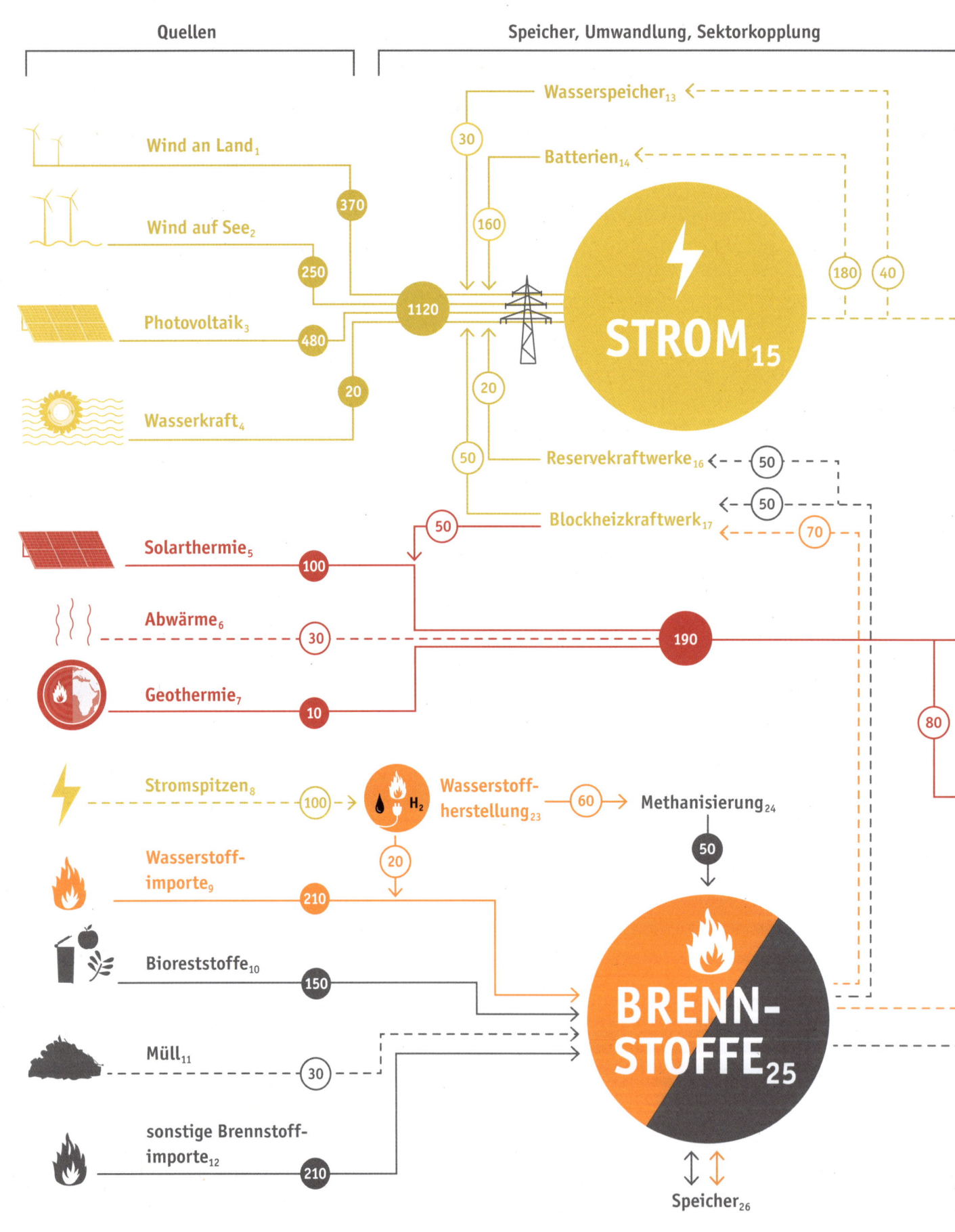

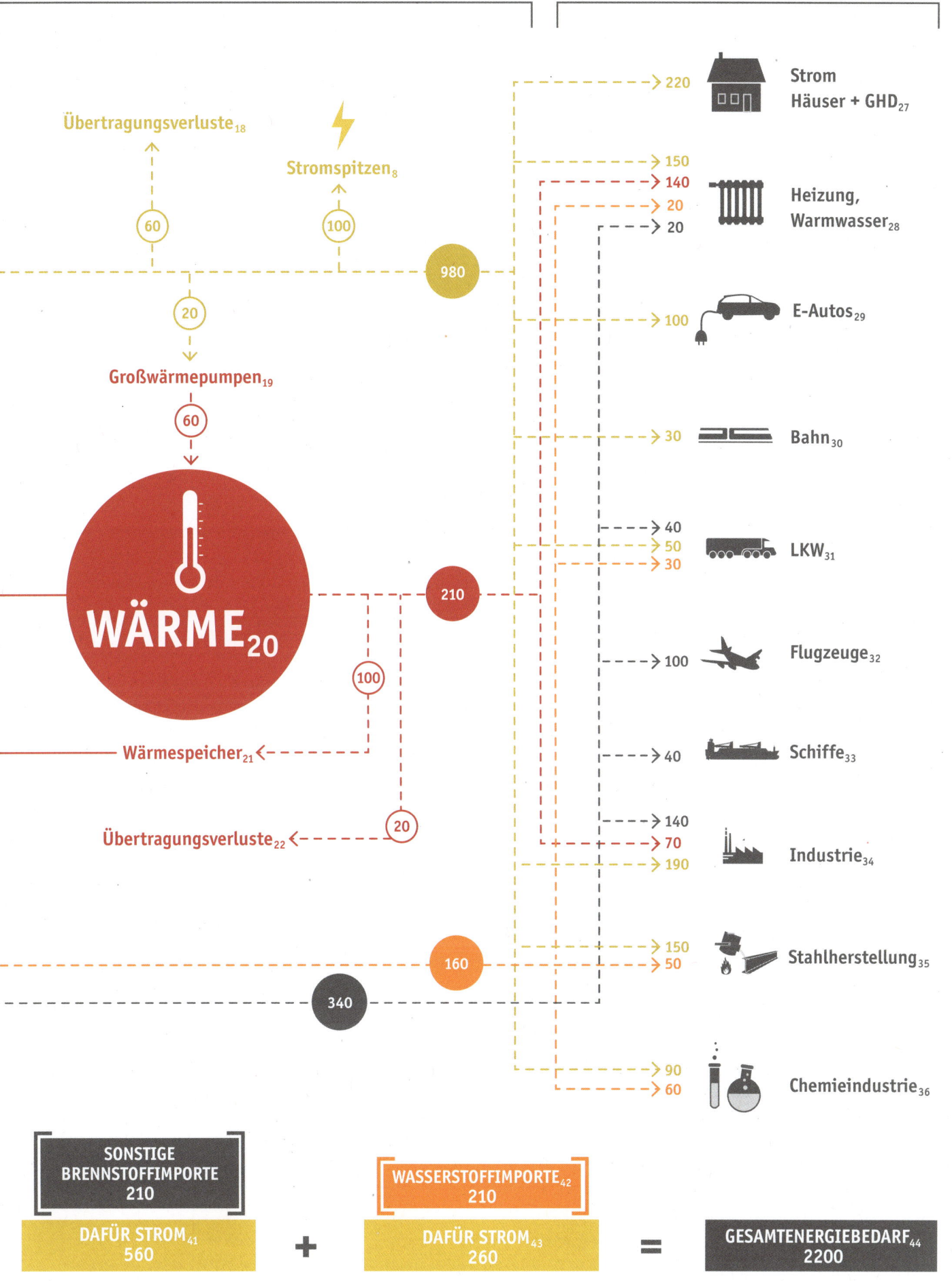

ERLÄUTERUNGEN ZUM ENERGIEFLUSSDIAGRAMM

Im Energieflussdiagramm (siehe Seite 100) wird dargestellt, wie das Energiesystem in einem treibhausgasneutralen Deutschland im Jahr 2038 aussehen könnte.[1] Es handelt sich hier weder um eine Prognose noch um einen festgelegten Plan, denn bei der Realisierung gibt es an jeder Stelle zahlreiche Varianten. Es handelt sich vielmehr um eine Rechnung, mit der wir überprüfen, ob der von uns auf Basis der Studien dargestellte Weg plausibel ist.[2]

Weitere Erläuterungen zum Energieflussdiagramm befinden sich auf www.handbuchklimaschutz.de.

Die Energie wird zu 100 Prozent treibhausgasneutral erstellt.[3] Der Wasserstoff wird durch Elektrolyse mit Strom aus Wind oder Sonnenenergie gewonnen. Alle anderen E-Brennstoffe (Methan, Kerosin, Diesel, Methanol, Ammoniak usw.) werden aus Wasserstoff raffiniert.

Die Quellen mit gestrichelten Linien (Abwärme, Stromspitzen und Müll) stellen keine echten Energiequellen dar, da diese Energie in der Energiebilanz an einer anderen Stelle schon enthalten ist.[4] Gelb dargestellt sind Stromflüsse, rot die Wärmeflüsse, orange die Wasserstoffflüsse und grau die Flüsse für alle erneuerbaren Brennstoffe außer Wasserstoff.

1. bis 3. Wind an Land – Wind auf See – Photovoltaik

Insgesamt 1100 TWh Strom werden in Deutschland durch Wind und Sonne erzeugt. Das ist immerhin doppelt so viel Strom, wie heute insgesamt verbraucht wird. Bei der Aufteilung haben wir auf eine gute Verteilung zwischen Windkraft und Sonnenenergie geachtet:[5]
- → 480 TWh = 44 Prozent durch Sonnenenergie (Photovoltaik)
- → 370 TWh = 33 Prozent durch Windkraftwerke an Land (onshore)
- → 250 TWh = 23 Prozent durch Windkraftwerke auf See (offshore)

Aufgrund der Probleme mit der Ausweisung von Windkraft in Süddeutschland und der geringeren Windgeschwindigkeit haben wir angenommen, dass so viel Windkraft wie möglich auf See produziert wird. Die Windkraft an Land wurde zu zwei Dritteln den norddeutschen Ländern Schleswig-Holstein, Niedersachsen, Mecklenburg, Brandenburg und Sachsen-Anhalt zugeordnet, obwohl diese nur weniger als zwei Fünftel der Fläche Deutschlands ausmachen. Dennoch wird auch in Süddeutschland Windenergie benötigt – ebenso wie in Norddeutschland Photovoltaikanlagen gebaut werden müssen.

4. Wasserkraft

Es gibt keine großen unerschlossenen Kapazitäten für Wasserkraft in Deutschland.[6] Je nach Witterung kann die Produktion um 10 bis 15 Prozent schwanken.[7] Unter Berücksichtigung von Systemoptimierungen und möglicher größerer Trockenheit gehen wir davon aus, dass wie bisher 20 TWh jährlich an Wasserstrom erzeugt werden.[8] In dieser Zahl sind die Wasserspeicher nicht enthalten (siehe Anmerkung 13).

5. Solarthermie

Mit Solarthermie wird Wasser direkt für die Warmwasserversorgung und für Heizungen durch Sonnenlicht aufgeheizt. Die Potenzialangaben liegen in den Studien weit auseinander.[9] Wir rechnen mit mittleren Werten: 15 TWh Solarthermie in der Industrie, 40 TWh durch dezentrale Anlagen an den Häusern und 45 TWh durch Großsolarthermieanlagen, die Wärme in Fernwärmenetze einspeisen. Insgesamt rechnen wir daher mit 100 TWh im Jahr.

6. Abwärme

Die Abwärme wird aus Industrie, Rechenzentren und anderen GHD bezogen, sie ist also keine Energiequelle, sondern eine Wiederverwertung. Allein die Abwärme der Industrie wird auf über 160 TWh geschätzt.[10] Davon können aber nach den unterschiedlichen Schätzungen nur 10 bis 33 TWh genutzt werden.[11] Das Haupthindernis stellt die fehlende Wirtschaftlichkeit dar – das kann sich aber bei einem höheren CO_2-Preis ändern.[12] Wir rechnen deshalb mit 30 TWh.

7. Geothermie

Hier wird nur die direkte Wärmegewinnung aus unterirdischen Warmwasservorkommen oder Gesteinen berücksichtigt. Die unterschiedlichen Schätzungen rechnen mit einem erschließbaren Potenzial zwischen 10 und 20 TWh.[13] Wir rechnen konservativ mit 10 TWh. Die Wärmegewinnung der Wärmepumpen aus Umgebungswärme, die ein Vielfaches davon ausmachen wird, ist darin nicht enthalten. Diese Wärme fällt bei den Großwärmepumpen (Anmerkung 19) und direkt in den Haushalten (Anmerkung 28) an, wird aber im Diagramm nicht explizit ausgewiesen.

8. Stromspitzen

Wir rechnen damit, dass etwa 15 Prozent des erneuerbaren Stroms aus Wind- und Sonnenanlagen abgeregelt werden müssten, damit er die Netze nicht überlastet. Stattdessen kann dieser Strom für die Wasserstoffelektrolyse verwendet werden. Vorsichtig kalkuliert, gehen wir von etwa 100 TWh Strom aus, die zur Elektrolyse genutzt werden können.[14]

9. Wasserstoffimporte

Da nicht genügend erneuerbarer Strom in Deutschland produziert werden kann, müssen 210 TWh grüner Wasserstoff importiert werden, um den geschätzten Bedarf zu decken.[15] Alternativ könnte Strom z. B. aus Russland importiert werden, wobei die Wasserstofferzeugung durch Elektrolyse dann in Deutschland stattfinden könnte. Diese Alternative haben wir im Diagramm nicht berücksichtigt.

10. Bioreststoffe

Bioenergie stammt heute aus dem Anbau von Energiepflanzen, dem Import von Biomasse, wie Holzpellets aus Rumänien oder Palmöl aus Südamerika, und aus Reststoffen. Wir gehen davon aus, dass der Import von Biomasse und der Anbau von Energiepflanzen bis 2035 eingestellt werden.[16] Das nutzbare Potenzial an Biomasse stammt deshalb zu 100 Prozent aus Reststoffen. Die Schätzung dieses Potenzials liegt zwischen 60 TWh – wenn auch die Waldrestholznutzung eingestellt wird – und maximal 360 TWh.[17] Wir rechnen mit 150 TWh.

11. Müll

Wie viel Müll künftig zur Energieerzeugung zur Verfügung steht, ist schwer abschätzbar.[18] Wir gehen davon aus, dass die anfallende Menge Müll zurückgehen wird, gleichzeitig aber alle Potenziale ausgeschöpft werden, und rechnen daher mit 30 TWh.[19]

12. Importe von E-Brennstoffen

Da nicht genügend erneuerbarer Strom in Deutschland produziert werden kann, müssen neben Wasserstoff noch weitere 210 TWh E-Brennstoffe (E-Methan, E-Diesel, E-Kerosin, E-Methanol, E-Ammoniak und andere) importiert werden, um den Bedarf zu decken.[20] Alternativ könnte auch Wasserstoff oder Strom importiert werden, wobei dann die Weiterverarbeitung in Deutschland stattfindet. Dies wird hier nicht berücksichtigt.

13. bis 14. Wasserspeicher – Batterien[21]

Zur Speicherung von Strom berücksichtigen wir Batterien, Stauseen und Gasspeicher für Methan oder Wasserstoff (siehe Anmerkung 16). Obwohl das Speichervolumen der Batterien mit 0,5 TWh relativ gering ist, liefern sie 160 TWh – das sind drei Viertel des Speicherstroms –, da sie täglich im Einsatz sind, um die Schwankungen der Stromproduktion im Tagesverlauf zu glätten. Weitere 30 TWh werden durch Wasserspeicher zur Verfügung gestellt. Dafür werden wegen geringer inländischer Stauseen besonders die Wasserspeicher in Norwegen genutzt. Diese Speicher kommen zum Einsatz, wenn die Kapazität der Batterien nicht ausreicht und über mehrere Tage zu wenig Strom produziert wird.

15. Strom

Insgesamt werden 1190 TWh Strom in Kraftwerken in Deutschland produziert. Davon stammen 1120 TWh direkt aus erneuerbaren Kraftwerken (Wasser, Sonne, Wind). Die restlichen 70 TWh werden durch die Verbrennung von grünem Wasserstoff und Methan in Blockheizkraftwerken (BHKWs) und in den Reservegasturbinen erzeugt. Weiterhin werden 190 TWh Strom aus den Pump- und Batteriespeichern abgegeben, in die dazu 220 TWh eingespeichert werden müssen (30 TWh Speicherverlust). Diesen Speicherstrom zählen wir bei der Nettoerzeugung nicht mit.

16. Gasreservekraftwerke[22]

Bei diesen Reservekraftwerken handelt es sich um Gasturbinen. Das dafür als Reserve gespeicherte Methan- oder Wasserstoffgas wird in Gaskavernen gespeichert. Da der Wirkungsgrad der Vergasung und Rückverstromung von nur 40 Prozent gering ist, werden sie nur in seltenen Fällen gestartet, etwa bei einer Dunkelflaute, wenn die Stromerzeugung aus erneuerbaren Quellen nicht ausreicht. Deshalb rechnen wir im Durchschnitt mit 20 TWh Strom aus Reservekraftwerken pro Jahr.

17. Blockheizkraftwerke und andere Erzeugungssysteme

Diese dezentralen Anlagen laufen mit Müll, Biogas, E-Methan, grünem Wasserstoff und Holz. Sie sind flexibel, laufen v. a. im Winter und speisen Nah- und Fernwärmenetze. Sie produzieren sowohl Strom als auch Wärme. Wir rechnen mit einem Gesamtwirkungsgrad von 85 Prozent. Da sie flexibel sind, werden sie dann betrieben, wenn Sonne und Wind nicht genug Energie bereitstellen. Sie liefern dann einen sicheren Beitrag von etwa 10 GW und eine jährliche Gesamtstrommenge von 50 TWh.

18. Übertragungsverluste (Strom)

Wir gehen davon aus, dass Übertragungsverluste im Stromnetz etwas zurückgehen werden (von derzeit ca. 5,7 Prozent),[23] und rechnen mit 5 Prozent Verlusten. Daran ändern auch die Stromtransporte über größere Entfernungen nichts, da diese künftig über HGÜ-Leitungen (Hochspannungsgleichstromübertragung) erfolgen. Die Übertragungsverluste bei Gleichstromleitungen betragen weniger als ein Zehntel des Verlustes einer vergleichbaren Wechselstromleitung.

19. Großwärmepumpen

Die Wärmeversorgung der Haushalte, Büros, Geschäfte und Werkstätten findet in Zukunft zu zwei Dritteln durch Wärmepumpen statt – überwiegend direkt in den Häusern, z. T. aber auch über Fernwärme. Wir rechnen mit einem mittleren Wirkungsgrad von 300 Prozent, sodass mit 20 TWh Strom 60 TWh Wärme produziert werden können.[24]

20. Wärme

Die hier aufgeführte Wärmeenergie, die Haushalten, dem Bereich GHD (Gewerbe, Handel, Dienstleistungen) und der Industrie zugeführt wird (210 TWh), besteht aus 155 TWh Fernwärme sowie aus 55 TWh dezentral vor Ort gewonnener Solarwärme. Der Rest der Wärme wird durch Strom und Brennstoffe in den Gebäuden erzeugt (siehe Anmerkung 28 und 34).

21. bis 22. Wärmespeicher – Übertragungsverluste

Da die Wärme häufig zeitversetzt zur Wärmeerzeugung benötigt wird, wird ein erheblicher Teil zwischengespeichert. Die Größe der Speicher wird von den Quellen sehr unterschiedlich geschätzt. Wir rechnen damit, dass 80 TWh mit einem Wärmeverlust von rund 20 Prozent aus Speichern geliefert werden.[25]

22. Übertragungsverluste: Wärme

Bei der Nutzung von Nah- und Fernwärmenetzen rechnen wir mit einem Wärmeverlust von ca. 20 TWh.[26]

23. Wasserstoffsynthese

Bei der Elektrolyse wird unter Einsatz von Strom und Wasser Wasserstoff produziert. Wir rechnen mit einem Wirkungsgrad von 80 Prozent.[27]

24. Methanisierung

Bei der Methanisierung wird Wasserstoff zu E-Methan raffiniert. Der Wirkungsgrad wird mit ca. 80 Prozent angegeben.[28] Wenn Elektrolyse und Methanisierung gemeinsam durchgeführt werden, was in der Praxis vermutlich häufig der Fall sein wird, kann ein Gesamtwirkungsgrad von 75 Prozent erreicht werden. Wir rechnen vorsichtig mit 64 Prozent.

25. und 26. Brennstoffe – Speicher[29]

Hier sind alle Bio- und E-Brennstoffe in flüssiger, fester und gasförmiger Form zusammengefasst, z. B. Biogas, E-Methan, Methanol, Holz, E-Diesel, E-Kerosin, grüner Wasserstoff usw. Als Speicher können die bestehenden Gaskavernen und Treibstoffspeicher genutzt werden. Ein Teil der Erdgasspeicher muss dazu für Wasserstoff umgerüstet werden.

27. Haushalte und GHD (Strom)

Auf Basis der Quellen schätzen wir, dass der heutige Strombedarf klassischer Verbraucher (Haushalte und Gewerbe, Handel, Dienstleistungen) durch Effizienzmaßnahmen und Einsparungen um 20 Prozent auf rund 220 TWh sinkt.[30]

28. Heizung und Warmwasser[31]

Der Endenergiebedarf für den Gebäudebereich hängt von zahlreichen Faktoren ab. Entscheidende Parameter sind der Dämmzustand der Häuser, der Anteil der Fernwärme, die Speicherkapazitäten und der Heizungsmix. Wir rechnen mit folgendem Szenario: Der Endenergiebedarf für Wohngebäude und GHD beträgt 330 TWh. Davon liefert die Fernwärme 30 Prozent – also 100 TWh. Der verbleibende Bedarf von 230 TWh setzt sich aus 40 TWh Solarthermie, 150 TWh Strom für Wärmepumpen und 40 TWh erneuerbare Brennstoffe (Methan-, Öl- oder Wasserstoff) für klassische Brennwertkesselheizungen zusammen.

29. E-Autos

Wir gehen von einem Rückgang des Individualverkehrs und einer Verringerung der Zahl an PKWs um 10 Prozent auf 40 Mio. Fahrzeuge aus. Auf dieser Basis rechnen wir mit 100 TWh Strombedarf.[32]

30. Bahn

Der Strombedarf der Bahn liegt derzeit bei 12 TWh.[33] Wir rechnen damit, dass der Schienenverkehr um das Doppelte bis Dreifache anwächst. Die dieselbetriebenen Fahrzeuge werden durch strombetriebene ersetzt. Wir gehen daher von einem Strombedarf von 30 TWh aus.

31. LKWs und andere Nutzfahrzeuge

Wir schätzen, dass in Zukunft ein Drittel der Autobahnen in Deutschland (4000 km) mit Oberleitungen ausgestattet werden und dass 60 Prozent der Fahrzeuge elektrisch fahren. Welche zusätzliche Antriebstechnologie die LKWs haben werden, ist umstritten (Batterie, Brennstoffzelle, Methan oder E-Diesel). Auf Basis der Studien rechnen wir mit einem Mix: einem Strombedarf von 30 TWh für Oberleitungen, zusätzlich 20 TWh für Batterien sowie 30 TWh Wasserstoff, 20 TWh E-Methan und 20 TWh E-Diesel.[34]

32. Flugzeuge

Der Flugverkehr enthält neben den Inlandsflügen auch den deutschen Anteil an der internationalen Luftfahrt. Flugzeuge werden darüber hinaus wahrscheinlich noch auf längere Zeit mit E-Kerosin betrieben, deshalb rechnen wir mit einem Bedarf von 100 TWh.[35]

33. Schiffe

Der Schiffsverkehr enthält auch den deutschen Anteil an der internationalen Seeschifffahrt. Der Großteil des Schiffsverkehrs wird künftig mit E-Brennstoffen versorgt werden. Langfristig werden im regionalen Verkehr (Fähren, Feederverkehr)[36] auch elektrische, batteriebetriebene Schiffe fahren. Aufgrund der Quellen rechnen wir mit einem Bedarf von 40 TWh Flüssigbrennstoff.[37]

34. bis 36. Industrie – Stahlherstellung – Chemieindustrie

Nahezu alle industriellen Prozesse werden künftig Wasserstoff oder Strom als Energielieferanten nutzen. Dort, wo auch künftig Kohlenstoff als Rohstoff gebraucht wird, wird von fossilen Rohstoffen auf E-Methan umgestellt. Basierend auf den Quellen, rechnen wir mit einem Bedarf an »klassischem« Industriestrom von 190 TWh,[38] dem Bedarf an E-Methan mit 140 TWh,[39] und für die klimaneutrale Stahlherstellung rechnen wir mit einem Strombedarf von 150 TWh und einem Wasserstoffbedarf von 50 TWh.[40] Für die Chemieindustrie legen wir vorsichtig 90 TWh Strom und 60 TW E-/Biobrennstoffe zugrunde.[41] Die Umstellung der Chemieindustrie auf grüne Rohstoffe erfolgt ab 2040 und wird hier noch nicht berücksichtigt.

37. Strom

Dies ist der direkt durch erneuerbare Energien (Wind, Sonne, Wasser) in Deutschland produzierte Strom ohne den Strom aus Brennstoffen und Speichern.

38. Wärme

Dies ist die direkt in Deutschland gewonnene Wärme aus Sonneneinstrahlung und Geothermie ohne die mit Strom und Brennstoffen produzierte Wärme.

39. Reststoffe

Dies umfasst die Energie aus Bioreststoffen aus Deutschland. Es wird kein Import von Biobrennstoffen angenommen.

40. bis 43. Importierte E-Brennstoffe und Strombedarf zu deren Erzeugung

Um 210 TWh Wasserstoff und 210 TWh sonstige E-Brennstoffe (davon 50 TWh Methan und 160 TWh Flüssigbrennstoffe) zu importieren,[42] sind 260 TWh Strom für die Wasserstoffelektrolyse, 80 TWh für die Methanherstellung und 480 TWh für die Flüssigbrennstoffe erforderlich.[43] Damit müssen künftig noch 37 Prozent des Energiebedarfs importiert werden (heute sind es über 80 Prozent). Natürlich könnte auch ein Anteil des im Ausland für Energieexporte nach Deutschland produzierten Stroms direkt importiert werden. Dann würden die Elektrolyse des Wasserstoffs und die Raffination von anderen Brennstoffen in Deutschland stattfinden. Dies wird hier jedoch nicht berücksichtigt.

44. Energiebedarf

Es ergibt sich ein gesamter Energiebedarf von 2200 TWh. Zum Vergleich: Heute sind es 3640 TWh. Davon werden 1940 TWh oder 88 Prozent in Form von Strom aus Sonne, Wind und Wasserkraft gewonnen, 5 Prozent (110 TWh) in Form von Wärme und 7 Prozent (150 TWh) in Form von Bioreststoffen.

Nicht berücksichtigt ist die Erzeugung der Rohstoffe in der Grundstoffchemie, da wir annehmen, dass diese Umstellung erst zwischen 2040 und 2050 stattfindet. Parallel dazu wird jedoch der Energiebedarf durch Einsparmaßnahmen insbesondere in den Sektoren Verkehr, Chemie und Hauswärme weiter zurückgehen. Diese gegensätzlichen Entwicklungen können sich in etwa ausgleichen.

> »Zweifle nie daran, dass eine kleine Gruppe engagierter Menschen die Welt verändern kann – tatsächlich ist dies die einzige Art und Weise, in der die Welt jemals verändert wurde.«
>
> **Margaret Mead**

ENDNOTEN

Teil 1

1. Siehe IPCC Summary 2018, OCE 2018.
2. Uns lagen nur drei Studien vor, die das 1,5-Grad-Ziel anvisieren (siehe Quaschning 2016, Brainpool 2019 und UBA 2019/16). Die Studien von Quaschning und Brainpool sind Sektorkopplungsstudien, die allerdings wesentliche Sektoren außen vor lassen (Landwirtschaft, Bodennutzung, Flugverkehr, Schifffahrt, chemische Industrie). Diese Sektoren machen aber künftig über 90 Prozent der THG-Emissionen aus und benötigen fast die Hälfte der Energie. Die dritte Studie des Umweltbundesamtes enthält ein Szenario, dass die Einhaltung des 1,5-Grad-Ziels anstrebt. Sie macht dazu allerdings extreme Suffizienzannahmen, ohne darzustellen, wie diese erreicht werden können.
3. Siehe IPPC 2014, IPPC 2018, WRI 2017, World Bank Group 2019/2, EPA 2019, UBA 2019/20.
4. Siehe IPPC 2018, Helmholtz 2019.
5. Siehe Kulp und Strauss 2019.
6. Siehe Ostberg 2013.
7. Siehe Xu u. a. 2020.
8. Siehe Odenwald 2019, PIK 2019/1, PNAS 2018, Lenton u. a. 2019.
9. Definition eines Kipppunktes: Es findet an einem kritischen Punkt ein qualitativer Sprung in einer relevanten wichtigen Systemeigenschaft statt bei sich veränderndem Treiber. Siehe Lenton 2008.
10. Siehe IPCC 2018.
11. Siehe Agora Energiewende 2018/2.
12. Zu den unterschiedlichen Varianten und den sich daraus ergebenden Treibhausgasbudgets siehe Anlage 1 auf www.handbuch-klimaschutz.de.
13. Siehe Wikipedia 2017.
14. Siehe EDGAR 2019.
15. Für die Daten hinter der Grafik siehe Anlage 2 auf www.handbuch-klimaschutz.de.
16. Diese Kurve ist grob linear und entspricht einer Klimaneutralität ab 2028 – allerdings wurde die Kurve am Anfang und Ende etwas abgerundet. Das deutsche Restbudget ab 2018 liegt dann bei 4.200 TE.
17. Diese Kurve ist grob linear und entspricht einer Klimaneutralität ab 2038 – allerdings wurde sie am Anfang und am Ende abgerundet. Das deutsche Restbudget liegt dann bei 8500 TE.
18. Siehe dazu Rahmstorf 2019.
19. Dies entspricht dem Klimaschutzplan der Bundesregierung. Die Bundesregierung behauptet, sie könne mit dem Zieljahr 2050 das 1,5-Grad-Ziel erreichen. Tatsächlich steht das Zieljahr 2050 im IPCC-Bericht. Allerdings muss man dabei zwei Punkte beachten: Erstens verläuft die Kurve beim IPCC anders – nach unten ausgebeult. Die Fläche unter der Kurve ist dann viel geringer. Zweitens rechnet der IPCC auf Drängen einiger Staaten mit massiven Kompensationsmaßnahmen. Diese liegen aber nicht vor und sind im Plan der Bundesregierung auch nicht vorgesehen. Siehe Rahmstorf 2019, New Climate Institute 2019.
20. Diese Kurve entspricht einem Restbudget von 8300 TE ab 2018 oder 6600 TE ab 2020. Sie entspricht auch dem Ziel einer Erwärmung um 1,75 Grad, 67 Prozent Wahrscheinlichkeit und einfachem Pro-Kopf-Restbudget, wie es der Sachverständigenrat im September 2019 gefordert hat (siehe SRU 2019 oder auch Rahmstorf 2019).

    Achtung: Wir benutzen hier der Einfachheit halber unsere Einheit TE auch für die Budgets. Wissenschaftlich korrekt wäre es, bei den Budgets nur CO_2-Emissionen, also keine Äquivalente für andere Treibhausgase, anzugeben, da diese Gase sich schneller abbauen als CO_2 und nicht einfach addiert werden können. Wir ignorieren hier diese Feinheiten, da die Unsicherheit bei den Budgetangaben größer ist als diese Unterschiede.
21. Der IPCC schätzt die zusätzlichen Freisetzungen auf 100.000 TE (TE = Treibhausgaseinheit, siehe Infobox 2 auf Seite 25). Auf Deutschland würden davon entsprechend unserem Bevölkerungsanteil 1.000 TE zusätzlich entfallen. Siehe IPPC 2018.
22. Diskutiert wird in Fachkreisen CCS (Carbon Capture and Storage) – das Verpressen von CO_2 im Untergrund. Diese Methode ist hochumstritten. Hierzu zählt auch BECCS (Bio Energy with Carbon Capture and Storage). Darunter fallen alle Methoden, um Holz, Mais oder andere Pflanzen erst zu verbrennen und dabei das CO_2 abzutrennen und im Boden zu verpressen. Damit wird CO_2 wieder aus der Luft geholt.
23. Siehe Fraunhofer ISE 2019/3.
24. Dechema 2019.
25. Dieser Effekt wurde zuerst von Hegel beschrieben. Eine aktuelle Analyse mit Blick auf den Klimawandel findet sich bei Otto 2019.

Teil 2

1. Die Daten für die CO_2-Quellen stammen aus UBA (2019/2) – siehe auch die Zusammenstellung der Daten in Anlage 3 auf www.handbuch-klimaschutz.de.
2. Zu den Zahlen siehe Anlage 3 auf www.handbuch-klimaschutz.de. Die Emissionen aus der Bodennutzung sind in der Spalte »Landwirtschaft und Bodennutzung« enthalten. Die negativen Emissionen durch die Wälder sind gesondert aufgeführt, daher ergibt die Summe nicht 100 Prozent.
3. Die Müllverbrennung fällt dagegen unter Energiewirtschaft und nicht unter Abfallwirtschaft.
4. Siehe dazu Anlage 6 und 7 auf www.handbuch-klimaschutz.de.
5. Siehe Expertenkommission »Monitoring der Energiewende« 2019, UBA 2019/3, Quaschning 2016, BDI 2018, DENA 2018/2 u. a. Die unterschiedlichen Angaben in den Quellen reichen von 1300 TWh bis zu 3000 TWh, je nachdem, ob die Autorinnen und Autoren stärker in Richtung »Vorrang Elektrifizierung« oder in Richtung »Vorrang E-Brennstoffe« tendieren. Wenn Studien den Luftverkehr und den Schiffsverkehr nicht berücksichtigen, haben wir dafür den nötigen Energiebedarf hinzugerechnet (siehe Energieflussdiagramm auf Seite 100).
6. In der Rescue-Studie (UBA 2019/16) wird auch eine Variante mit sehr optimistischen Suffizienzmaßnahmen dargestellt, die nur 1050 TWh/a benötigt.
7. Siehe Nature Communications 2019/3.
8. Eine ausführliche Darstellung des Mittelweges gibt das Energieflussdiagramm auf Seite 100.
9. Es gibt auch andere Einschätzungen. Die Wasserstoffstudie für NRW kommt unter sehr spezifischen Annahmen zum Ergebnis, dass ein Vorrang für Wasserstoff anstelle von Elektrifizierung günstiger sein kann. Siehe dazu Ludwig-Bölkow-Systemtechnik 2019 und Anlage 8 auf www.handbuch-klimaschutz.de.
10. Die Daten zu Grafik 7 sind in Anlage 9 auf www.handbuch-klimaschutz.de zu finden. Die Ausgangsposition für das Jahr 2020 haben wir auf Grundlage der vorhandenen Daten geschätzt, da die offiziellen Zahlen des Umweltbundesamtes nur bis 2017 vorliegen. Die ersten Zahlen für 2018 lassen erwarten, dass unsere Schätzungen ungefähr hinkommen – siehe Bauchmüller 2020. Die Folgen der Corona-Krise konnten wir noch nicht berücksichtigen.

Teil 3

1. Wir vermeiden die Begriffe Primärenergie und Endenergie und sprechen stattdessen von erzeugter Energie und verbrauchter Energie, siehe Anlage 26 auf www.handbuch-klimaschutz.de.
2. Siehe Energieflussdiagramm auf Seite 100 und BMWi 2018/1.
3. Siehe Kersting 2019.
4. Siehe UBA 2019/16.
5. Convention Citoyenne 2019.
6. Ivanova u. a. 2020.
7. Siehe UBA 2018/5.
8. Dafür müssen die Erfassung und Darstellung von Emissionen von E-Brennstoffen verändert werden, damit E-Brennstoff in Deutschland nicht als CO_2-Ausstoß gerechnet wird, wenn er z. B. in Marokko produziert wird. Denn insgesamt betrachtet, ist die Herstellung und Nutzung von E-Brennstoffen CO_2-neutral.
9. Bei einem geringeren Grad der Elektrifizierung wird mehr Wasserstoff benötigt, während bei einer stärkeren Nutzung von Biomasse weniger flüssige E-Brennstoffe gebraucht werden. Mehr dazu im Abschnitt »Die zukünftige Stromerzeugung« ab Seite 55. Siehe dazu auch IEK 2019.
10. Anstatt Flüssigbrennstoff (PtL) oder Methan zu importieren, kann auch Wasserstoff importiert werden, der dann in Deutschland mit nicht vermiedenen CO_2-Emissionen aus der Zement- oder Stahlherstellung zu Methan oder Flüssigbrennstoff karbonisiert wird. Es kann auch Strom importiert werden, sodass die Elektrolyse in Deutschland stattfindet. Siehe dazu die Wasserstoffstudie Ludwig-Bölkow-Systemtechnik 2019, Anlage 8 auf www.handbuch-klimaschutz.de.
11. Siehe LUT 2019/1.
12. Siehe Wuppertal Institut 2014, UBA 2019/16.

13 Siehe acatech 2017.
14 Siehe UBA 2019/13.
15 Siehe DERA 2016.
16 Siehe Bischöfliches Hilfswerk MISEREOR e. V. 2018, acatech 2017.
17 Siehe Verbraucherzentrale NRW 2018, Dörner 2016, UNEP 2019, Europol 2015.
18 Siehe UBA 2019/17, acatech 2017.
19 Siehe Heinrich-Böll-Stiftung 2019/3.
20 Siehe VDZ 2019.
21 Siehe Wuppertal Institut 2014, alcatech 2017.
22 Siehe GPF 2016, Brot für die Welt 2019.
23 Siehe Lieferkettengesetz 2019.
24 Siehe BDEW 2019/3.
25 Siehe Wiedemann 2019, BWE 2019.
26 Siehe Wirtschaftswoche 2020.
27 Siehe BMU 2019/2.
28 Die Debatte entwickelt sich durchweg widersprüchlich und schwankt zwischen Optimismus und Schreckensszenarien. Zur Regulierung der Konzerne, der Internetökonomie und zum Recht auf Daten siehe z. B. Lanier 2013 und Srnicek 2016.
29 Siehe Fraunhofer IWES 2014, Anlage 10 auf www.handbuch-klimaschutz.de.
30 Bei dieser Rechnung waren allerdings Kosten im Bereich der Landwirtschaft und Bodennutzung ohne Energiebezug nicht berücksichtigt.
31 Siehe Ehlerding 2019, WKO 2019, Chemiereport 2017, Burckhardt 2019.
32 Siehe Anlage 11 auf www.handbuch-klimaschutz.de.
33 Leider gibt es für das 1,5-Grad-Szenario keine Gesamtrechnung. Es entspricht aber der betriebswirtschaftlichen Lehre: Wenn sich eine Investition auf der Zeitschiene hinzieht, wird es nicht günstiger, sondern teurer, da die Einnahmen später generiert werden.
34 Siehe IEK 2019.
35 Dies gilt für jede Investition: Je eher der Bau einer Fabrik, eines Mietshauses usw. fertig ist, desto eher bringt er Rendite. Das Strecken einer Investition führt zu zusätzlichen Zinsen und laufenden Kosten.
36 Siehe Rifkin 2019.
37 IRENA berechnet also nicht die Investitionen, da die Umstellungen ohnehin notwendig werden und über die Preise bezahlt werden müssen. Stattdessen berechnet IRENA die infolge der Umstellung entstehenden Sonderabschreibungen in den herkömmlichen Industrien – die sogenannten gestrandeten Investitionen. Je später die Umstellung erfolgt, desto mehr wird in alte Technologien investiert und umso größer werden daher die erforderlichen Sonderabschreibungen.
38 Siehe Tagesschau 2019/1.
39 Siehe Rifkin 2019.
40 Siehe 350.org 2019.
41 Siehe Anlage 13 auf www.handbuch-klimaschutz.de.
42 Siehe Troost 2019, BMWi 2016.
43 Dies ist z. B. das Modell in Großbritannien. Hierbei würde es Sinn machen, mit Frankreich und den Niederlanden zu kooperieren, die dafür Interesse signalisiert haben. Siehe Agora Energiewende 2018/1.
44 Siehe Leopoldina 2019/2.
45 Siehe SR 2019.
46 Siehe Agora Energiewende 2019/2, Klinski 2019, Matthes 2019, CO_2-Abgabe e. V. 2019/3, Edenhofer 2019.
47 Das Bundesministerium für Umwelt (BMU 2019/1) schätzt den Nutzen des EU-Emissionshandels für den Klimaschutz als vergleichsweise gering ein.
48 Siehe SR 2019.
49 Siehe Herzig 2019.
50 Siehe FÖS 2019.
51 Siehe CO_2-Abgabe e. V. 2019/1.
52 Siehe CPLC 2017.
53 Siehe Creutzig 2019.
54 Es kommt darauf an, ob man Schäden, die in der Zukunft entstehen, genauso gewichtet wie Schäden, die heute auftreten, oder ob man eine Diskontierung vornimmt. Es kommt auch darauf an, wie man die Schäden in anderen Ländern beziffert (in Landeswährung oder in

Euro. Außerdem: Wie bewertet man das Leben von Menschen, den Untergang einer Insel oder einer Stadt in Geld? Unter Berücksichtigung, dass Schäden in armen Regionen billiger sind, schätzt das UBA 180 Euro (siehe Creutzig 2019), ohne Diskontierung 640 Euro.

55 Siehe UBA 2017/1.
56 Siehe Anlage 13 auf www.handbuch-klimaschutz.de.
57 Siehe UBA 2016/3.
58 Siehe Köstens 2019.
59 Siehe Leopoldina 2019/2.
60 Siehe VDA 2017 und Anlage 14 auf www.handbuch-klimaschutz.de. Allerdings dürfte ein Quotensystem ökonomisch viel effizienter sein, da die Herstellerländer von E-Treibstoffen damit praktisch eine Abnahmegarantie bekommen und investieren können (siehe Abschnitt »Verkehr« ab Seite 74).
61 Siehe Frank 2019.
62 Siehe Agora Energiewende 2019/3, Edenhofer 2019. Dies ist eine sehr grobe Schätzung, da die Einnahmen sinken, wenn der Preis »funktioniert«, und das dazu führt, dass der Verbrauch sinkt.
63 Wenn die gesamte Summe zurückgezahlt wird: 12 Mrd., geteilt durch 82 Mio. Menschen.
64 Siehe Edenhofer 2019.
65 Siehe Bach 2019. Bach rechnet, dass 80 Euro pro Tonne ausgeglichen werden mit 80 Euro Pro-Kopf-Prämie, einer Senkung der Stromsteuer und ggf. einer EEG-Umlage.
66 Siehe Agora Energiewende 2019/3.
67 Siehe Agora Energiewende 2019/3.
68 Siehe Agora Energiewende 2019/3.
69 Siehe z. B. Matthes 2019 oder FÖS 2019.
70 Siehe SR 2019. Hier ist auch darauf zu achten, dass die Subventionen berechtigt sind. Laut UBA 2016/3 »Umweltschädliche Subventionen in Deutschland« sind viele der zurzeit beim EU-Emissionshandel begünstigten Unternehmen weder im internationalen Wettbewerb noch energieintensiv.

Teil 4

1 Einige Studien wie BDI 2018 halten 70 GW bis 2050 für möglich. Nach Gesprächen mit Fachleuten kamen wir aber zur Einschätzung, dass diese Zahlen v. a. in der kürzeren Zeit wahrscheinlich nicht erreichbar sind.
2 Für Offshoreanlagen wird künftig mit 4500 Volllaststunden gerechnet, für Onshoreanlagen mit 2500 – siehe Anlagen 19 und 21 auf www.handbuch-klimaschutz.de. Neuere Schätzungen von Experten halten an der Küste sogar 3000 Volllaststunden Onshore für möglich.
3 Die Zahlen gehen davon aus, dass die Onshoreanlagen im Durchschnitt 4,5 MW-Anlagen sind, die Offshoreanlagen 7,5 MW-Anlagen. Das ist realistisch, denn es sind schon 10 MW-Anlagen auf dem Markt.
4 Siehe UBA 2019/21.
5 Siehe Anlage 22 auf www.handbuch-klimaschutz.de.
6 Siehe Fachagentur Windenergie an Land (2019).
7 Es gibt auch Studien, die 70 GW für möglich halten (siehe Anlage 22 auf www.handbuch-klimaschutz.de).
8 Zum Beispiel UBA 2019/16, BDI 2018.
9 Siehe Anlage 19 auf www.handbuch-klimaschutz.de.
10 Siehe FNR 2019/2. Energiepflanzen wachsen auf etwa 2,4 Mio. ha – das sind 6 Prozent der Landesfläche bzw. 13 Prozent der landwirtschaftlichen Fläche oder 18 Prozent der Ackerbauflächen.
11 Siehe FNR 2019/1.
12 Klepper 2019: 200 bis 340 TWh aus Rest- und Abfallstoffen, FNR: Bioenergie-Potenzial gesamt: 505 TWh, davon 274 TWh aus Landwirtschaft, 194 TWh Holz und 37 TWh Abfälle.
13 Weitere Details siehe Anlage 17 auf www.handbuch klimaschutz.de.
14 Siehe Klepper 2019.
15 Siehe UBA 2013/3, 2019/16.
16 Siehe Beuth 2015.
17 Siehe UBA 2019/16.
18 Siehe Anlage 17 auf www.handbuch-klimaschutz.de.

19 Dafür gibt es das neue 350-kW-Gleichstrom-Schnellladesystem CCS, das es ermöglicht, eine Batterie mit über 500 km Reichweite in unter 15 Min. zu 80 Prozent aufzuladen. Damit die Netze nicht überlastet werden, werden künftig die Ladestationen mit Zwischenspeichern ausgestattet.

20 Die Leitungsverluste liegen bei den Höchstspannungswechselstromleitungen (400 kV) bei 3 Prozent auf 100 km. Bei Gleichstromleitungen beträgt der Verlust weniger als 3 Prozent auf 1000 km.

21 Siehe DWD 2018/2.

22 Netzintegrationsspeicher für den Millisekundenbereich werden hier nicht diskutiert, da sie keine Speicher im eigentlichen Sinne sind, sondern ein notwendiger Bestandteil der Stromnetze.

23 Hersteller müssen verpflichtet werden, 10 Prozent der Batterien für den normalen Verbrauch zu blockieren, damit diese gesichert zur Verfügung stehen. Siehe IEK 2019.

24 Siehe LUT 2019/1.

25 Mehr Details dazu siehe Anlage 23 auf www.handbuch-klimaschutz.de.

26 Siehe LUT 2019/1, BDI 2018 u. a. LUT 2019/1 rechnet mit Druckluftspeichern für ca. 50 TWh.

27 Siehe Maier 2019.

28 Siehe Huneke 2017, Czisch 2005, EREC 2009, Gerhardt 2017. Huneke 2017 identifizierten die maximale Dunkelflaute der letzten Jahre für den 22. Januar bis 7. Februar 2006 und projizierten diese auf die fiktive Stromversorgung im Jahre 2040 mit 100 Prozent erneuerbarer Energie. Die Gesamtkosten für die Langzeitspeicher mit Elektrolyseuren machen 2 Prozent der Stromkosten aus. Die Stromkosten liegen unter 6 Cent/kWh, also erheblich niedriger als heute. IEK 2019 berechnet den Strombedarf für die maximale Dunkelflaute höher auf 65 TWh, dazu noch 45 TWh für die Sommer-Winter-Verlagerung. Siehe IEK 2019.

29 Wir haben keine Informationen, wie viel Wasserstoff dem Methan beigemischt werden kann, ohne dass es bei Gaskavernen zu großen Verlusten kommt. In den Gasleitungen ist eine Beimischung von 10 Prozent unproblematisch, in den neuen Bundesländern sogar bis zu 50 Prozent, da dort die Leitungen noch für Stadtgas geeignet waren (siehe Stratmann 2020). Für höhere Anteile müssen die Dichtungen der Kuppelstellen der Speicher und Leitungen umgerüstet werden. Die Rohre selbst sind dagegen auch für reinen Wasserstoffbetrieb ausreichend dicht (mündliche Mitteilung von Prof. Görge Deerberg, Fraunhofer UMSICHT).

30 Siehe Wikipedia 2019/6: Die 51 Erdgasspeicher haben ein Volumen von 24,6 Mrd. m². Das entspricht 28 Prozent des heutigen Jahresverbrauchs.

31 Siehe z. B. LUT 2019/1. Das finnische LUT-Institut hat berechnet, dass für Deutschland künftig Gasspeicher in der Größenordnung von ca. 40 TWh ausreichen, aus denen pro Jahr 90 TWh Gas entnommen werden. Im Gegensatz zu den Batteriespeichern, die täglich genutzt werden, haben diese Speicher dann einen Ladezyklus von »zwei« im Jahr.

32 Siehe Huneke 2017.

33 Siehe BDI 2018, Huneke 2017. Die Studien rechnen mit einer erforderlichen Leistung von 75 GW und einer Speicherkapazität von ca. 50 TWh. Abweichend rechnet IEK 2019 nur mit einer erforderlichen Notstromleistung von 46 GW. Rechnet man aber mit einem Strombedarf von 1000 TWh insgesamt, dann dürfte die erforderliche Reserveleistung eher bei 90 GW liegen. Allerdings sind dabei die Wasserkraftwerke aus Norwegen nicht berücksichtigt. Damit würden 75 bis 80 GW aus den Gaskraftwerken reichen. Die heutige Leistung der Gaskraftwerke beträgt 30 GW. Neue sollten modular aus BHKW aufgebaut sein, um eine maximale Flexibilität zu gewährleisten.

34 Siehe BMWi 2018/1, UBA 2019/20, BDEW 2019/4.

35 Zu den Methanemissionen in Blockheizkraftwerken siehe Abschnitt »Grüner Wasserstoff oder E-Methan« ab Seite 85.

36 Siehe Stratmann 2020: Die Gaswirtschaft plant bereits ein Wasserstoffnetz in der Länge von 6000 km durch Umwidmung und Ertüchtigung von nicht mehr benötigten Erdgasleitungen.

37 Von 190 kWh auf 130 kWh pro m². Siehe DENA 2016.

38 Siehe BDEW 2019/4.

39 Von 3,15 Mrd. m² auf 3,75 Mrd. m². Zahlen siehe DENA 2016.

40 Klimaneutralität ist hier wie folgt definiert: Die Beheizung, Kühlung und Warmwassererzeugung des gesamten Gebäudebestands verursacht in der Summe weder direkt (im Gebäude) noch indirekt (z. B. durch den Bezug von Strom aus nicht erneuerbaren Kraftwerken) Treibhausgase. Die Verbrennung von E-Brennstoffen setzt natürlich Treibhausgase frei, diese wurden vorher aber aus der Luft gebunden.

41 Ein gewisser Anteil an Gaswärmepumpen reduziert die extreme Stromnachfrage an kalten Wintertagen. Siehe im Abschnitt »Lastmanagement« ab Seite 61.

42 Siehe Quaschning 2016.

43 Zurzeit erzeugen ca. 19,3 Mio. m² Solarthermie in Haushalten 8,9 TWh Wärme (BDEW 2019/1). Wir rechnen mit einer Wärmeerzeugung von dezentraler Solarthermie auf Wohngebäuden in Höhe von 40 TWh in 2040. Die Flächenzahlen sind grob hochgerechnet und liegen bei fortschreitender technischer Entwicklung vermutlich niedriger.

44 Siehe BDEW 2015, Unnerstall 2018.
45 Hier sind nur die Emissionen dargestellt, die bei der Verbrennung in den Häusern entstehen. Die Emissionen, die bei der Stromproduktion und der Bereitstellung von Fernwärme anfallen, werden sich reduzieren, wenn der Energiesektor treibhausgasneutral wird. Die Maßnahmen, die dies bezwecken können, werden im Abschnitt »Energieversorgung« ab Seite 55 beschrieben.
46 Diese Zahl setzt sich zusammen aus dem Bedarf von Wohngebäuden: 569 TWh, GHD: 216 TWh und Industriegebäude: 52 TWh. Siehe BDEW 2019/1.
47 Siehe BDEW 2019/1.
48 Niedrigenergiestandard ist hier definiert als: Endenergiebedarf von weniger als 50 kWh/m² pro Jahr.
49 Siehe BDEW 2019/1. Gesamt: 21 Mio. Wärmeerzeuger.
50 Wir definieren ein Passivhaus hier als ein Gebäude, das weniger als 5 kWh/m² pro Jahr an Endenergie zu Heizzwecken verbraucht. Als Mindeststandard setzen wir für Neubauten zwischen 2020 bis 2030 KfW-40 an, ab 2030 Passivhaus. Details siehe Anlagen 27 bis 28 auf www.handbuch-klimaschutz.de.
51 Wir setzen als Mindeststandard der Sanierungen an: in den Jahren 2020 bis 2030: KfW-70, in den Jahren ab 2030: KfW-55. Niedrigenergiestandard bedeutet hier: weniger als 50 kWh/m²a Endenergieverbrauch für Heizung und Warmwasser. Siehe Anlagen 24 bis 26 auf www.handbuch-klimaschutz.de.
52 Siehe Anlage 25 auf www.handbuch-klimaschutz.de.
53 Siehe DENA 2018/3.
54 Siehe Anlage 26 auf www.handbuch-klimaschutz.de.
55 Siehe UBA 2014/2.
56 Siehe BDH 2016.
57 Es gibt ca. 3350 Förderprogramme – siehe Henger 2017.
58 Siehe IFEU 2019/2.
59 Siehe NABU 2011.
60 Siehe IFEU 2019/1.
61 Siehe BMWi 2018/1, BDEW 2019/1.
62 38 Prozent geht an Haushalte, 38 Prozent an Industrie, 10 Prozent an GHD, 14 Prozent sind Verluste. Quelle: BMWi 2018/1.
63 Die Studie BDEW 2019/1 gibt die Wärmemenge, die in KWK-Anlagen erzeugt wird, mit 218 TWh an. Ca. 83 TWh werden direkt bei den Verbraucher*innen erzeugt oder über Nahwärmenetze verteilt.
64 Siehe BDEW 2019/1. Die Fernwärme wird meist in Heizkraftwerken aus Gas (40 Prozent), Kohle (25 Prozent), Müll (11 Prozent) und Biomasse (20 Prozent) erzeugt.
65 Stadtwerke wie München, die auf Warmwasserströme im Untergrund zugreifen können, planen den Einsatz von Erdwärme in großem Stil. Siehe SWM 2019.
66 Siehe Anlage 16 auf www.handbuch-klimaschutz.de.
67 Die Verwendung von Holz für Heizungen sollte stark zurückgehen (siehe Abschnitt »Bioenergie« ab Seite 59).
68 Siehe Energiedepesche 2019/2.
69 Siehe Fraunhofer IWES 2015, FVEE 2014.
70 Siehe Anlage 9 auf www.handbuch-klimaschutz.de.
71 Siehe Energiedepesche 2019/3.
72 Solites 2019, Viessmann 2019.
73 Siehe Neidlein 2019, Rohrig 2019.
74 Siehe LUT 2019/1.
75 Eine neue Technologie sind z. B. Stahlspeicher (siehe Enkhardt 2018). Diese machen v. a. Sinn, wenn Strom und Wärme abgerufen werden sollen, da Stahlspeicher als reine Stromspeicher keinen guten Wirkungsgrad haben.
76 Siehe UBA 2014/2.
77 SRU 2017; Öko-Institut (2016/5); UBA (2019/27).
78 Im Vergleich zum Vorjahr (Benzin: +7 Prozent, Diesel: +11 Prozent). Diese führten zu einer Vermeidung von Fahrten bzw. dem Verlagern des LKW-Betankens ins Ausland. Siehe UBA 2019/28.
79 Siehe UBA 2019/7, SRU 2017, Agora Energiewende 2018/3.
80 Siehe Anlage 30 und 31 auf www.handbuch-klimaschutz.de und Wuppertal Institut 2017.
81 Siehe Öko-Institut 2016/1, Wuppertal Institut 2017, UBA 2017/2, SRU 2017.
82 Siehe Anlage 7 und 30 auf www.handbuch-klimaschutz.de.

83 Krafträder und restliche fossile, »historische« Fahrzeuge spielen quantitativ keine Rolle und wurden hier nicht berücksichtigt.

84 Siehe Wuppertal Institut 2017, BDI 2018 und Anlage 30 auf www.handbuch-klimaschutz.de.

85 Siehe UBA 2010/2 und UBA 2017/2.

86 Siehe UBA 2015/1.

87 Siehe UBA 2020.

88 Dieser Abschnitt basiert auf folgenden Studien: KE-CONSULT 2018, Prognos 2018, Deloitte 2019, ISV 2018, Fraunhofer IAO 2019.

89 Wir verzichten hier auf die Wiedergabe von Zahlen, da die Studien sich so stark unterscheiden, und beschränken uns daher auf qualitative Beschreibungen.

90 Siehe Anlage 31 auf www.handbuch-klimaschutz.de, SRU 2012, Öko-Institut 2018/2, DLR 2016/1. Das Wuppertal Institut nimmt nur 12 Prozent Wachstum bis 2035 an, was aber mittlerweile bereits erreicht ist (siehe Wuppertal Institut 2017). Die LUT-Studie rechnet für Europa sogar mit einer Verdoppelung des Verkehrs (siehe LUT 2019/1).

91 Siehe BMVI 2018. Wenn man die Schiffstransporte im internationalen Seeverkehr von und nach Deutschland jeweils zu 50 Prozent Deutschland zurechnet, dann macht der Schiffsverkehr insgesamt 62 Prozent aller Deutschland zuzurechnenden Gütertransporte aus, wovon nur 3 Prozent auf die Binnenschifffahrt entfallen (siehe Anlage 31 auf www.handbuch-klimaschutz.de). Die nationale Zurechnung der Seeschifffahrt ist allerdings noch nicht international vereinbart.

92 Rechnet man pro Tonnenkilometer, dann verbraucht der LKW sogar 10-mal so viel Energie.

93 Siehe Schweizer 2019: Der Rollwiderstand eines LKWs auf einer Asphaltstraße ist 5- bis 10-mal so hoch wie der eines Güterzuges auf Schienen. Der Energiebedarf pro Tonnenkilometer dürfte auch im Verhältnis 4:1 liegen (eigene Berechnung auf Basis der Zahlen von Öko-Institut 2018/2, Bundesnetzagentur 2017 und Allianz pro Schiene 2019/1).

94 Siehe Programm der Europäischen Kommission 2011.

95 Siehe Wuppertal Institut 2017; der Bahnexperte Holger Busche von Pro Bahn hält eine noch größere Verlagerung des kompletten Bahnfernverkehrs über 150 km für möglich, wenn die Weichen entsprechend gestellt werden. Siehe Busche 2019.

96 Siehe Heinrich-Böll-Stiftung 2019/2.

97 7 Prozent Weiter-so-Prognose BMV, dagegen bis zu 50 Prozent für 2050 Sachverständigenrat für Umweltfragen, siehe BMVI 2018, DLR 2016/1, SRU 2012, Allianz für Schiene 2019/1, Wuppertal Institut 2017.

98 Siehe Busche 2017.

99 Siehe Containerzüge 2020.

100 Siehe VDA 2017, Prognos AG 2018/2 und Agora Energiewende 2018/3.

101 Bei einem Fahrzeug mit Brennstoffzelle auf Wasserstoffbasis liegt bei der Herstellung des Wasserstoffs der Wirkungsgrad bei 80 Prozent. Bei der Umsetzung auf die Räder kann mit maximal 40 Prozent Wirkungsgrad gerechnet werden, sodass der Gesamtwirkungsgrad bei 30 Prozent ($0{,}8*0{,}4 = 0{,}32$) liegt. Da das Auto ebenfalls einen Elektromotor benötigt, kommen die Kosten für die Brennstoffzelle noch dazu. Dafür kann die Batterie kleiner ausfallen. Insgesamt gehen die meisten Studien davon aus, dass Brennstoffzellen nur als Zusatzaggregat für Fahrzeuge eingesetzt werden, die eine hohe Reichweite ohne Stopp zum Batterieladen erfordern. Bei einer Reichweite von 700 km, wie BMW sie für die nächste Generation E-Autos angekündigt hat, wird selbst das nicht mehr nötig sein.

102 Siehe UBA 2019/9.

103 Siehe UBA 2019/9. Die NRW-Wasserstoffstudie (Agora Energiewende 2018/3) sieht das anders. Dies hängt aber mit deren besonderen Annahmen zusammen (mehr dazu in Anlage 8 auf www.handbuch-klimaschutz.de).

104 Siehe Fraunhofer ISI 2019/1.

105 Siehe Agora Verkehrswende 2019.

106 Siehe Agora Energiewende 2019/1.

107 Siehe Öko-Institut 2018/2, SRU 2012.

108 Siehe BDI 2018.

109 Aktuell findet man zunehmend Berichte über dynamisches Laden in einschlägigen Online-Magazinen. Es gibt bereits Teststrecken in Schweden, Frankreich und Israel: siehe Greis 2017, Franzke 2018, Pluta 2019 und Potor 2017.

110 Siehe Öko-Institut 2018/2.

111 In Kanada und den USA entwickeln Firmen bereits Hybridflugzeuge. Siehe Simonds 2019.

112 Siehe UBA 2012, UBA 2018/3.

113 Das DLR geht davon aus, dass die Kondensstreifen durch eine Reduzierung der Rußpartikel oder eine andere Flughöhe bis zur Hälfte reduziert werden können. Siehe DLR 2019.

114 Siehe Fichter 2004.

115 Siehe UBA 2019/26.

116 Siehe Busche 2017, Busche 2019.
117 Norwegen testet den Einsatz von Ammoniak als Treibstoff für Schiffe. Es wird bereits bei einem Druck von 10 bar flüssig. Siehe Wolff 2020.
118 Siehe Forschungsstelle für Energiewirtschaft 2020, Institut für nachhaltige Wirtschaft und Logistik 2018, Maritimes Cluster Norddeutschland 2019.
119 Siehe Simply Science 2020.
120 Siehe businesson.de 2015, Stena Line 2020.
121 Siehe Maritimes Cluster Norddeutschland 2019.
122 Die IMO hat 2018 als Strategie den Wechsel zu flüssigem Erdgas (LNG – Liquid Natural Gas) vorgeschlagen. Eine Reihe von Reedereien haben schon LNG-Schiffe gebaut. Die Ergebnisse sind aber ernüchternd, da die Motoren zu viel Methan in den Abgasen haben. Dieses Problem würde auch durch einen Wechsel zu grünem Methan nicht beseitigt. Siehe ICCT 2020.
123 Siehe DESTATIS 2019/3.
124 Der Sektor Industrie umfasst alle großen Produktionsanlagen außerhalb der Energiewirtschaft. Der Bezug von Strom und Wärme aus öffentlichen Netzen und die Gütertransporte sind dabei nicht berücksichtigt. Auch die kleinen Unternehmen sowie die Dienstleistungswirtschaft sind darin nicht enthalten – ihre Emissionen werden im Abschnitt »Hauswärme« ab Seite 66 behandelt.
125 Die Emissionen erfolgen erst bei der Entsorgung der Kunststoffe – meist in der Müllverbrennung. Wenn die Entsorgung weder über die Restmülltonne noch über den gelben Sack oder eine andere Kunststoffsammlung erfolgt, tauchen sie in der UBA-Statistik nicht auf. Dazu gehört auch Mikroplastik. Wenn die Kunststoffe exportiert werden, erfolgen die Emissionen im Ausland.
126 Siehe Anlage 34 auf www.handbuch-klimaschutz.de.
127 Siehe Anlage 33 auf www.handbuch-klimaschutz.de.
128 Siehe Agora Energiewende 2019/4.
129 Siehe Anlage 32 auf www.handbuch-klimaschutz.de.
130 Siehe Hanke 2019 und Agora Energiewende 2019/5.
131 In den Studien der Industrie wird auch die Erzeugung von Wasserstoff aus Erdgas durch Pyrolyse behandelt. Dabei entsteht Kohle in Form von festen Fasern, die gelagert oder genutzt werden kann. Wir verzichten hier aus Vereinfachungsgründen auf die Behandlung dieses Themas, da es aufgrund der hohen Kosten für die Treibhausgasbilanz von untergeordneter Bedeutung ist.
132 Siehe Recharge 2020, ingenieur.de 2019.
133 Siehe Recharge 2020.
134 Siehe Ehlerding 2019, WKO 2019, Chemiereport 2017, Burckhardt 2019.
135 Siehe Forschungsgesellschaft für Energiewirtschaft 2018/1.
136 So erprobten die RTWH Aachen und das IASS Potsdam die Bindung von Kohlenstoff an die Mineralien Olivin und Basalt und ihren Einsatz als Zementbeigabe, siehe HeidelbergCement 2019/2.
137 Siehe BZE 2017, Funk 2016, HeidelbergCement 2019/1.
138 Siehe Ludwig-Bölkow-Systemtechnik 2019 sowie die Anlage 8 auf www.handbuch-klimaschutz.de.
139 Siehe Forschungsgesellschaft für Energiewirtschaft 2018/2.
140 Alternativ zur Elektrolyse kann Wasserstoff auch durch die Methanpyrolyse CO_2-frei gewonnen werden. Dabei entstehen als Nebenprodukt Kohlefasern, die gelagert werden können.
141 Siehe UBA 2014/3, Dechema 2019.
142 Siehe dazu auch VCI 2019.
143 Siehe WWF 2019.
144 Siehe WWF 2019.
145 Siehe Dechema 2019. Bisher läuft der Prozess: $2N_2 + 3CH_4 + 3O_2 \Rightarrow 3CO_2 + 4NH_3$. Zukünftig wird daraus: $N_2 + 3H_2 \Rightarrow 2NH_3$. Die Produktionskosten sinken einschließlich der Abschreibungen auf die Investitionen um 25 Prozent, die Grenzkosten nach Abschreibung sinken sogar um 35 Prozent.
146 Siehe UBA 2019/16, dort werden diese flüchtigen organischen Verbindungen als NMVOC bezeichnet. Sie sind nicht selbst Treibhausgase, werden aber in der Atmosphäre zum Teil durch chemische Reaktionen dazu.
147 Siehe Health Care Without Harm 2018.
148 Es gibt verschiedene Ansichten, ob die Leckagen unvermeidlich sind. Die heutigen Kühlschränke emittieren nichts, wenn sie vorschriftsmäßig entsorgt werden.
149 Siehe UBA 2014/6, De Graf 2017, UBA 2019/22.
150 Siehe Agora Energiewende 2019/1, Agora Energiewende 2019/5.

151 Siehe Knitterscheidt 2019.
152 Siehe Anlage 36 auf www.handbuch-klimaschutz.de.
153 Siehe UBA 2019/10, UBA 2019/11.
154 Siehe UBA 2019/10. Die detaillierte Darstellung findet sich in Anlage 37 auf www.handbuch-klimaschutz.de.
155 Soweit im Folgenden nicht anders angegeben, stammen die Vorschläge zur Landwirtschaft aus Öko-Institut 2019/2.
156 Siehe Öko-Institut 2019/2. Die Deutsche Gesellschaft für Ernährung empfiehlt eine Reduzierung des Fleischkonsums von heute 60 kg pro Person pro Jahr auf 16 bis 31 kg pro Person pro Jahr.
157 Siehe UBA 2019/10.
158 Siehe Thünen 2013/1, Osterburg 2009.
159 Siehe Öko-Institut 2019/2 – die Studie rechnet mit einer Steigerung auf 20 Prozent bis 2030, sodass eine Steigerung auf 30 Prozent bis 2040 realistisch ist. Die Rechnungen in diesem Buch funktionieren auch mit einem höheren oder niedrigeren Anteil an Ökolandwirtschaft.
160 Siehe BCG 2019.
161 Siehe Klimaallianz 2018, sie hält eine Einsparung von 60 Prozent der Emissionen aus der eigentlichen Landwirtschaft (ohne Geräte, Gebäude und Fahrzeuge) für möglich.
162 Siehe Osterburg 2016, Thünen 2013/2.
163 Siehe Öko-Institut 2019/2, BMEL 2019, Thünen 2019/3, WWF 2015.
164 Siehe UBA 2013/2, Thünen 2013/1.
165 Siehe Thünen 2013/1.
166 Siehe Öko-Institut 2018/4.
167 Siehe auch BMEL 2016.
168 Siehe Thünen 2013/1.
169 Eigene Rechnung – zu der Wirkung der Aufforstung siehe Thünen 2013/1.
170 Siehe BMEL 2016.
171 Siehe Goetzberger 1981, Mayr 2018, Energieagentur NRW 2018.
172 Der IPCC schätzt die zusätzlichen Freisetzungen auf 100.000 TE. Auf Deutschland würden davon entsprechend unserem Bevölkerungsanteil 1.000 TE entfallen. Siehe IPCC 2018.
173 Man nennt diese Verfahren üblicherweise BECCS (Bio Energy with Carbon Capture and Storage).
174 Siehe Wikipedia 2020.
175 Siehe die Zusammenstellung von Fuss 2018.
176 Siehe Wikipedia 2019/4.
177 Siehe UBA 2013/2.
178 Siehe Anlage 37 auf www.handbuch-klimaschutz.de und UBA 2019/12.

Energieflussdiagramm

1 Eine Zusammenstellung der Zahlen des Diagramms findet sich in Anlage 5 auf www.handbuch-klimaschutz.de.
2 Eine Erläuterung der Annahmen, die dem Energieflussdiagramm zugrunde liegen, findet sich in Anlage 4 auf www.handbuch-klimaschutz.de.
3 Natürlich wird physikalisch korrekt Energie nie »erstellt«, sondern immer nur von Wind, Sonne, Wärme in Strom, Wärme, Licht, Kraft »umgewandelt«. Wir bitten die Wissenschaftler*innen und Expert*innen, diese Vereinfachung zu entschuldigen.
4 Der Spitzenstrom ist ungenutzter Strom aus Windkraft oder Photovoltaik, der Müll stammt aus den Haushalten und der Industrie, und die Abwärme stammt überwiegend aus der Industrie, aus GHD und Rechenzentren.
5 Siehe Anlage 19 auf www.handbuch-klimaschutz.de.
6 Siehe BDW 2020.
7 Siehe UBA 2019/16.
8 Siehe BMWi 2018/1, BDI 2018, UBA 2019/16.
9 Zum Potenzial der Solarthermie siehe Anlage 15 auf www.handbuch-klimaschutz.de.
10 Siehe Öko-Institut 2015.
11 Zum Potenzial siehe Anlage 16 auf www.handbuch-klimaschutz.de.
12 Siehe CO_2online 2020/1.

13 Der BDEW schätzt das Potenzial auf 10 TWh, das UBA dagegen auf bis zu 20 TWh – siehe BDEW 2017, UBA 2019/16.
14 Wir berechnen den Überschussstrom auf Basis der Daten von Schleswig-Holstein, da es in der Energiewende schon weit fortgeschritten ist. Laut Umweltministerium wurden dort 2018 2,9 TWh Strom abgeregelt (siehe MELUND 2019). Insgesamt wurden in diesem Jahr 19,5 TWh aus PV und Windanlagen erzeugt. Damit entspricht der abgeregelte Teil ca. 15 Prozent der insgesamt erzeugten Menge. Wir gehen davon aus, dass diese Mengen in Zukunft besser nutzbar werden, indem die Stromspitzen im Rahmen der Sektorkopplung zu Wärme umgewandelt werden oder Wasser elektrolysieren, deshalb rechnen wir mit 100 TWh Strom, der zur Elektrolyse genutzt werden kann.
15 Siehe Anlage 18 auf www.handbuch-klimaschutz.de.
16 Siehe Anlage 17 auf www.handbuch-klimaschutz.de.
17 Siehe UBA 2019/16, FNR 2015, Öko-Institut 2015, UFZ 2016, Klepper 2019.
18 Der Müll enthält bis 2050 noch Stoffe, die nicht erneuerbar erstellt wurden, da wir damit rechnen, dass die Erstellung der Rohstoffe für die chemische Industrie z. T. erst zwischen 2040 und 2050 umgestellt wird.
19 Siehe UBA 2018/8.
20 Siehe Anlage 18 auf www.handbuch-klimaschutz.de.
21 Eine genaue Erläuterung der Speicherthematik findet sich in Anlage 23 auf www.handbuch-klimaschutz.de.
22 Siehe Anlage 23 auf www.handbuch-klimaschutz.de.
23 Siehe Wikipedia 2019/7.
24 Siehe z. B. Quaschning 2016.
25 Siehe Fraunhofer ISE 2013, LUT 2019/1 und Anlage 29 auf www.handbuch-klimaschutz.de.
26 Siehe BDH 2016.
27 Siehe DENA 2018/1, Netzwerk Erneuerbare Energien Schleswig-Holstein 2019.
28 Siehe DENA 2018/1, IWR 2020.
29 Siehe Anlage 23 auf www.handbuch-klimaschutz.de.
30 Siehe UBA 2018/9.
31 Siehe Anlage 29 auf www.handbuch-klimaschutz.de.
32 Siehe Anlage 30 auf www.handbuch-klimaschutz.de, BDI 2018, UBA 2019/23.
33 Siehe UBA 2019/25 und Anlage 30 auf www.handbuch-klimaschutz.de.
34 Siehe Fraunhofer ISI 2017/2 und Anlage 31 auf www.handbuch-klimaschutz.de.
35 Siehe BDI 2018 und Anlage 30 auf www.handbuch-klimaschutz.de.
36 Feederverkehre sind die Schiffstransporte mit kleineren Schiffen von den großen Umschlaghäfen wie Hamburg zu den Häfen mit geringerer Tiefe – z. B. die Ostseehäfen mit maximal 12 Meter Tiefe.
37 Siehe BDI 2018 und Anlage 31 auf www.handbuch-klimaschutz.de.
38 Siehe UBA 2018/9 und Anlage 35 auf www.handbuch-klimaschutz.de.
39 Siehe UBA 2019/16.
40 Siehe BDI 2018, IEK 2019, UBA 2019/16 und Anlage 35 auf www.handbuch-klimaschutz.de.
41 Siehe BDI 2018, UBA 2019/16 und Anlage 35 auf www.handbuch-klimaschutz.de.
42 Siehe Anlage 18 auf www.handbuch-klimaschutz.de.
43 Zu den Wirkungsgraden der Elektrolyse und der Carbonisierung siehe Wuppertal-Institut 2018, UBA 2019/16 und DENA 2018/1.

QUELLEN

350.org (2019): Global fossil fuel divestment.

acatech (2017), Deutsche Akademie der Technikwissenschaften e. V. (Federführung): Rohstoffe für die Energiewende.

acatech (2018): CCU- und CCS-Bausteine für den Klimaschutz in der Industrie.

Adelphi (2019), Climate Focus, Perspectives Climate: Policy Brief – Tipping the Balance – Lessons on Building Support for Carbon Pricing.

Agora Energiewende (2015), Fraunhofer ISE: Current and Future Cost of Photovoltaics. Long-term Scenarios for Market Development, System Prices and LCOE of Utility-Scale PV Systems. / Agora Energiewende (2018/1): Eine Neuordnung der Abgaben und Umlagen auf Strom, Wärme, Verkehr. / Agora Energiewende (2018/2): Die Kosten von unterlassenem Klimaschutz für den Bundeshaushalt. Die Klimaschutzverpflichtungen Deutschlands bei Verkehr, Gebäuden und Landwirtschaft nach der EU-Effort-Sharing-Entscheidung und der EU-Climate-Action-Verordnung. / Agora Energiewende (2018/3), Agora Verkehrswende: Die zukünftigen Kosten strombasierter synthetischer Brennstoffe. / Agora Energiewende (2019/1), Agora Verkehrswende: 15 Eckpunkte für das Klimaschutzgesetz. / Agora Energiewende (2019/2), Matthes, Felix, C.: Ein Emissionshandelssystem für die nicht vom EU ETS erfassten Bereiche. / Agora Energiewende (2019/3), Agora Verkehrswende: Klimaschutz auf Kurs bringen. / Wie eine CO_2-Bepreisung sozial ausgewogen wirkt. / Agora Energiewende (2019/4), Wuppertal Institut: Investitionsdilemma der energieintensiven Industrie lösen und industriellen Klimaschutz ermöglichen. / Agora Energiewende (2019/5): Klimaneutrale Industrie. / Agora Energiewende (2019/6): Wie werden Wärmenetze grün? / Agora Verkehrswende (2018): Klimaschutz 2030 im Verkehr: Maßnahmen zur Erreichung des Sektorziels. / Agora Verkehrswende (2019): Klimabilanz von Elektroautos.

Allianz Pro Schiene (2019/1): Mehr Verkehr auf die Schiene. / Allianz pro Schiene (2019/2): Überblick: Wie der Güterzug länger werden kann. / Allianz pro Schiene (2019/3): Deutschland bei Bahn-Elektrifizierung nur Mittelmaß. / Allianz pro Schiene (2019/4): Marktanteile: Der Erfolgskurs der Güterbahnen …

Amtsblatt der Europäischen Union (2014): Verordnung (EU) Nr. 517/2014 des europäischen Parlaments und des Rates.

Arbeitsgemeinschaft für zeitgemäßes Bauen e. V. (2016): Bestandsersatz 2.0. Potentiale und Chancen.

ARD (2019), infratest dimap: ARD-DeutschlandTREND Oktober 2019.

Bach (2019), Stefan; Isaak, Niklas; Kemfert, Claudia; Kunert, Uwe; Schill, Wolf-Peter; Wägner, Nicole; Zaklan, Aleksander: Für eine sozialverträgliche CO_2-Bepreisung.

Bals (2017), C., Edenhofer, O., Fischedick, M., Graichen, P., Klusmann, B., Kuhlmann, A., … Wolff, C.: Stärkere CO_2-Bepreisung. Neuer Schwung für die Klimapolitik, 1–5.

Bardt, Hubertus; Demary, Markus; Vogtländer, M. (2008): Immobilien und Klimaschutz: Potenziale und Hemmnisse.

BASF (2010): Lernen mit der BASF – Die Ammoniaksynthese.

Bauchmüller (2020), Michael: Klimabilanz besser als geahnt. In Süddeutsche Zeitung Nr. 18 vom 16.1.2020.

Bauverlag BV GmbH (2019): Leitfaden für die Kältemittelauswahl. Kältemittel-Tipps für Praktiker (Teil 5).

BBSR (2017): Bundesinstitut für Bau-, Stadt- und Raumforschung. Raumordnungsbericht 2017. / BBSR (2018): Bundesinstitut für Bau-, Stadt- und Raumforschung. Metropolregionen gestalten die Mobilität von morgen.

BCG (2019), Boston Consulting Group: Die Zukunft der deutschen Landwirtschaft nachhaltig sichern.

BDEW (2015): Wie heizt Deutschland? / BDEW (2017): Strategiepapier »Zukunft Wärmenetzsysteme.« / BDEW (2019/1): Entwicklung des Wärmeverbrauchs in Deutschland. / BDEW (2019/2): BDEW zum SR-Gutachten zur CO_2-Bepreisung, 300199. / BDEW (2019/3), BWE, VDMA, VKU, WWF, Greenpeace, Germanwatch, DUH: 10 Punkte für den Ausbau der Windenergie. / BDEW (2019/4): Energiemarkt Deutschland 2019.

BDH (2016), Bundesverband der Deutschen Heizungsindustrie; Winiewska, P.; Mailach, O.: Bundesverband Der Deutschen Heizungsindustrie: Dezentrale vs. zentrale Wärmeversorgung im deutschen Wärmemarkt.

BDI (2018), : BCG (Boston Consulting Group) / Prognos: Klimapfade für Deutschland. / BDI (2019): Maßstäbe einer CO_2-Bepreisung. Klimapolitik durch Investitionen.

BDW (2020), Bundesverband Deutscher Wasserkraftwerke: Frequently Asked Questions.

Bettgenhauser (2011), K.; Boermans, T.: Umweltwirkung von Heizungssystemen in Deutschland.

Beuth (2015), Hochschule für Technik Berlin, IFEU – Institut für Energie- und Umweltforschung Heidelberg: Ableitung eines Korridors für den Aufbau der erneuerbaren Wärme im Gebäudebereich. Kurztitel: Anlagenpotential.

Beyond Zero Emissions Inc. (2017): Zero Carbon Industry Plan. Rethinking Cement.

BfN (2014): Stickstoffüberschuss der Landwirtschaft.

Birol (2015), Fatih (IEA). In Süddeutsche Zeitung: »Wer den Klimawandel ignoriert, macht einen fatalen Fehler«.

Bischöfliches Hilfswerk MISEREOR e. V. (2018): Rohstoffe für die Energiewende.

BMEL (2016): Klimaschutz in Land- und Forstwirtschaft, Gutachten wissenschaftl. Beirat. / BMEL (2018): Statistik und Berichte des BMEL, Versorgung mit Fleisch nach Fleischarten. / BMEL (2019): Nationale Strategie zur Verringerung der Lebensmittelverschwendung.

BMU (2016): Klimaschutzplan 2050 – Klimaschutzpolitische Grundsätze und Ziele der Bundesregierung. / BMU (2018/1): Wie umweltfreundlich sind Elektroautos? Eine ganzheitliche Bilanz. / BMU (2018/2): Klimaschutz in Zahlen, Fakten, Trends und Impulse deutscher Klimapolitik, Ausgabe 2018. / BMU (2019/1): Projektionsbericht 2019 für Deutschland gemäß Verordnung (EU) Nr. 525/2013. / BMU (2019/2): Umwelt in die Algorithmen! Eckpunkte für eine umweltpolitische Digitalagenda des BMU.

Die vollständigen Quellenangaben inkl. Weblinks finden sich auf der Homepage www.handbuch-klimaschutz.de

BMVI (2015): Bundesministerium für Verkehr und digitale Infrastruktur, Deutsches Zentrum für Luft- und Raumfahrt e. V. (DLR), Institut für Verkehrsforschung: Erneuerbare Energien im Verkehr – Potenziale und Entwicklungsperspektiven verschiedener erneuerbarer Energieträger und Energieverbrauch der Verkehrsträger. / BMVI (2018): Verkehr in Zahlen 2018/2019. / BMVI (2019): PRESSEMITTEILUNG-040/2019 – Nationaler Radverkehrskongress in Dresden.

BMWi (2015): Energy Efficiency Strategy for Buildings. / BMWi (2016): Die essenzielle Rolle des CO_2-Preises für eine effektive Klimapolitik, 1–24. / BMWi (2018/1): Energiedaten: Gesamtausgabe – Stand: August 2018. / BMWI (2018/2): Innovationen für die Energiewende. 7. Energieforschungsprogramm der Bundesregierung. / BMWi (2019/1): Entwurf des integrierten nationalen Energie- und Klimaplans. / BMWi (2019/2): Persönliche Mitteilung per Mail

Bodis (2019), Katalin u. a. (Science Direct): A high-resolution geospatial assessment of the rooftop solar photovoltaic potential in the European Union.

Boza-Kiss (2019), B.; Moles-Grueso, S.; Urge-Vorsatz, D.: Evaluating policy instruments to foster energy efficiency for the sustainable transformation of buildings. Current Opinion in Environmental Sustainability, 5(2), 163–176.

Bundesregierung (2019). Eckpunkte für das Klimaschutzprogramm 2030. Fassung nach Klimakabinett.

Brade (2016): Berichte über Landwirtschaft, Methan-Minderungspotenziale bei Wiederkäuern.

Brot für die Welt (2019): Damit Unternehmen die Menschenrechte achten.

BUND (2019): BUND-Konzept zur Einhaltung der Klimaziele 2030 im Verkehr.

Bundesnetzagentur (2017): Marktuntersuchung Eisenbahnen 2017.

Bundesverband Erneuerbare Energie e. V. (2017): BEE-Konzeptpapier zur CO_2-Bepreisung.

Burckhardt (2019), Ines: Wie ein Stahlwerk auf Klimaschutz setzt.

Bürger (2013), V.: Politikansätze für eine nachhaltige Entwicklung in Richtung eines klimaneutralen Gebäudesektors. Übersicht. Berliner Energietage 3.10 »Klimaneutraler Gebäudebestand Konkret – Wege Bis 2050«.

Busche (2017), Holger: Takt schlägt Tempo – ICE und »Deutschland-Takt« ein Fehler!? In: Eisenbahntechnische Rundschau November 2017 / Busche (2019), Holger: Klimaschutz vor der Weiche: Plus 300 Prozent – Bahn oder eHighway. In Tagungsband der 37. Horber Schienentage 2019.

Businesson.de (2015), Fähre »Stena Germanica« mit Methanol-Antrieb in See gestochen.

BWE (2019): Konflikt Windenergie und Drehfunkfeuer der Deutschen Flugsicherung (DVOR/VOR). Stellungnahme auf Basis aktueller Gutachten.

BWP (2019), Bundesverband Wärmepumpe.

BZE (2017): Beyond Zero Emissions: Rethinking Cement summary.

Capion (2019), Carsten (CarbonBrief): Guest post – Why German coal power is falling fast in 2019.

Chemiereport (2017) in Austrian Life Science: Voestalpine will CO_2-frei Stahl erzeugen.

CIEL (2019), Center for International Environmental Law: Plastic & Climate: The Hidden Costs of a Plastic Planet.

Climate Action Tracker (2019): Publications – CAT Decarbonisation Memo Series.

Climate Analytics (2018): Science based coal phase-out pathway for Germany in line with the Paris Agreement 1.5 Grad Celsius warming limit: Opportunities and benefits of an accelerated energy transition.

Club of Rome (2019): The Club of Rome Climate Emergency Plan – A Collaborative Call for Climate Action.

CO_2 Abgabe e. V. (2017): Welchen Preis haben und brauchen Treibhausgase? Für mehr Klimaschutz, weniger Bürokratie und sozial gerechtere Energiepreise. / CO_2 Abgabe e. V. (2019/1): Energiesteuern klima- & sozialverträglich gestalten. Wirkungen und Verteilungseffekte des CO_2-Abgabekonzeptes auf Haushalte und Pendelnde. / CO_2 Abgabe e. V. (2019/2): Grundlegende Varianten einer CO_2-Bepreisung im Vergleich. / CO_2 Abgabe e. V. (2019/3): CO_2-Preis JETZT – Warum ein separater nationaler Emissionshandel für Wärme und Verkehr in Deutschland ungeeignet ist zum Erreichen der Klimaziele 2030.

Co_2online (2012): Trendreport Energie 3, Gebäudemodernisierung: Maßnahmen, Motivationen und Hemmnisse. / CO_2online (2020/1), Stefan Heimann: 5. BMU Fachtagung »Klimaschutz durch Abwärmenutzung«. / CO_2online (2020/2), Stefan Heimann: Blockheizkraftwerk: Funktionsweise, Wirkungsgrad, Vor- und Nachteile.

Containerzüge (2020), Schäfer, Jörg: Container-Linienzüge.

Convention Citoyenne pour le Climat (2019): Socle d'information initial à destination des membres de la convention.

CPLC (2017), Carbon Pricing Leadership Coalition: Report of the High-Level Commission on Carbon Prices.

Creutzig (2019), F.; Franks, M.; Funke, F.; Sager, L.; Schwarz, M.; Beck, M.; ... Wallacher, J.: Antworten auf zentrale Fragen zur Einführung von CO_2-Preisen.

Czisch (2005), G.: Szenarien zur zukünftigen Stromversorgung.

De Graf (2017), D., UBA: Natürliche Kältemittel – Was sonst? / De Graf, D. (2018), UBA: Umweltfreundliche Klimatisierung im Rechenzentrum.

Dechema (2019): FutureCamp Climate GmbH: Roadmap Chemie 2050.

Deloitte (2019): Urbane Mobilität und autonomes Fahren im Jahr 2035.

DENA (2016): DENA-Gebäudereport – Statistiken und Analysen zur Energieeffizienz im Gebäudebestand. / DENA (2017/1): Gebäudestudie – Szenarien für eine marktwirtschaftliche Klima- und Ressourcenschutzpolitik 2050 im Gebäudesektor. / DENA (2017/2): »E-Fuels« Study the potential of electricity-based fuels for low-emission transport in the EU – An expertise by LBST and Dena. / DENA (2018/1): Power to X. / DENA (2018/2), Kruse, J.: DENA-Leitstudie Integrierte Energiewende, Teil B. Köln: ewi Energy Research & Scenarios gGmbH. / DENA (2018/3): DENA-Gebäudereport Kompakt 2018 – Statistiken und Analysen zur Energieeffizienz im Gebäudebestand. / DENA (2019): Einsatzgebiete für Power Fuels. Stahlproduktion.

DERA (2016): Rohstoffinformation 28 – Rohstoffe für Zukunftstechnologien 2016.

DESTATIS (2016), WISTA 2016/1. / DESTATIS (2018), Statistisches Jahrbuch 2018 – Kapitel 25 Transport und Verkehr. / DESTATIS (2019/1), Güterverkehr Beförderungsmenge und Beförderungsleistung nach Verkehrsträgern. / DESTATIS (2019/2): Güterverkehrsstatistik der Binnenschifffahrt. / DESTATIS (2019/3) Persönliche Mitteilung

Deutsche Kreislaufwirtschaft (2018): Statusbericht der Deutschen Kreislaufwirtschaft. Einblicke und Aussichten.

Deutscher Bundestag, Wissenschaftlicher Dienst (2019): Dokumentation – E-Fuels.

Die Allianz für Gebäude-Energie-Effizienz (2015/1): Positionspapier Energieberatung – Schlüssel zur Energiewende im Gebäudebereich. / Die Allianz für Gebäude-Energie-Effizienz (2015/2): Positionspapier Energieeffizienz in Nichtwohngebäuden. / Die Allianz für Gebäude-Energie-Effizienz (2017): Szenarien für eine marktwirtschaftliche Klima- und Ressourcenschutzpolitik 2050 im Gebäudesektor. / Die Allianz für Gebäude-Energie-Effizienz (2018): Energiewende in öffentlichen Gebäuden: Ein wichtiges Thema für den Koalitionsvertrag. / Die Allianz für Gebäude-Energie-Effizienz (2019): Notwendige Instrumente zur Erreichung der Energie- und Klimaziele 2030 im Gebäudebereich.

DIHK (2018): Autonomes Fahren – Aktueller Stand, Potentiale und Auswirkungsanalyse.

DLR (2016/1), BMVI (Auftraggeber): Verkehrsverlagerungspotenzial auf den Schienengüterverkehr in Deutschland. / DLR (2016/2), BMVI (Auftraggeber): Verkehrsverlagerungspotenzial auf den Schienenpersonenfernverkehr in Deutschland. / DLR (2019), Deutsches Zentrum für Luft- und Raumfahrt: Klimamodell zeigt: Sauberere Flugzeugabgase verringern Klimawirkung von Kondensstreifen-Zirren.

DNR (2019) u. a.: Klimakrise – Was jetzt getan werden muss – Handlungsprogramm der Umweltverbände für effektiven Klimaschutz.

Doll (2017), Nikolaus; Vetter, Philipp (in Welt-Online): Volkswagen startet die große E-Auto-Offensive.

Dooley (2018), Kate u. a. (CLARA): Missing Pathways to 1,5 °C – The Role of the Land Sector in Ambitious Climate Action.

Dörner (2016), Stephan; Fuest, Benedikt; Trentmann, Nina (Welt): Nach diesem Handyrohstoff buddeln Kinder metertief.

Duwe (2018), M.; Ostwald, R., UBA: The Innovation Fund: How can it support low-carbon industry in Europe?

DWD (2018/1): Wetterbedingte Risiken der Stromproduktion aus erneuerbaren Energien reduzieren. / DWD (2018/2) Deutscher Wetterdienst: Klimawandel – ein Überblick.

EA, DEN, NABU (2019): CO_2 braucht einen Preis.

Economist (2019): How much would giving up meat help the environment?

Edenhofer (2019), O.; Flachsland, C.; Kalkuhl, M.; Knopf, B.; Pahle, M.: Optionen für eine CO_2-Preisreform. / Edenhofer, Ottmar; Schmidt, Christoph (RWI 2018): Eckpunkte einer CO_2-Preisreform.

EDGAR (2019), Emission Database for Global Atmospheric Research; Crippa, M.; Oreggioni, G.; Guizzardi, D.; Muntean, M.; Schaaf, E.; Lo Vullo, E.; Solazzo, E.; Monforti-Ferrario, F.; Olivier, J.G.J.; Vignati, E., Fossil CO_2 and GHG emissions of all world countries – 2019 Report, EUR 29849 EN, Publications Office of the European Union, Luxembourg, 2019.

Ehlerding (2019), Susanne: Fossilfreie Stahlindustrie – Schweden setzt auf Stahl aus Wasserstoff.

Energie-Experten (2020). Ertrag von Solarthermie-Anlagen.

energie-lexikon (2020), Rüdiger Paschotta: Ertrag von Solarthermie-Anlagen.

Energieagentur NRW (2018): Doppelte Ernte mit Agrophotovoltaik.

Energiedepesche (2019/1): Hrsg.: Bund der Energieverbraucher e. V. Ausgabe September 2019, 34. Jahrgang »Solarstrom auf dem Baggersee« / Energiedepesche (2019/2): Hrsg.: Bund der Energieverbraucher e. V. Ausgabe September 2019, 34. Jahrgang »Ortstermin: Kohleausstieg im Kieler Wärmenetz«, S. 26 f. / Energiedepesche (2019/3): Hrsg.: Bund der Energieverbraucher e. V. Ausgabe September 2019, 34. Jahrgang »Sonnenaufgang im Wärmenetz«, S. 28 f.

Energieheld.de (2019): Kostenvergleich Heizung.

Energy Brainpool (2019): Erneuerbar in allen Sektoren.

Energy-Charts.de (2019): Installierte Netto-Leistung zur Stromerzeugung in Deutschland.

Enervis (2017): Klimaschutz durch Sektorenkopplung.

Enevoldsen (2019), Peter u. a.: How much wind power potential does europe have? Examining european wind power potential with an enhanced socio-technical atlas. Energy Policy.

Enkhardt (2018), Sandra: PV-Magazine. Startschuss für sektorkoppelnden Stahlspeicher in Berliner Quartier. / Enkhardt (2019), Sandra: PV-Magazine. Produktion von Solarmodulen in Europa wettbewerbsfähig und ohne staatliche Subventionen möglich.

EPA (2019), United States Environmental Protection Agency: Global Greenhouse Gas Emissions Data.

EPEE (2014): Die neue F-Gase-Verordnung: Das Wichtigste auf einen Blick.

EREC (2009), Greenpeace International (Hrsg.): [r]enewables – Infrastructure needed to save the climate. (Die »Netzstudie«), Amsterdam (Niederlande)/Brüssel (Belgien) 2009.

ETH Zürich (2019), Crowther Lab: The Global Tree Restoration Potential.

EU Verordnung (2014): Verordnung (EU) Nr. 517/2014 des Europäischen Parlaments und des Rates vom 16. April 2014 über fluorierte Treibhausgase und zur Aufhebung der Verordnung (EG) Nr. 842/2006 Text von Bedeutung für den EWR.

Europäische Kommission (2011): Weißbuch zum Verkehr – Fahrplan zu einem einheitlichen europäischen Verkehrsraum – Hin zu einem wettbewerbsorientierten und ressourcenschonenden Verkehrssystem. / Europäische Kommission (2016): COMMISSION STAFF WORKING DOCUMENT, The implementation of the 2011 White Paper on Transport »Roadmap to a Single European Transport Area – towards a competitive and resource-efficient transport system« five years after its publication: achievements and challenges.

Europol (2015): Exploring Tomorrow's Organised Crime.

Evans (2019), Simon (CarbonBrief): Analysis – How far would Germany's 2038 coal phaseout breach Paris climate goals?

Expertenkommission »Monitoring der Energiewende« (2019): Effiziente Energiewende jetzt statt Warten auf das grüne Gas.

Fachagentur Windenergie an Land (2019): Umfrage zur Akzeptanz der Windenergie an Land Herbst 2019.

Faulstich (2019), Martin: Das Klimaschutzabkommen von Paris – Konsequenzen und Perspektiven für die weltweite Industriegesellschaft.

Fell (2019), Hans-Joseph; Traber, Thure: Sektorale Treibhausgasemissionen weltweit.

Fichter (2004), Christine; Marquardt, Susanne; Sausen, Robert; Lee, David S.: The impact of cruise altitude on contrails and related radiative forcing. Meteorologische Zeitschrift, August 2005.

FNR (2015), Fachagentur für Nachwachsende Rohstoffe e. V.: Biomassepotenziale von Rest- und Abfallstoffen (Status quo in Deutschland). / FNR (2019/1): Anbaufläche nachwachsende Rohstoffe. / FNR (2019/2), Fachagentur Nachwachsende Rohstoffe e. V.: Basisdaten Bioenergie Deutschland 2019.

Fonds Online (2016): Ende der Eiszeit – BlackRock entdeckt den Klimawandel.

Forschungsgesellschaft für Energiewirtschaft (2018/1): CO_2 – Verminderung in der Primäraluminiumherstellung. / Forschungsgesellschaft für Energiewirtschaft (2018/2): CO_2-Verminderung in der Hohlglasherstellung. / Forschungsstelle für Energiewirtschaft e. V. (2020), Welche strombasierten Kraftstoffe sind im zukünftigen Energiesystem relevant?

FÖS (2017): Energiesteuerreform für Klimaschutz und Energiewende. / FÖS (2019), Zerzawy, F.; Fiedler, S.: Lenkungs- und Verteilungswirkungen einer klimaschutzorientierten Reform der Energiesteuern.

Frank (2018), S; Havlík, P; Stehfest, E; van Meijl, H; Witzke, P; Pérez-Domínguez, I; van Dijk, M; Doelmann, J.C.; et al. (2018): Agricultural non-CO_2 emission reduction potential in the context of the 1.5 °C target. Nature Climate Change DOI: 10.1038/s41558-018-0358-8.

Franziskus (2015), Papst: Enzyklika Laudato si' – Über die Sorge für das gemeinsame Haus.

Franzke (2018), Carola: Elektroauto laden. Künftig lädt das E-Auto während der Fahrt. In AIO am 28. Juni 2018.

Fraunhofer CML (2015): Bedarfsanalyse LNG in Brunsbüttel. Fraunhofer-Center für Maritime Logistik und Dienstleistungen September 2015, Hamburg.

Fraunhofer IAO (2019), Braun, Steffen u. a.: Autonomes Fahren im Kontext der Stadt von morgen [AFKOS].

Fraunhofer IEE (2018), Greenpeace (Auftraggeber): 2030 kohlefrei. / Fraunhofer IEE (2019), Gerhardt, Norman (Projektleiter): Entwicklung der Gebäudewärme und Rückkopplung mit dem Energiesystem in minus 95 Prozent THG-Klimazielszenarien.

Fraunhofer IPM (2017), Fraunhofer-Institut für Physikalische Messtechnik, König, Jan D.: Thermoelektrik. Abwärmenutzung: Wärme verstromen.

Fraunhofer ISE (2012), Henning, Hans-Martin; Palzer, Andreas: 100 Prozent Erneuerbare Energien Für Strom und Wärme in Deutschland. / Fraunhofer ISE (2013), Institut für Solare Energiesysteme, Henning, Hans-Martin; Palzer, Andreas: Energiesystem Deutschland 2050. / Fraunhofer ISE (2019/1): Aktuelle Fakten zur Photovoltaik in Deutschland. / Fraunhofer ISE (2019/2): Persönliche Mitteilung / Fraunhofer ISE (2019/3): Photovoltaics Report.

Fraunhofer ISI (2017/1): Langfristszenarien für die Transformation des Energiesystems in Deutschland / Fraunhofer ISI (2017/2), Mader, S., Fraunhofer IML, PTV Group, M Five, TUHH: Machbarkeitsstudie zur Ermittlung der Potentiale des Hybrid-Oberleitungs-LKW. / Fraunhofer ISI (2019/1): Die aktuelle Treibhausgasemissionsbilanz von Elektrofahrzeugen in Deutschland. / Fraunhofer ISI (2019/2), Fraunhofer-Institut für System- und Innovationsforschung ISI, Aydemir, Ali; Doderer, Hannes (IKEM); **Hoppe**, Felix (BBHC); Braungardt, Sibylle (Öko-Institut): Abwärmenutzung in Unternehmen.

Fraunhofer IWES (2014): Geschäftsmodell Energiewende. / Fraunhofer IWES (2015) u. a.: Klimaschutzziele nur mit Wärme durch Strom aus erneuerbaren Energien erreichbar. Pressmitteilung. / Fraunhofer IWES (2017): Energiewirtschaftliche Bedeutung der Offshore-Windenergie für die Energiewende.

Fritz (2019), Sara; Pehnt, Martin: Der Kohleausstieg und die Auswirkungen auf die betroffenen Wärmenetze, 49(0).

Funk (2016), Birgit; Trettin, Reinhard; Zoz, Henning. From slag to high performance concrete – Manufacturing FuturBeton. Sciencedirect.

Fuss (2018), Sabine u. a.: Negative emissions – Part 2: Costs, potentials and side effects.

FVEE (2014): Regenerative Wärmequellen für Wärmenetze. / FVEE (2019): Presseinformation – CO_2-Bepreisung als Innovationstreiber für klimafreundliche Technologien.

Gassmann (2017), Michael, in Welt.de 04.09.2017: Die überraschend schlechte Öko-Bilanz des Online-Handels.

Gechert (2019), S.; Rietzler, K.; Schreiber, S.; Stein, U.: Wirtschaftliche Instrumente für eine klima-und sozialverträgliche CO_2-Bepreisung.

Gerhardt (2017) u. a.: Analyse eines europäischen −95 Prozent-Klimazielszenarios über mehrere Wetterjahre.

Goetzberger (1981): Kartoffeln unter dem Kollektor.

Gonstalla (2019), Esther: Das Klimabuch. oekom Verlag

GPF (2016), Martens, Jens; Seitz, Karolin, Herausgeber: Global Policy Forum, Rosa-Luxemburg-Stiftung – New York Office; Auf dem Weg zu globalen Unternehmensregeln.

Grassl (2007), Brockhagen: Climate forcing of aviation emissions in high altitudes and comparison of metrics.

Greenpeace (2015), Stenglein, J.; Achner, S.; Brühl, S.; Milatz, B.; Schuffelen, L.; Krzikalla, N.; ... Häseler, S.: Klimaschutz – Der Plan. Energiekonzept für Deutschland.

Greenpeace Energy (2019): Erneuerbar in allen Sektoren.

Greis (2017), Friedhelm: Qualcomm lädt E-Autos während der Fahrt auf. In Golem.de, 26. Mai 2017.

Grove-Smith (2018), J.; Aydin, V.; Feist, W.; Schnieders, J.; Thomas, S.: Standards and policies for very high energy efficiency in the urban building sector towards reaching the 1.5 °C target. Current Opinion in Environmental Sustainability, 30, 103–114.

Haller (2019), Markus: Rolle der Bioenergie im Strom- und Wärmemarkt bis 2050 unter Einbeziehung des zukünftigen Gebäudebestandes.

Hamburg Institut (2016): Planungs- und Genehmigungsleitfaden für Freiflächen-Solarthermie.

Handelsblatt (2019): Stahlhersteller. Was Salzgitter vom Start in eine CO_2-arme Stahlproduktion abhält.

Hanke (2019), Steven: Finanzierungsmodell für klimaneutrale Industrie. In Tagesspiegel Background, 28.11.2019.

Health Care Without Harm Europe (2018): Umweltverträgliche Anästhesiepraxis für Europa.

Hecking (2017), D.H.; Hintermayer, M.; Lencz, D.; Wagner, J.: Energiemarkt 2030 und 2050 – Der Beitrag von Gas- und Wärmeinfrastruktur zu einer effizienten CO_2-Minderung (November).

HeidelbergCement (2019/1): Auf eine saubere Zukunft bauen. / HeidelbergCement (2019/2): HeidelbergCement und die RWTH Aachen forschen zur Bindung von CO_2 in Mineralien. Information vom 29. Juni 2017.

Heinrich-Böll-Stiftung (2019/1): Energieatlas – Daten und Fakten über die Erneuerbaren in Europa (2. Auflage) / Heinrich-Böll-Stiftung (2019/2), VCD: Mobilitätsatlas – Daten und Fakten für die Verkehrswende. / Heinrich-Böll-Stiftung (2019/3): Plastikatlas.

Helmholtz (2019): Wie stark steigt der Meeresspiegel?

Henger (2017), Ralph M.; Runst, Petrik; Voigtländer, M. R.: Energiewende im Gebäudesektor: Handlungsempfehlungen für mehr Investitionen in den Klimaschutz.

Hentschel (2010), Karl-Martin: Es bleibe Licht – 100 Prozent Ökostrom ohne Klimaabkommen – Ein Reiseführer. Deutscher Wissenschaftsverlag, Baden-Baden 2010.

Herzig (2019), L.; Caspar, O.: CO$_2$-Preise: eine Idee, deren Zeit gekommen ist. Bestehende Instrumente und aktuelle Debatten in Europa.

Hofstetter (2014), Martin: Dem Fleisch einen angemessenen Preis geben.

Hölling (2019), M.; Wenig, M.; Gellert, S.: Bewertung der Herstellung von Eisenschwamm unter Verwendung von Wasserstoff.

Höppe (2007), Peter: »Die Folgen des Klimawandels managen«.

HTW (2019), Hochschule für Wirtschaft und Technik Berlin: Das Berliner Solar-Potenzial. / HTW (2019): Hemmnisse und Hürden für die Photovoltaik.

Huneke (2017); Perez; Linkenheil; Niggemeier, Greenpeace Energy: Kalte Dunkelflaute – Robustheit des Stromsystems bei Extremwetter.

ICA (2012), Intelligence Community Assessment: Global Water Security.

ICCT (2020), International Counsel on Clean Transportation, Pavlenko, Nikita; Comer, Bryan; Zhou, Yuanrong; Clark, Nigel; Rutherford, Dan: The climate implications of using LNG as a marine fuel.

IEK (2019), Forschungszentrum Jülich: Wege für die Energiewende.

IFEU (2017), Fraunhofer ISI, consentec: Langfristszenarien für die Transformation des Energiesystems in Deutschland. / IFEU (2019/1), Auftraggeber BUND: Sozialer Klimaschutz in Mietwohnungen. / IFEU (2019/2), Institut für Energie- und Umweltforschung, Fritz, Sara; Pehnt, Martin: Der Kohleausstieg und die Auswirkungen auf die betroffenen Wärmenetze. / IFEU (2019/3), GEF, indev, geomer: EnEff : Wärme – netzgebundene Nutzung industrieller Abwärme (NENIA). Kombinierte räumlich-zeitliche Modellierung von Wärmebedarf und Abwärmeangebot in Deutschland.

IHK (2019): Das SALCOS-Projekt: »grüner Stahl« aus Salzgitter.

ingenieur.de (2019): Energieversorgung der Zukunft – »Blauer« Wasserstoff gegen den Klimawandel.

Innovationsreport – Forum für Wissenschaft, Industrie und Wirtschaft (2018): Chemie aus der Luft: atmosphärischer Stickstoff als Alternative.

Institut für nachhaltige Wirtschaft und Logistik (2018), Potenzialanalyse Methanol als emissionsneutraler Energieträger für Schifffahrt und Energiewirtschaft.

Intraplan (2014), Consult GmbH, BMVI (Auftraggeber): Verkehrsverflechtungsprognose 2030 – Schlussbericht. / Intraplan (2019), Consult GmbH, BAG-Luftverkehr, **BMVI** (Auftraggeber): Gleitende Mittelfristprognose für den Güter- und Personenverkehr, Mittelfristprognose Winter 2018/19.

IPBES (2018), Intergovernmental Science-Policy Platform on Biodiversity and Ecosystem Services: Biodiversity and Nature's Contributions Continue Dangerous Decline, Scientists Warn.

IPCC (2014): Climate Change 2014 Synthesis Report. / IPCC (2018): Special Report Global Warming of 1.5 ºC. / IPCC (2019): Sonderbericht über Klimawandel und Landsysteme (SRCCL), Übersetzung 8/2019.

IPPC Summary (2018): Sonderbericht über 1,5 Grad Celsius globale Erwärmung – deutsche Summary.

Ishimoto (2019), Yuki (FCEA): Putting Costs of Direct Air Capture in Context.

ISV (2018), Universität Stuttgart; Friedrich, Markus; u. a.; Auftraggeber: Verband Deutscher Verkehrsunternehmen e. V., u. a.: MEGAFON – Modellergebnisse geteilter autonomer Fahrzeugflotten des Öffentlichen Nahverkehrs.

Ivanova (2020), Diana; u. a.: Quantifying the potential for climate change mitigation of consumption options.

IWR (2020), Int. Wirtschaftsforum Regenerative Energien: Forscher steigern Wirkungsgrad von Power-to-Gas Anlagen kräftig.

Kersting (2019), Silke; Stratmann, Klaus: Die Kontrahenten suchen den Konsens. In: Handelsblatt, 13./14./15. September 2019.

KE-CONSULT (2018); Esser, Klaus u. a.: Deutscher Industrie- und Handelskammertag e. V. (DIHK): Autonomes Fahren – Aktueller Stand, Potentiale und Auswirkungsanalyse.

KfW (2017): Energieeffizienz – Energiewende 2.0.

Klepper (2019), Gernot; Thrän, Daniela: Biomasse im Spannungsfeld zwischen Energie- und Klimapolitik.

Klimaallianz (2018): Wann, wenn nicht jetzt – Maßnahmenprogramm 2030.

Klimafakten.de (2019): Klimawandel – Was er für die Landwirtschaft bedeutet.

Klinski (2019), S.; Keimeyer, F.: Zur verfassungsrechtlichen Zulässigkeit eines CO$_2$-Zuschlags zur Energiesteuer. Rechtswissenschaftliches Gutachten. Berlin, August 2019.

Knitterscheidt (2019), Kevin: Was Salzgitter vom Start in eine CO$_2$-arme Stahlproduktion abhält.

Kopp (2017), Robert E.; u.a.: Earth's Future – Evolving Understanding of Antarctic Ice-Sheet Physics and Ambiguity in Probabilistic Sea-Level Projections.

Köstens (2019), Hendrik: Energiesektor trägt Hauptlast beim Klimaschutz. Tagesspiegel Background 16. Oktober 2019.

Kraftfahrtbundesamt (2019): Jahresbilanz des Fahrzeugbestandes am 1. Januar 2019.

Kranzl (2019), L.; Aichinger, E.; Büchele, R.; Forthuber, S.; Hartner, M.; Müller, A.; Toleikyte, A.: Are scenarios of energy demand in the building stock in line with Paris targets? Energy Efficiency, 12(1), 225–243.

Kulp (2019), Scott; Strauss, Benjamin: New elevation data triple estimates of global vulnerability to sea-level rise and coastal flooding. Nature Communications, 10(1).

Lambrecht (2018), K., Bundesverband Erneuerbare Energie e. V. BEE Invalidenstraße. (2018): Einsparungen von Endenergie und CO$_2$ beim Ersetzen alter Heizkessel durch Brennwertkessel.

Lanier (2013), Jaron: Wem gehört die Zukunft? – Du bist nicht der Kunde der Internetkonzerne. Du bist Ihr Produkt. Hoffmann und Campe 2014 (englische Ausgabe: Who Owns the Future? – Simon & Schuster, New York 2013).

Lenton (2020), Timothy M; Rockström, Johan; Gaffney, Owen; Rahmstorf, Stefan; Richardson, Katherine; Steffen, Will; Schellnhuber, Hans-Joachim: Climate tipping points — too risky to bet against. The growing threat of abrupt and irreversible climate changes must compel political and economic action on emissions.

Leopoldina (2019/1), BDI (Bundesverband der Deutschen Industrie e. V.), Geschäftsstelle »Energiesysteme der Zukunft«, Deutsche Energie-Agentur (DENA): Expertise bündeln, Politik gestalten – Energiewende jetzt! / Leopoldina (2019/2): Klimaziele 2030: Wege zu einer nachhaltigen Reduktion der CO$_2$-Emissionen.

Lieferkettengesetz (2019): Initiative Lieferkettengesetz.

Ludwig-Bölkow-Systemtechnik (2019), Michalski, Jan; Altmann, Matthias; Bünger, Ulrich, Weindorf, Werner (Wirtschaftsminister NRW): Wasserstoffstudie Nordrhein-Westfalen. Mai 2019.

Die vollständigen Quellenangaben inkl. Weblinks finden sich auf der Homepage www.handbuch-klimaschutz.de

Lundquist (2019), J. K. u. a.: Costs and consequences of wind turbine wake effects arising from uncoordinated wind energy development. Nature energy https://doi.org/10.1038/s41560-018-0281-2.

LUT (2019/1), Lappeenranta University of Technology, Energy Watch Group: Global Energy System based on 100 percent Renewable Energy – Power, Heat, Transport, Desalination Sectors. / LUT (2019/2): dazu Folien weltweit.

Lütke (2014), Gunhild: Verflixte Retouren. DIE ZEIT Nr. 15/2014, 3. April 2014.

Maaß (2018), C.; Sandrock, M.; Fuß, G.: Strategische Optionen zur Dekarbonisierung und effizienteren Nutzung der Prozesswärme und -kälte, (April).

Maier (2019), Joseph: Innovative Möglichkeiten zur wirtschaftlichen und umweltfreundlichen Energiespeicherung. Artikel vom Autor per Mail zugeschickt.

Maritimes Cluster Norddeutschland (2019), Methanol 3.0: Grüne Wertschöpfungsketten als Chance für eine nachhaltigere Schifffahrt.

Matthes (2019), Felix: Tagesspiegel Background: Standpunkt – CO_2-Preis jenseits der Leerformel.

Matthiessen (2019), Detlef: Tarif oder Preis? Eine neue Marktordnung für Elektrizität zur ökonomischen Steuerung von Sektorenkopplung und Speicherung (nicht veröffentlichter Aufsatz).

Mayr (2018), Christoph: Photovoltaik in der Landwirtschaft.

MDPI (2019/1), Bartholdsen, Hans-Karl; u. a.: Pathways for Germany's Low-Carbon Energy Transformation Towards 2050. / MDPI (2019/2), Bodis, Katalin (sustainability): Solar Photovoltaic Electricity Generation – A Lifeline for the European Coal Regions in Transition.

Meadows (1972), Donella; u. a.: The Limits to Growth: A Report to The Club of Rome.

MELUND (2019): Bericht zum Engpassmanagement in Schleswig-Holstein.

Moser (2017), Hannah; Roser, Max: Our World in Data: CO_2 and Greenhouse Gas Emissions.

Musall (2015), E.: Klimaneutrale Gebäude – Internationale Konzepte, Umsetzungsstrategien und Bewertungsverfahren für Null- und Plusenergiegebäude.

MWV (2019), Mineralölwirtschaftsverband e. V.: Infografiken für Statistiken.

NABU (2010): Studie Klimaschutz in der Landwirtschaft. / NABU (2011): Anforderungen an einen Sanierungsfahrplan.

Nace (2019), Ted; u. a. In GEM – Global Energy Monitor: The New Gas Boom – Tracking Global LNG Infrastructure.

Nature Communication (2019/1): Current fossil fuel infrastructure does not yet commit us to 1.5 °C warming. / Nature Communication (2019/2): Radical transformation pathway towards sustainable electricity via evolutionary steps. / Nature Communications (2019/3): Environmental co-benefits and adverse side-effects of alternative power sector decarbonization strategies.

Neidlein (2019), Hans-Christoph: Die Netzwende. In VDI-Nachrichten, Ausgabe 46/2019.

Netzwerkagentur Erneuerbare Energien Schleswig-Holstein (2019): Potentialstudie Wasserstoffwirtschaft.

NewClimate Institute (2016), Greenpeace (Auftraggeber): Was bedeutet das Pariser Abkommen für den Klimaschutz in Deutschland? / NewClimate Institute (2019), Campact (Auftraggeber): 1,5 Grad Celsius: Was Deutschland tun muss.

Nitsch (2016), J.: Die Energiewende nach COP 21 – Aktuelle Szenarien der deutschen Energieversorgung. / Nitsch (2017), J.: Erfolgreiche Energiewende.

OCE (2018), Office for Climate Education: IPCC-Sonderbericht »1,5 Grad Celsius Globale Erwärmung«. Zusammenfassung für Lehrerinnen und Lehrer.

Odenwald (2019), Michael (Fokus): Klimawandel – Gefährliche Kipp-Punkte: Das passiert, wenn wir das 1,5-Grad-Ziel nicht einhalten.

Öko-Institut (2015); Repenning, J.; Emele, L.; Blanck, R.; Böttcher, H.; Dehoust, G.; Förster, H.; Jörß, W.: Klimaschutzszenario 2050. 2. Endbericht. Berlin: Öko-Institut e. V. / Öko-Institut (2016/1), Greiner, B.; Hermann, H.: Sektorale Emissionspfade in Deutschland bis 2050 – Stromerzeugung. Öko-Institut: Freiburg, Germany. / Öko-Institut (2016/2): Sektorale Emissionspfade in Deutschland bis 2050 – Sektoren Gewerbe, Handel, Dienstleistungen (GHD) und Industrie. / Öko-Institut (2016/3): Sektorale Emissionspfade in Deutschland bis 2050 – Landwirtschaft und Forstwirtschaft / Landnutzung. / Öko-Institut (2016/4), Das Institut für Verkehrsforschung im DLR, IFEU, INFRAS AG: Endbericht Renewability III. / Öko-Institut (2016/5), Fraunhofer ISI, Irees: Sektorale Emissionspfade in Deutschland bis 2050 – Verkehr. / Öko-Institut (2018/1), Abschätzung des erforderlichen Zukaufs an Annual Emission Allocations bis 2030. / Öko-Institut (2018/2), Oberleitungs-Lkw im Kontext weiterer Antriebs- und Energieversorgungsoptionen für den Straßengüterfernverkehr. / Öko-Institut (2018/3), Fraunhofer u. a.: Folgenabschätzung zu den ökologischen, sozialen und wirtschaftlichen Folgewirkungen der Sektorziele für 2030 des Klimaschutzplans 2050 der Bundesregierung. / Öko-Institut (2018/4), Auftraggeber Greenpeace: Waldvision Deutschland. / Öko-Institut (2019/1): Kein Selbstläufer: Klimaschutz und Nachhaltigkeit durch PtX. / Öko-Institut (2019/2), im Auftrag der Klima-Allianz: Quantifizierung Maßnahmenvorschläge 2030 Landwirtschaft.

Ostberg (2013), Sebastian; Lucht, Wolfgang; Schaphoff, Sybill; Gerten, Dieter (PIK): Critical impacts of global warming on land ecosystems.

Osterburg (2016): Landwirtschaft zwischen Klimaschutz, Klimafolgen und Anpassung. Vortrag auf der Tagung: »Anpassungen der Landwirtschaft an den Klimawandel« 12. bis 13. Oktober 2016 in Bonn. / Osterburg (2009) u. a: Erfassung, Bewertung und Minderung von THG-Emissionen des deutschen Agrar- und Ernährungssektors.

Otto (2019), Ilona; Lucht, Wolfgang; Schellnhuber, Hans Joachim u. a.: Social tipping dynamics for stabilizing Earth's climate by 2050.

Pehnt (2014), M.; Mellwig, P.; Claus, L.; Blömer, S.; Brischke, Lars-Arvid; von Oehsen, Amany: 100 Prozent Wärme aus erneuerbaren Energien? Auf dem Weg zum Niedrigstenergiehaus im Gebäudebestand. / Pehnt (2015), M.; Mellwig, P.; Duscha, M.; von Oehsen, A.; Boermans, T.; Bettgenhäuser, K.; Offermann, M.; Hermelink, A.; Diefenbach, N; Enseling, A; Artz, M. (2015): Weiterentwicklung des bestehenden Instrumentariums für den Klimaschutz im Gebäudebereich – AP 1: Klimaneutraler Gebäudebestand 2050 und Transformationspfad.

Pfnür (2013); Müller: Energetische Gebäudesanierung in Deutschland.

PIK (2019/1), Potsdam Institute for Climate Impact Research: Tipping Elements – the Achilles Heels of the Earth System. / PIK (2019/2): CO_2-Einsparung durch lokale Lebensmittelproduktion.

Pluta (2019), Werner: Straße in Schweden – lädt drahtlos E-Auto-Akkus. In golem.de am 15. April 2019.

Plewinski (2019), Tina: Retouren aus dem Online-Handel reichen fast dreimal um die Erde.

PNAS (2018): Trajectories of the Earth System in the Anthropocene.

Potor (2017), Marinela: Induktives Laden: Elektroautos mit unbegrenzter Reichweite? In mobility mag am 27. Oktober 2017.

Pritzl (201), R.: Warum die steuerliche Förderung der energetischen Gebäudesanierung in Deutschland nicht kommt – eine institutionenökonomische Betrachtung. Zeitschrift für Energiewirtschaft, 43(1), 39–49.

Prognos AG (2015): Hintergrundpapier zur Energieeffizienz-Strategie Gebäude, Prognos/ifeu- Institut für Energie- und Umweltforschung Heidelberg GmbH/IWU- Institut für Wohnen und Umwelt. Berlin/Heidelberg/Darmstadt. / Prognos AG (2018/1): Klimaschutz durch Kreislaufwirtschaft. / Prognos AG (2018/2): Status und Perspektive flüssiger Energieträger in der Energiewende. / Prognos (2018/3); Altenburg, Sven u. a.; Auftraggeber: ADAC: Einführung von Automatisierungsfunktionen in der PKW-Flotte.

Quaschning (2016), Volker: Sektorkopplung durch die Energiewende. / Quaschning (2019/1), Volker: Stellungnahme für die öffentliche Anhörung zum Thema »Kohleausstieg«. / Quaschning (2019/2), Volker: Faktencheck – Welches Auto hat die beste Klimabilanz? / Quaschning (2019/3), Volker (HTW Folien 2019): Energiewende und Klimaschutz in Deutschland – Kaum besser als Trump.

Rahmstorf (2013), Stefan: Wie funktioniert eigentlich der Treibhauseffekt?

Rahmstorf (2019), Stefan: Wie viel CO_2 kann Deutschland noch ausstoßen? In: Spektrum.de Scilogs.

Recharge (2020), Collins, Leigh: Green hydrogen ›cheaper than unabated fossil-fuel H_2 by 2030‹: Hydrogen Council.

Reuster (2017), L.; Runkel, M.; Zerzawy, F.; Fiedler, S.; Mahler, A.: Energiesteuerreform für Klimaschutz und Energiewende.

Riedel & Janiak (2015), Erwin Riedel; Christoph Janiak: Anorganische Chemie.

Rifkin (2019), Jeremy: Der globale Green New Deal.

Rohrig (2019), Kurt: »Es wird zu einem Rückbau des Gasverteilnetzes kommen«. In ZfK – Zeitung für kommunale Wirtschaft, November 2019.

Rösemann (2019), Claus (RMD): Berechnung von gas- und partikelförmigen Emissionen aus der deutschen Landwirtschaft 1990–2017. Report zu Methoden und Daten (RMD). Berichterstattung 2019 für den Sektor Landwirtschaft vom Institut für Agrarklimaschutz.

Roßmann (2019), Robert (süddeutsche.de, 8. Juni 2019): Klimaschutz – CDU-Politiker fordern allgemeine CO_2-Abgabe.

Samadi (2019), Sascha (Wuppertal Institut): Vergleich der BDI-Klimapfadestudie mit anderen Energieszenarien für Deutschland.

Sauer (2019), Michael (LABO): Klimaverträglich temperieren im Labor.

Schirmer (2019), Sophia; Kolosova, Wlada (in Zeit Online 20. November 2019): Online shoppen – aber öko!

Schmid (2019), Angela: Wasserstoff soll Stahl sauberer machen.

Schrader (2009), Christopher (Riff Reporter): Der Preis im Zentrum.

Schröder (2018), F.; Seeberg, A.; Novotny, D.; Johannsen, F.; Cerny, R.: Statistische Energiekennzahlen für Deutschland. Heizenergie-Verbrauchsentwicklung im Wohnungsbestand seit 2004. Bauphysik, 40(4), 203–213. https://doi.org/10.1002/bapi.201810020.

Schultz projekt consult (2017): Ökologische Steuerreform 2.0. – Einführung einer CO_2-Steuer.

Schweizer (2019), Anton: Reibwerte von verschiedenen Materialien.

Schwenner (2019), Lara (Quarks): So viele Treibhausgabe kommen aus der Nutztierhaltung (mit Quellen zu Landwirtschaft insgesamt).

Simonds (2019), Dave: Hybrid airliners could come to dominate the skies. In: The Economist, 29. Juni 2019.

SimplyScience (2020), Ab aufs Wasser: Schiffsmotoren.

SINUS Markt- und Sozialforschung GmbH (2018): Fahrradmonitor 2017. Zusammenfassung der regionalen Aufstocker-Berichte.

Solarserver (2020): Solarfassaden mit Standardbauteilen.

Solarthermie (2020): Solarthermie Ertrag.

Solites (2019): Steinbeis Forschungsinstitut für solare und zukunftsfähige thermische Energiesysteme: Das Wissensportal für die saisonale Wärmespeicherung.

SR (2019), Sachverständigenrat zur Begutachtung der gesamtwirtschaftlichen Entwicklung: Aufbruch zu einer neuen Klimapolitik.

Srnicek (2016), Nick: Platform Capitalism.

SRU (2012): Schienengüterverkehr 2050 – Szenarien für einen nachhaltigen Güterverkehr. / SRU (2015): Stickstoff: Lösungsstrategien für ein drängendes Umweltproblem. / SRU (2017): Umsteuern erforderlich – Klimaschutz im Verkehrssektor. / SRU (2019): Für die Umsetzung ambitionierter Klimapolitik und Klimaschutzmaßnahmen (Offener Brief an das Klimakabinett).

Statista (2019/1): Grafik – So viel Treibhausgase verursachen Flugzeug, Bahn & Co. / Statista (2019/2): Statistiken zum Thema Lastkraftwagen (Lkw).

Steinke (2016): Klimacheck auf Kläranlagen.

Stena Line (2020), Supergreen – So funktioniert's.

Stratmann (2020), Klaus: Gasnetzbetreiber legen Plan für deutschlandweites Wasserstoffnetz vor. In Handelsblatt 28. Januar 2020.

Strefler (2019), Jessica (IOPScience): Potential and costs of carbon dioxide removal by enhanced weathering of rocks.

SWM (2019), Stadtwerke München: SWM Fernwärme-Vision.

Tagesschau (2019/1): Nachhaltigkeit in der Finanzbranche – Grün anlegen kommt an. / Tagesschau (2019/2): Studie der ETH Zürich – Aufforstung wäre effektivster Klimaschutz.

TenneT (2019), u. a.: Netzentwicklungsplan Strom 2030 Version 2019, Zweiter Entwurf – Zahlen Daten Fakten.

Teske (2019), Sven: Achieving the Paris Climate Agreement Goals.

Thomas Krenn Magazin (2017), ULRICH WOLF: Rechenzentren in Deutschland wollen Abwärme nutzen.

Thünen (2013/1): Report 11, Handlungsoptionen für den Klimaschutz in Agrar- und Forstwirtschaft. / Thünen (2013/2): Report 13, Szenarienanalyse zur Minderung der Treibhausgasemissionen der deutschen Landwirtschaft im Jahr 2050. / Thünen (2019/1): Klimawirkungen und Nachhaltigkeit von Landbausystemen. / Thünen (2019/2): Ammoniak-Emissionen aus der Landwirtschaft. / Thünen (2019/3): Report 71, Lebensmittelabfälle-Baseline 2015.

Tingle (2019), Alex: Flood Map.

TK (2018): Gesundheitsreport – Mobilität in der Arbeitswelt.

Die vollständigen Quellenangaben inkl. Weblinks finden sich auf der Homepage www.handbuch-klimaschutz.de

Traywick (2020), Catherine u. a.: Gas Exports Have a Dirty Secret: A Carbon Footprint Rivaling Coal's.
Troost (2019), A.; Ötsch, R.: CO_2-Preis: Weder Superheld noch Superschurke.
UBA (1999): Umweltauswirkungen von Geschwindigkeitsbeschränkungen. / UBA (2009): Hintergrundpapier zu einer multimedialen Stickstoffemissionsminderungsstrategie. / UBA (2010/1): Schienennetz 2025/2030 – Ausbaukonzeption für einen leistungsfähigen Schienengüterverkehr in Deutschland. / UBA (2010/2): CO_2-Emissionsminderung im Verkehr in Deutschland. / UBA (2010/3): Stickstoff – zuviel des Guten? / UBA (2012): Klimawirksamkeit des Flugverkehrs. / UBA (2013/1): Treibhausgas-Emissionen durch Infrastruktur und Fahrzeuge des Straßen-, Schienen- und Luftverkehrs sowie der Binnenschifffahrt in Deutschland. / UBA (2013/2): Treibhausgasneutrales Deutschland im Jahr 2050. / UBA (2013/3): Globale Landflächen und Biomasse nachhaltig und ressourcenschonend nutzen. / UBA (2013/4): Potential der Windenergie an Land. / UBA (2014/1): Kosten- und Modellvergleich langfristiger Klimaschutzpfade (bis 2050). / UBA (2014/2): Der Weg zum klimaneutralen Gebäudebestand. / UBA (2014/3): Treibhausgasneutrales Deutschland im Jahr 2050. / UBA (2014/4): Reaktiver Stickstoff in Deutschland. Ursachen, Wirkung, Maßnahmen. / UBA (2014/5): Gebäude und Industrieprozesse klimafreundlich kühlen. / UBA (2014/6): Nachhaltige Kälteversorgung in Deutschland an den Beispielen Gebäudeklimatisierung und Industrie. / UBA (2015/1): Postfossile Energieversorgungsoptionen für einen treibhausgasneutralen Verkehr im Jahr 2050: Eine verkehrsträgerübergreifende Bewertung. / UBA (2015/2): Treibhausgasemissionen 2015 – Emissionshandelspflichtige Anlagen und Luftverkehr in Deutschland (Bericht 2015). / UBA (2016/1): Submission under the United Nations Framework Convention on Climate Change and the Kyoto Protocol 2016. / UBA (2016/2): Integration von Power to Gas/Power to Liquid in den laufenden Transformationsprozess. / UBA (2016/3): Umweltschädliche Subventionen in Deutschland 2016. / UBA (2016/4): Klimaschutzbeitrag des Verkehrs bis 2050. / UBA (2017/1): Daten und Fakten zu Braun- und Steinkohlen. / UBA (2017/2): Klimaschutz im Verkehr – Neuer Handlungsbedarf nach dem Pariser Klimaschutzabkommen. / UBA (2018/1): Umwelt und Landwirtschaft. / UBA (2018/2): Szenario Luftverkehr Deutschland unter Einbezug von Umweltaspekten. / UBA (2018/3): Geht doch! Grundzüge einer bundesweiten Fußverkehrsstrategie. / UBA (2018/4): Umweltbewusstsein in Deutschland 2018. Ergebnisse einer repräsentativen Bevölkerungsumfrage. / UBA (2018/5): Mit Suffizienz mehr Klimaschutz modellieren. / UBA (2018/6): Überschreitung der Belastungsgrenzen für Eutrophierung. / UBA (2018/7): Alternative Finanzierungsoptionen für erneuerbare Energien im Kontext des Klimaschutzes und ihrer zunehmenden Bedeutung über den Stromsektor hinaus. / UBA (2018/8): Energieerzeugung aus Abfällen. / UBA (2018/9): Entwicklung des Stromverbrauchs nach Sektoren. / UBA (2019/1): Berichterstattung unter der Klimarahmenkonvention der Vereinten Nationen und dem Kyoto-Protokoll 2019. Nationaler Inventarbericht zum Deutschen Treibhausgasinventar 1990 bis 2017. / UBA (2019/2): Detaillierte Berichtstabellen CRF 2019 & weitere Materialien. / UBA (2019/3): Den Weg zu einem treibhausgasneutralen Deutschland ressourcenschonend gestalten (2. Auflage). / UBA (2019/4): CO_2-Bepreisung in Deutschland – Ein Überblick über die Handlungsoptionen und ihre Vor- und Nachteile. / UBA (2019/5): Lachgas und Methan. / UBA (2019/6): Ökologische und ökonomische Potenziale von Mobilitätskonzepten in Klein- und Mittelzentren sowie dem ländlichen Raum vor dem Hintergrund des demographischen Wandels. / UBA (2019/7): Treibhausgas-Emissionen in Deutschland. / UBA (2019/8): Persönliche Mitteilung auf Anfrage zu Wärme. / UBA (2019/9): Sensitivitäten zur Bewertung der Kosten verschiedener Energieversorgungsoptionen des Verkehrs bis zum Jahr 2050. / UBA (2019/10): Beitrag der Landwirtschaft zu den Treibhausgas-Emissionen. / UBA (2019/11): Emissionen der Landnutzung, -änderung und Forstwirtschaft. / UBA (2019/12): THG-Emissionen. / UBA (2019/13): Projekt-Flyer Ressourceneffizienzsteigerung in der Metallindustrie – Analyse, Bewertung und Verminderung von Downcycling (DownMet). / UBA (2019/14): Abfallwirtschaft. / UBA (2019/15): Nationaler Inventarbericht zum Deutschen Treibhausgasinventar 1990 bis 2017. / UBA (2019/16): Wege in eine ressourcenschonende Treibhausgasneutralität. / UBA (2019/17): Rohstoffnutzung und ihre Folgen. / UBA (2019/19): Europäische F-Gase-Verordnung. / UBA (2019/20): Monitoringbericht 2019 zur Deutschen Anpassungsstrategie an den Klimawandel. / UBA (2019/21): Auswirkungen von Mindestabständen zwischen Windenergieanlagen und Siedlungen. Auswertung im Rahmen der UBA-Studie »Flächenanalyse Windenergie an Land«. / UBA (2019/22): Emissionen fluorierter Treibhausgase. / UBA (2019/23): Bracker, Joß; Seebach, Dominik (Öko-Institut), Pehnt, Martin (IFEU): Strombilanzierung im Verkehrssektor. / UBA (2019/24): Schumacher, Katja u. a. (Öko-Institut); Steiner (Freie Universität Berlin): Arbeitszeitverkürzung – gut fürs Klima? / UBA (2019/25): Bracker, Joß; Seebach, Dominik: Strombilanzierung im Verkehrssektor. / UBA (2019/26): Umweltschonender Luftverkehr. / UBA (2019/27): Kein Grund zur Lücke - So erreicht Deutschland seine Klimaschutzziele im Verkehrssektor für das Jahr 2030. / UBA (2019/28): Klimabilanz 2018. / UBA (2020): Tempolimit auf Autobahnen mindert CO_2-Emissionen deutlich.
UFZ (2016), Helmholtz Zentrum für Umweltforschung. Thrän, Daniela: Potenzial der energetischen Biomassenutzung in Deutschland. Einleitung – die weltweite Situation.
UN (2018), United Nations: World Water Development Report 2018 – Nature-based Solutions for Water.
UNEP (2019): Sand and Sustainability – Finding new solutions for environmental governance of global sand resources.
UNHCR (2018), The UN Refugee Agency: Figures at a Glance.
Union Investment (2019): Steuern mit Steuern? Dr. Henrik Pontzen im Interview.
Universität Kassel (2011), Lauterbach, C.; Schmitt, B; Vajen, K.: Das Potential solarer Prozesswärme in Deutschland.
Unnerstall (2018), Thomas: Energiewende verstehen. Die Zukunft von Autoverkehr, Heizen und Strompreisen.
Urge-Vorsatz (2012), D.; Petrichenko, Ksenia; Antal, Miklos; Staniec, Maja; Ozden, Eren; Labzina, Elena (2012): Best Practice Policies for Low Carbon & Energy Buildings Based on Scenario Analysis.
VDA (2017): E-Fuels sind notwendig, um EU-Klimaschutzziele des Verkehrssektors zu erreichen.
VDZ (2019): Recycling von Beton.
VCI (2019), Verband der Chemischen Industrie e. V.: Chemiewirtschaft in Zahlen 2019.
Verband Deutscher Metallhändler e. V. (2013): NE-Metalle unverzichtbar für unser Leben.
Verbraucherzentrale NRW (2018): Rohstoffabbau schadet Umwelt und Menschen.
Viessmann (2019): Eisspeicher – innovative Energiequelle.
Watts (2011), R. J. u. a.: Dam reoperation in an era of climate change. In CSIRO Publishing, Marine and Freshwater Research, 2011.
WBGU (2016) (Wissenschaftlicher Beirat der Bundesregierung Globale Umweltveränderungen): Sondergutachten. Entwicklung und Gerechtigkeit durch Transformation: Die vier großen I.
Wiedemann (2019), Karsten: Radar: Flugsicherung und Windbranche uneins bei Abstandsregelungen.

Wikipedia (2019/1): CO$_2$-Steuer. / Wikipedia (2019/2): Energiestandard. / Wikipedia (2019/3): Kläranlage. / Wikipedia (2019/4): BECCS. / Wikipedia (2019/5): Kältemittel. / Wikipedia (2019/6): Erdgasspeicher. / Wikipedia (2019/7): Übertragungsverlust. / Wikipedia (2020): CarbFix.

Wind-Energie.de (2019): Zahlen und Fakten.

Wirtschaftsvereinigung Stahl (2019): Der Beitrag der Stahlindustrie zu einer Klimaneutralen Wirtschaft 2050.

Wirtschaftswoche (2019), Schlesiger, Christain vom 12. Juni 2019: Lokführer fahren zu selten Zug. / Wirtschaftswoche (2020): Grüne schlagen Abgabe von Windkraftbetreibern an Kommunen vor.

Wissenschaftlicher Beirat beim Bundesministerium für Wirtschaft und Energie (BMWi) (2019): Energiepreise und effiziente Klimapolitik.

WKO (2019): Innovation aus Schweden: Stahlindustrie stellt auf Wasserstoff um.

Wolff (2020), Reinhard: Auf der Suche nach einem grünen Treibstoff. In Tageszeitung, 7. Februar 2020.

World Bank (2017): Report of the High-Level Commission on Carbon Prices.

World Bank Group (2019/1): State and Trends of Carbon Pricing 2019. / World Bank Group (2019/2): Total greenhouse gas emissions.

WRI (2017), World Resource Institute: Climate Science, Explained in 10 Graphics.

Wuppertal Institut (2014), Auftraggeber BMWi: KRESSE – Kritische mineralische Ressourcen und Stoffströme bei der Transformation des deutschen Energieversorgungssystems. / Wuppertal Institut (2017), Greenpeace (Auftraggeber): Verkehrswende für Deutschland – Der Weg zu CO$_2$-freier Mobilität bis 2035. / Wuppertal Institut (2018): Power to liquids.

WWF (2015): Das große Wegschmeißen. / WWF (2018): Zukunft Stromsystem II. Regionalisierung der Erneuerbaren Stromerzeugung. Vom Ziel her denken. / WWF (2019): Klimaschutz in der Beton- und Zementindustrie. Hintergrund und Handlungsoptionen.

Xi (2019), Fenming: Substantial global carbon uptake by cement carbonation. In Natural Geoscience 21. November 2016.

Xu (2019), Chi u. a.: Future of the human climate niche.

Zerzawy (2019), F.; Fiedler, S.: Lenkungs- und Verteilungswirkungen einer klimaschutzorientierten Reform der Energiesteuern.

ZVEI (2019), Zentralverband Elektrotechnik und Elektronikindustrie e. V.: Studie zum Zukunftsbild Stromverteilnetze.

Die vollständigen Quellenangaben inkl. Weblinks finden sich auf der Homepage www.handbuch-klimaschutz.de

ÜBER DIE HERAUSGEBER

Mehr Demokratie e. V.

Mehr Demokratie e. V. ist die weltweit größte Nichtregierungsorganisation für direkte Demokratie und hat den ersten deutschlandweiten Bürgerrat mit ausgelosten Menschen initiiert. Wir sorgen dafür, dass Bürger- und Volksbegehren fair geregelt sind und treten dafür ein, dass Bürgerbeteiligung, direkte Demokratie und Parlamente sinnvoll verbunden werden.
Bei gelosten Bürgerräten begegnen sich Menschen auf Augenhöhe und jenseits von Filterblasen. Wenn die Politik ihre Ergebnisse ernstnimmt, wie beim Klimabürgerrat in Frankreich, profitieren davon alle. Wir sind überzeugt: Mit den richtigen Instrumenten kann es gelingen, die Zukunft gemeinsam zu gestalten. Der Verein ist gemeinnützig und überparteilich.

www.mehr-demokratie.de/
www.buergerrat.de

BürgerBegehren Klimaschutz e. V.

BürgerBegehren Klimaschutz e. V. unterstützt seit 2008 bundesweit Menschen vor Ort, die Mittel der Bürgerbeteiligung und der direkten Demokratie für politischen Klimaschutz zu nutzen. Dazu gehören Bürgerbegehren, -räte, -anträge, -entscheide und -proteste. BürgerBegehren Klimaschutz e. V. recherchiert, motiviert, berät und vernetzt, und macht die Erfolge der lokalen Initiativen bundesweit sichtbar. Denn der Verein meint, dass effektiver und gesellschaftlich tragbarer Klimaschutz nur demokratisch fair und bürgernah entstehen kann und soll. Konkrete Ziele für Kommunen sind beispielsweise Defossilisierung der Strom- und Wärmeversorgung, Gründung von Stadtwerken mit ökologischer Ausrichtung, verbindliche Klimaschutzziele, Verhinderung industrieller Fleischproduktion, Rekommunalisierung der Energieinfrastruktur, Ausbau von Fahrradwegen, usw.

www.buerger-begehren-klimaschutz.de
www.klimawende.org
www.kohleausstieg-berlin.de/

Lebensraum in Gefahr

Esther Gonstalla
Das Ozeanbuch
Über die Bedrohung der Meere

oekom verlag, München
128 Seiten, Broschur,
komplett zweifarbig,
19 Euro
ISBN: 978-3-96238-348-0
Erscheinungstermin:
23.09.2021
Auch als E-Book erhältlich

»Die Balance zwischen Schutz und Nutzung des Meeres zu finden ist eine unserer größten Aufgaben.«
Esther Gonstalla

Plastikmüll, Korallensterben, Überfischung: der Sehnsuchtsort Ozean ist zunehmend gefährdet, denn Verschmutzung und Ausbeutung setzen ihm massiv zu. »Das Ozeanbuch« verdeutlicht Zusammenhänge – in 50 attraktiven Infografiken.

oekom.de DIE GUTEN SEITEN DER ZUKUNFT

Der Grafikatlas für das Jahrhundertthema

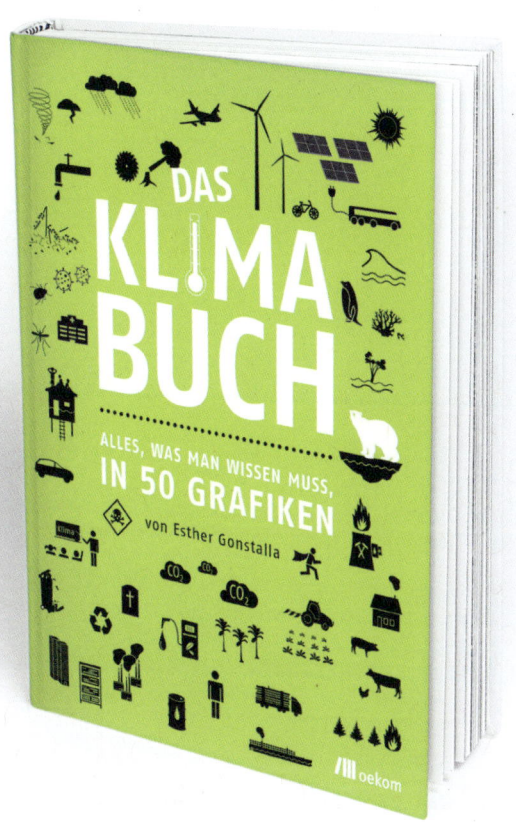

Esther Gonstalla

Das Klimabuch
Alles, was man wissen muss, in 50 Grafiken

oekom verlag, München
128 Seiten, Hardcover,
komplett zweifarbig,
24 Euro
ISBN: 978-3-96238-124-0
Erscheinungstermin:
05.08.2019
Auch als E-Book erhältlich

»Komplexe Zusammenhänge verständlich machen, dieses Ziel verfolge ich.«
Esther Gonstalla

Steigender Meeresspiegel, zunehmende Dürren, immer häufigere Extremwetterereignisse und dazu »Fake News«-Vorwürfe: Das Klima ist komplex und Ziel von Desinformation. »Das Klimabuch« schafft Abhilfe und erklärt in 50 Grafiken, was Sie wirklich wissen müssen.

oekom.de   DIE GUTEN SEITEN DER ZUKUNFT   oekom